개정판

확률의 개념 및 응용

전 종 우 · 손 건 태 공저

자유아카데미

머리말

불확실성의 개념을 객관화시키기 위한 노력은 자연과학을 비롯하여 모든 학문 분야 발전에서 중요한 부분이 되어 왔다. 이를 위하여 확률론은 가장 필수적인 개념을 제공해 주고 있으며, 미래에 있어서도 확률론을 바탕으로 하는 새로운 이론의 발전이 모든 학문 분야에서 필요하다는 것이 학계의 공론이다. 이는 불확실한 세계 속에서 확실성을 추구하는 과학의 출발점이 바로 확률론이기 때문일 것이다.

이 책은 학부과정에서 확률론 또는 응용확률론 교재로서 사용하기 위하여 집필되었다. 이 교재를 쓰게 된 가장 큰 이유는 필자가 이십 년 가까이 사용하였던 대부분의 학부과정 확률론 교재와 대학원 과정의 확률론 교재 사이에는 너무 큰 격차가 있다고 생각했기 때문이었다. 본 교재는 통계학과 또는 수학과 학부의 기초확률론을 포함하면서도 대학원 수준 확률론의 기본 개념을 다룰 수 있도록 구성되었다. 뿐만 아니라 확률의 개념과 응용을 원하는 다른 학문 전공자들에게도 도움이 되도록 내용을 가능한 쉽게 전개하였으며, 이를 위하여 되도록 많은 예제를 포함시켰다.

본 교재는 개정판으로 잘못된 점을 수정하고, 새로운 시뮬레이션의 내용을 첨가하여 전체 10 장으로 이루어져 있다. 제 1 장에서는 도입부분으로 유한모집단에서의 등확률모형과 우리 주변에서 쉽게 만날 수 있는 예를 통하여 확률의 기본 개념을 소개하고 있으며, 제 2 장에서는 확률의 공리(axiom)로부터 출발하는 확률의 성질을 다루고, 이에 기초한 확률모형 설정의 기본 원칙을 여러 가지 확률분포들을 통하여 소개한다. 제 3 장에서는 확률변수를 이용하는 모형의 설정을 소개하고, 이어서 제 4 장에서는 서로 독립인 확률변수의 열과 관계된 문제들을 다루어 시간적 변화를 보이는 현상에 대한 기본 개념을 소개하는 동시에 다음 부분으로의 연결고리 역할을 하도록 하였다. 제 5 장과 제 6 장에서는 확률과정의 기본 개념이며, 가장 많이 활용되는 마코프사슬과 포아송과정을 다루고, 공간적 변화를 보이는 마코프랜덤마당모형을 소개하였다. 제 7 장과 제 8 장, 제 9 장은 부록으로 본문 내용과 관련이 있으나 본문의 흐름에 영향을 주지 않는 부수적인 내용들을 수록하였으며, 특히 이번 개정판에서는 통계패키지 R을 이용한 시뮬레이션 실험에 관한 내용을 제 9 장의 부록으로 묶어 정리하였다. 다른 교재에 비하여 분량이 많지만 독자들에게 유익한 내용들을 가능한 많이 소개하고자 노력하였다. 제 10 장에서는 각 장의 끝에 있는 연습문제의 일부 문제에 대한 답을 수록하여 도움을 주고자 하였다. 본 교재는 확률론의 전 분야를 담고 있지는 않으나, 확률의 개념 이해와 응용을 위한 입문서로서 크게 도움이 되리라 기대하고 있다.

이 책을 집필하는 과정에서 많은 대학원생들이 도움을 주었다. 초고를 타이핑하는 데! 많은 수고를 아끼지 않은 박준용 군, 마코프마당의 기초 원고를 작성한 이윤경 양, 모든 연습문제를 꼼꼼하게 풀어 문제의 정확도를 높여준 정효주 양, 원고 변환 작업과 그림 작성에 수고해 준 부산대학교 김성덕 군, 손은희 양, 이경미 양에게 감사의 말을 전한다. 또한 원고를 읽고 많은 충고를 해 준 강영경 교수와 정인하 교수께 감사드린다. 개정판을 만드는 데 원고 수정을 도와준 김도현 군과, 모든 연습문제를 꼼꼼하게 풀어 문제의 정확도를 높여준 김범수, 강병엽, 김재석, 이상인 군에게 감사의 말을 전한다. 끝으로 강의 준비를 하면서 많은 오탈자를 지적해 주시고 조언을 아끼지 않으신 전북대학교 최병철 교수님께 깊은 감사를 드리며, 또한 이 책이 나오기까지 여러모로 도와주고 기다려 준 자유아카데미 주정희 사장과 임철석 상무 및 직원 여러분께 깊은 감사를 드린다.

2005년 8월

차 례

제 1 장 등확률모형

1.1 서론

우리가 살고 있는 세상에는 불규칙하고 불확실한 것이 많다. 방랑시인 김삿갓의 다음 발걸음이 어디로 향할 것인가와 같은 **불확실성**(uncertainty)은 꽤나 낭만적인 반면, 독일의 물리학자 슈레딩거가 그의 양자론에서 도입한 원자 내의 전자의 움직임에 대한 불확실성은 과학도의 호기심을 크게 자극한다. 카지노나 경마장에서 게임에 열중하고 있는 사람의 두뇌는 불확실성에 대한 정도를 계산하느라 바쁠 것이며, 미래의 기상과 오존 농도를 위한 예보 과정에서도 마찬가지일 것이다. 사람들이 대화를 할 때나 글을 쓸 때 여러 동의어 가운데 어느 것을 선택할지는 항상 일정하지는 않으며, 흰쥐나 원숭이를 대상으로 성공한 암 치료제가 과연 인간에게도 성공을 할 것인지도 불확실하다. 우리는 생활 속에서 또 미래를 준비하는 과정에서 우리가 느끼지도 못할 만큼 많은 경우에서 불확실성과 함께 살아가고 있는 것이다.

이와 같은 불확실한 현상들에 대하여 불확실성의 원인과 특성을 밝혀내고 객관적 논리와 실험을 근거로 인과관계를 확실하게 규명하는 것이 과학의 목표이다. 하나의 숨어져 있던 진리가 밝혀지면 그에 따라 더 많은 의문들이 새로이 생겨나고, 다시 새로운 의문을 해결해 가는 과정을 반복하며 과학은 끊임없이 발전하게 되는 것이다. 이러한 의문들은 대부분 불확실성에 기인하게 된다. 그러나 불확실한 현상들에 대하여도 이들을 설명하는 질서와 법칙이 있으며 이와 같은 질서와 법칙을 발견하고 연구하는 학문분야가 **확률론**(probability theory)이라 하겠다.

1.2 실험과 사건

불확실성을 논리적으로 전개해 나가기 위하여 먼저 용어를 정의하자. 용어란 많은 생각이 담긴 개념을 함축적으로 표현한 말이므로 용어에 대한 명확한 이해는 복잡한 이론 전개나 현상을 이해하는 데 무엇보다 중요함을 잊지 말아야 한다. 먼저 "**결과**(outcome)가 여러 가지로 나타날 수 있는 어떤 실험이나 현상"을 생각해 보자. 이와 같은 실험이나 현상을 **확률실험**(probability experiment) 또는 간단히 **실험**이라 부른다. 확률실험에서 가능한 결과 전체의 집합을 **표본공간**(sample space)이라 부르며, 기호 Ω로 나타낸다. 실험의 결과로 아무 것도 없는 경우는 무의미하므로 표본공간은 공집합이 아니라고 가정한다. 표본공간 Ω의 부분집합을 **사건**(event, 사상)이라 부르고, 흔히 대문자 A, B, C, $\cdots$ 등으로 나타낸다. 주어진 실험에서 "사건 A가 일어난다" 함은 사건 A에 속한 한 원소 ω가 실험의 결과로 나타나는 것을 뜻한다.

예 1.2.1 한 동전을 두 번 던지는 실험에서 동전의 앞면과 뒷면을 각각 H, T라고 하면,

표본공간은 순서쌍들의 모임인$\{(H, H), (H, T), (T, H), (T, T)\}$이다. 또한 두 번 모두 같은 면이 나오는 사건을 A라 하면 $A=\{(H, H), (T, T)\}$이다. ■

아무 원소도 포함하지 않는 사건을 **영사건**(null event)이라 부르고, ϕ로 나타낸다. 가정에 의하여 영사건은 일어날 수 없는 사건이지만, 사건들 사이의 관계를 나타내는 데 중요하게 사용된다. 두 사건 A, B에 대하여 **합사건**(union) $A \cup B$와 **곱사건**(intersection) $A \cap B$를 생각할 수 있다. "합사건 $A \cup B$가 일어난다"는 "사건 A 또는 사건 B에 속해 있는 한 원소가 실험의 결과로서 나타난다"를 뜻하며, 이를 단순히 "사건 A가 일어나거나 또는 사건 B가 일어난다" 또는 "사건 A와 사건 B 가운데 적어도 하나의 사건이 일어난다" 라는 표현을 사용하면 더 알기 쉽다. 마찬가지로 "곱사건 $A \cap B$가 일어난다"는 "사건 A와 사건 B가 동시에 일어난다"로 표현된다. 따라서 $A \cap B=\phi$가 되면 두 사건 A, B는 동시에는 일어날 수 없는 사건이다. 이러한 경우 두 사건 A, B는 **서로 배반**(mutually exclusive 또는 disjoint)이라고 부른다. 한 사건 A에 대하여 표본공간 Ω에서 A에 속하지 않는 모든 원소들로 이루어진 사건을 A의 **여사건**(complementary event)이라고 부르고 A^C 또는 $\overline{A}$로 나타낸다. 따라서, "여사건 A^C가 일어난다."는 "사건 A가 일어나지 않는다."라는 뜻이다. 또한 "**차사건**(difference event) $A \backslash B$가 일어난다"는 "사건 A에 속해 있는 원소 중에서 사건 B에는 속해 있지 않은 원소가 발생한다"는 뜻이며, 사건 "$A \cap B^C$가 일어난다"와 같다. 이와 같은 사건의 연산은 임의의 유한 개의 사건뿐만 아니라 무한 개의 사건에 대하여도 적용된다. 특히 흥미롭고 유용한 확률적 성질의 대부분은 무한 개의 사건에 대한 연산으로부터 얻어진다.

예 1.2.2 동전 한 개를 무한히 던지는 가상적 확률실험을 생각하자. 이 실험의 표본공간은 무한순서열들의 집합

$$\Omega=\{\omega=(\omega_1, \omega_2, \cdots, \omega_n, \cdots) : \omega_n=H \text{ 또는 } T\}$$

이다. 여기서 ω_n은 동전을번째 던질 때 나타나는 결과이며, H는 앞면, T는 뒷면을 뜻한다. n번째 던지는 시행에서 앞면이 나오는 사건을 A_n이라 하면, $A_n=\{\omega \in \Omega : \omega_n=H\}$로 나타낼 수 있다. 이 때, $\cup_{k=1}^{n} A_k$는 "n번째 시행까지에서 적어도 한 번 앞면이 나오는 사건"이고, $\cup_{k=1}^{\infty} A_k$는 "무한 번 시행에서 적어도 한 번은 앞면이 나오는 사건", 다시 말하면 "언젠가는 앞면이 나오는 사건"이다. 또한, 사건 $\cap_{k=1}^{n} A_k$는 n번째 시행까지 앞면만 나오는 사건이고, $\cap_{k=1}^{\infty} A_k$는 사건 A_k가 모두 일어나는 사건, 즉 "모든 시행에서 앞면만 일어나는 사건"이다. ■

예 1.2.3 앞 예에서, $B_n=\cup_{i=n}^{\infty} A_i$라 하면, 사건 B_n은 "n번째 시행을 포함하여 그 이후의 시행에서 적어도 한 번은 앞면이 나타나는 사건"이다. 사건 $C=\cap_{n=1}^{\infty} B_n$의 의미를 알아

보자. 사건 C가 일어난다는 것은 무한사건열 $B_1, B_2, B_3, \cdots$가 모두 일어난다는 뜻이다. 이는 어떠한 n에 대하여도 $A_n, A_{n+1}, \cdots$ 중 적어도 한 사건이 일어난다(즉, n번째 이후의 시행에서 적어도 한 번은 앞면이 나타난다)는 뜻이므로 사건 $C=\cap_{n=1}^{\infty}\cup_{i=n}^{\infty}A_i$는 "앞면이 무한 번 나오는(infinitely often) 사건"임을 알 수 있다. ■

임의의 두 사건 A, B에 대하여

$$(A\cup B)^C=A^C\cap B^C, \qquad (A\cap B)^C=A^C\cup B^C$$

가 성립한다. 이를 **드모르강의 법칙**(De Morgan's law)이라 부른다.

예 1.2.4 무한 개의 사건들의 연산에 대하여도 드모르강의 법칙이 성립한다. 앞의 예에서 다룬 사건 C는 "앞면이 무한 번 나오는 사건"이므로 C의 여사건 C^C는 "앞면이 유한 번만 나오는 사건(유한 번만 제외하고는 모두 뒷면이 나오는 사건)"이 된다. 드모르강의 법칙에 의하여

$$\begin{aligned} C^C &= \left(\bigcap_{n=1}^{\infty}\bigcup_{i=n}^{\infty}A_i\right)^C \\ &= \bigcup_{n=1}^{\infty}\left(\bigcup_{i=n}^{\infty}A_i\right)^C \\ &= \bigcup_{n=1}^{\infty}\bigcap_{i=n}^{\infty}A_i^C \end{aligned}$$

가 성립한다. A_i^C는 i번째 시행에서 뒷면이 나오는 사건이므로 "유한 번만 제외하고 모두 뒷면이 나오는 사건"은 $\cup_{n=1}^{\infty}\cap_{i=n}^{\infty}A_i^C$이 되며, 마찬가지로 $\cup_{n=1}^{\infty}\cap_{i=n}^{\infty}A_i$는 "유한 번만 제외하고 모두(all but finite) 앞면이 나오는 사건"이다. 따라서 다음의 포함관계가 성립함을 알 수 있다.

$$\bigcup_{n=1}^{\infty}\bigcap_{i=n}^{\infty}A_i \subset \bigcap_{n=1}^{\infty}\bigcup_{i=n}^{\infty}A_i$$ ■

1.3 등확률모형이란?

주어진 한 확률실험에서 어떤 사건 A가 일어날 가능성을 **사건 A가 일어날 확률**(probability of occurrence of A)이라 부르고, 이를 $P(A)$로 나타낸다. 표본공간 Ω가 유한집합인 한 확률실험에서 임의의 사건 A에 대하여 확률이

$$P(A)=\frac{|A|}{|\Omega|}$$

로 주어질 때, 이 확률실험을 **등확률모형**(equal probability model 또는 uniform probability model)이라 부른다. 여기서 $|A|$는 사건 A의 크기, 즉 A에 속하는 원소의 개수를 나타낸다. 이 모형에 의하면 표본공간의 각 원소 $\omega\in\Omega$로 이루어진 **근원사건**(elementary event) $\{\omega\}$에 대하여

$$P(\{\omega\})=\frac{1}{|\Omega|}$$

이다. 즉, 등확률모형이란 실험의 가능한 결과가 유한 개이고, 나타날 결과의 불확실성으로서 각 결과가 나타날 가능성이 동일하게 주어지는 현상을 모형화한 것이다. 이와 같은 등확률모형은 현실적으로 가장 중요하고 기본이 되는 확률모형이며, 이 모형을 바탕으로 초기 확률론이 발전되었다. 이와 같은 의미에서 등확률모형에서 구하여지는 확률을 **고전적 확률**(classical probability)이라고도 부르며, **앞으로 이 장에서 다루는 확률은 고전적 확률만을 뜻한다**. 특히, 주어진 실험이 등확률모형임을 분명히 하기 위하여 **"랜덤하게"**, **"임의로"** 또는 **"우연히"** 등과 같은 표현을 써서 실험을 묘사하는 것이 관례이다.

예 1.3.1 상자 안에 (양면이 모두 흰색), (양면이 모두 검은색), (한 면은 흰색 다른 면은 검은색)으로 되어 있는 같은 크기의 카드 세 장이 들어 있다. 카드 한 장을 랜덤하게 뽑아 한 면만을 관찰할 때 그 면이 흰색일 확률을 구해 보자. 세 카드의 각 면에 대한 색을 흰색은 w 검은색은 b를 써서 양면이 모두 흰색인 카드의 색을 (w_1, w_2)로 나타내고, 양면이 모두 검은색인 카드의 색을 (b_1, b_2) 그리고 두 면의 색이 다른 카드의 색을 (w, b)로 나타낸다면 이 실험의 결과는 이 여섯 가지 색 가운데 하나로 나타난다. 즉, 표본공간은 $\Omega=\{w_1, w_2, b_1, b_2, w, b\}$이다. 또한 흰색이 관찰되는 사건을 A라 하면 $A=\{w_1, w_2, w\}$로 주어진다. 이 때, 등확률모형에 의한 사건 A의 확률은 $P(A)=|A|/|\Omega|=\frac{3}{6}=\frac{1}{2}$이다.

카드 한 장을 뽑아 한 면의 색을 관찰한 결과가 흰색일 때 다른 한 면이 흰색이 될 확률을 구해 보자. 이 경우의 표본공간은 $\Omega=\{w_1, w_2, b\}$이다. 따라서 구하는 확률은 $\frac{2}{3}$이다. ■

1.4 경우의 수

유한표본공간에서 정의된 등확률모형에서 확률을 계산하기 위해서는 사건의 크기(즉, 사건이 일어나는 경우의 수)를 효율적으로 헤아릴 수 있는 방법이 필요하다. 이러한 방법을 연구하

는 분야를 **조합론**(combinatorics)이라 한다. 경우의 수를 헤아리는 데 기본이 되는 몇 가지 법칙을 알아보자.

- **덧셈법칙**: 서로 배반이고 크기가 각각 n_i인 k개의 집합 A_i, $i=1, \cdots, k$의 합집합 $A_1 \cup \cdots \cup A_k$의 크기는 $n_1 + \cdots + n_k$이다.

- **곱셈법칙**: i번째 단계에서의 경우의 수가 그 전까지의 단계에서의 결과에 관계없이 n_i, $i=1, 2, \cdots, k$인 순서가 있는 k의 단계로 이루어진 실험에서 일어나는 경우의 수는 $n_1 \cdot n_2 \cdot \cdots \cdot n_k$이다.

곱셈법칙으로부터 크기가 $n_1, \cdots, n_k$인 k개의 집합 $A_1, \cdots, A_k$에서 각각 한 개씩 원소를 차례로 택하는 경우의 수는 $n_1 \cdot n_2 \cdot \cdots \cdot n_k$이다. 즉, **데카르트 곱**(Cartesian product)이라 말하는 곱집합의 원소의 개수는 $n_1 \cdot n_2 \cdot \cdots \cdot n_k$이다.

예 1.4.1 한 신사가 네 벌(밤색, 회색, 주황색, 남색)의 한복과 두 벌(청색, 검정색)의 양복 그리고 양복을 입을 때만 사용하는 서로 다른 넥타이 세 개를 갖고 있다. 이 신사가 선택할 수 있는 한복 또는 양복과 넥타이의 경우의 수를 알아보자. 양복과 넥타이를 선택할 수 있는 경우의 수는 곱셈법칙에 의하여 $2 \times 3 = 6$이다. 그러므로 선택할 수 있는 전체 경우의 수는 덧셈법칙에 의하여 $4+6=10$이다. ■

n개의 서로 다른 원소 가운데 서로 다른 k개의 원소를 써서 나열한 순서열을 ***n*개에서 *k*개를 택한 순열**(k out of n permutation)이라 한다. 또한 n개의 서로 다른 원소 가운데 k개의 원소를 중복을 허락하여 나열한 순서열을 **중복순열**(repeated permutation)이라 한다. n개의 서로 다른 원소 가운데 k개의 서로 다른 원소로 이루어지는 집합을 ***n*개에서 *k*개를 택한 조합**(k out of n combination)이라 한다. 다음의 법칙들은 곱셈법칙으로부터 구하여진다.

- **순열의 법칙**: n개에서 k개를 택한 순열의 수를 $(n)_k$로 나타내면

$$(n)_k = n(n-1)\cdots(n-k+1) \tag{1.4.1}$$

이고, n개에서 k개를 택한 중복순열의 수는 n^k이다. 특히 $k=n$일 때 식(1.4.1)은 $(n)_n = n(n-1)\cdots 2 \cdot 1$이 되고, 이를 $n!$로 나타내며, n의 **계승**(factorial)이라 부른다. 0의 계승과 $(n)_0$는 $0! = (n)_0 = 1$로 정의한다.

• **조합의 법칙**: n개에서 k개를 택한 조합의 수를 $\binom{n}{k}$로 나타내면 다음과 같다.

$$\binom{n}{k}=\frac{(n)_k}{k!}=\frac{n!}{k!(n-k)!}, \quad k=0, 1, 2, \cdots, n \tag{1.4.2}$$

조합의 법칙을 이용하면 다음의 **이항공식**(binomial formula)을 얻을 수 있다.

• **이항공식**: 임의의 음이 아닌 정수 n에 대하여 다음 등식이 성립한다.

$$(a+b)^n=\sum_{k=0}^{n}\binom{n}{k}a^k b^{n-k} \tag{1.4.3}$$

이와 관련하여 조합의 수 $\binom{n}{k}$를 **이항계수**(binomial coefficient)라고 부른다.

두 개의 항 a, b에 대한 것이므로 이항공식 또는 **이항전개**(binomial expansion)라고 부른다. 이항공식을 일반화하여 항이 k개인 경우를 알아보자. 예를 들어, 주사위를 n번 던지는 실험에서 각각의 눈이 몇 개씩 나오는지를 알아본다면 이는 항이 6개인 문제가 된다. 1의 눈이 r_1번, 2의 눈이 r_2번, …, 6의 눈이 r_6번 나오는 경우의 수를 구하여 보자. 당연히 $r_1+r_2+\cdots+r_6=n$이 된다. 먼저, 1의 눈이 r_1번, 1 이외의 눈이 $n-r_1$번 나오는 경우의 수는 $\binom{n}{r_1}$이다. 이와 같은 경우 각각에 대하여, 1 이외의 눈이 나오는 $n-r_1$번 가운데 2의 눈이 r_2번, 2 이외의 눈이 $n-r_1-r_2$번 나오는 경우의 수는 $\binom{n-r_1}{r_2}$이며, 따라서 n번 중에서 1의 눈이 r_1번, 2의 눈이 r_2번, 1 또는 2 이외의 눈이 $n-r_1-r_2$번 나오는 경우의 수는 곱셈법칙에 의하여 $\binom{n}{r_1}\times\binom{n-r_1}{r_2}$이다. 이런 생각을 계속 진행하면 구하고자 하는 경우의 수는

$$\begin{aligned}
&\binom{n}{r_1}\binom{n-r_1}{r_2}\cdots\binom{n-r_1-\cdots-r_5}{r_6}\\
&=\frac{n!}{r_1!(n-r_1)!}\cdot\frac{(n-r_1)!}{r_2!(n-r_1-r_2)!}\cdot\cdots\cdot\frac{(n-r_1-\cdots-r_5)!}{r_6!0!}\\
&=\frac{n!}{r_1!\cdots r_6!}
\end{aligned}$$

로 주어진다. 이와 같이 항이 k개인 경우

$$\binom{n}{r_1, \cdots, r_k} = \frac{n!}{r_1! \cdots r_k!} \tag{1.4.4}$$

로 정의되는 계수를 **다항계수**(multinomial coefficient)라고 부르며, 이항공식과 곱셈법칙으로부터 다음의 **다항공식**(multinomial formula)을 얻는다.

• **다항공식**: 임의의 자연수 n에 대하여

$$(a_1 + \cdots + a_k)^n = \sum_{r_1 + \cdots + r_k = n} \binom{n}{r_1, \cdots, r_k} a_1^{r_1} \cdots a_k^{r_k} \tag{1.4.5}$$

예 1.4.2 다항식 $(a_1 + a_2 + \cdots + a_k)^n$에 관한 다항공식에서 항의 개수를 구하여 보자. 먼저, 구하는 항의 개수는 $r_1 + \cdots + r_k = n$을 만족하는 0 이상인 정수 r_i들의 순서열 $(r_1 + \cdots + r_k)$의 가지수와 같다는 것에 유의하면 이와 같은 순서열의 가지수는 n개의 공을 k개의 상자에 중복을 허락하여 배치하는 경우의 수와도 같다. 따라서, 구하는 항의 개수는 $\binom{k+n-1}{k-1}$이다. ■

1.5 확률의 성질

표본공간이 유한인 등확률모형에서 정의된 확률의 뜻을 살펴보자. 사건 A가 일어날 확률 $P(A)$는 대응

$$P : A \to \frac{|A|}{|\Omega|}$$

인 실함수 $P(\cdot)$의 독립변수값(Ω의 부분집합인 집합) A에서의 함수값임을 알 수 있다. 당연히 $P(A) \in [0, 1]$이며, 함수 P의 정의역(domain)은 표본공간 Ω의 부분집합인 사건들로 이루어진 집합이다. 이와 같이 확률의 의미를 함수로써 파악할 때 함수 P를 **확률측도**(probability measure)라 부르고, 함수값 $P(A)$를 간단히 "사건 A의 확률"이라고 부른다. 함수와 함수값을 구별하는 것과 같이 엄밀한 의미에서는 확률측도 $P(\cdot)$와 확률 $P(A)$는 구별하여 사용하여야 하지만, 흔히 **확률측도**의 뜻으로서도 간단히 **확률**이라고 부르는 것이 관례이며, 이 책에서도 이러한 관례를 따르기로 한다. 다음은 등확률모형에서 성립하는 확률의 성질임을 알 수 있다.

1. 임의의 사건 $A \subset \Omega$에 대하여 $P(A) \geq 0$
2. $P(\Omega)=1$
3. A, B가 서로 배반사건이면(즉, $A \cap B=\phi$), $P(A \cup B)=P(A)+P(B)$
   이 성질은 경우의 수에 대한 덧셈법칙으로부터 나온 성질이며, 이를 확률의 **가법성**(additivity)이라 부른다.
4. 임의의 사건 A에 대하여 $P(A^C)=1-P(A)$

예 1.5.1 (**birthday problem**) 일년이 365일이라고 가정할 때, 우연히 모인 k명($k \leq 365$)의 사람들 중에서 적어도 두 사람의 생일이 같을 확률을 구하여 보자. 이는 365일에서 k일을 **복원추출**(sampling with replacement)하여 각 사람의 생일이 정해지는 실험으로 생각할 수 있다(k사람이 모두 서로 다른 생일을 갖는 경우의 수는 365일 중에서 k일을 **비복원추출**(sampling without replacement)하는 방법의 수와 같다). 따라서, 적어도 두 사람의 생일이 같을 확률은

$$p_k=1-\frac{(365)_k}{365^k} \tag{1.5.6}$$

로 주어진다. 위의 식으로부터 $k=25$일 때, 즉 우연히 모인 25명 중에서 적어도 두 사람의 생일이 같을 확률을 계산해 보면 약 0.56을 얻는다. 이는 무심코 생각한 결과보다 상당히 큰 값임을 알 수 있다. k값을 변화시켜 가며 확률값을 구한 결과가 다음의 표에 나타나 있다. 50명의 학생으로 구성된 교실에서 적어도 두 사람의 생일이 같을 확률은 97%가 넘는다는 사실을 당연시 할 수 있을까? 만약 그렇게 느끼지 못하는 독자는 "적어도"라는 의미를 더 생각해 보아야 한다.

k	25	35	50	60
p_k	0.56870	0.81438	0.97037	0.99412

■

5. $P(\phi)=0$
6. $A \subset B$이면 $P(B/A)=P(B)-P(A)$
7. $A \subset B$이면 $P(A) \leq P(B)$
8. 임의의 사건 A, B에 대하여 $P(A \cup B)=P(A)+P(B)-P(A \cap B)$
9. 임의의 사건 A, B에 대하여 $P(A \cup B) \leq P(A)+P(B)$

확률의 성질에서 귀납법을 사용하면 여러 개의 사건이 있는 경우로 일반화된 성질을 얻는다.

[정리 1.5.1] 유한가법성

$A_1, A_2, \cdots, A_n$이 서로 배반사건이면 다음의 등식이 성립한다. 이를 **유한가법성**(finite additivity)이라 부른다.

$$P(\bigcup_{i=1}^{n} A_i) = \sum_{i=1}^{n} P(A_i)$$

[정리 1.5.2] 유한반가법성

(배반사건이 아니더라도) 임의의 사건 $A_1, A_2, \cdots, A_n$에 대하여 다음의 부등식이 성립한다. 이를 **유한반가법성**(finite subadditivity)이라 부른다.

$$P(\bigcup_{i=1}^{n} A_i) \le \sum_{i=1}^{n} P(A_i)$$

[정리 1.5.3] inclusion-exclusion formula

임의의 사건 $A_1, A_2, \cdots, A_n$에 대하여

$$P(\bigcup_{i=1}^{n} A_i) = \sum_{k=1}^{n} (-1)^{k-1} S_k \tag{1.5.7}$$

여기서 $S_1 = \sum_{i=1}^{n} P(A_i)$, $S_2 = \sum_{1 \le i < j \le n} P(A_i \cap A_j)$, $\cdots$, $S_n = P(A_1 \cap A_2 \cap \cdots \cap A_n)$.

사건 $A_1, A_2, \cdots, A_n$의 확률이 **대칭적**으로 주어질 때 식(1.5.7)은 더욱 간단히 나타낼 수 있다.

$$P(A_1) = P(A_2) = \cdots = P(A_n) \tag{1.5.8}$$

$$P(A_1 \cap A_2) = P(A_1 \cap A_3) = \cdots = P(A_{n-1} \cap A_n) \tag{1.5.9}$$

과 같이 $A_1, A_2, \cdots, A_n$ 중에서 k개의 사건이 동시에 일어날 확률들이 모두 동일한 경우를 뜻한다. 즉, 임의의 $1 \le i_1 < i_2 < \cdots < i_k \le n$에 대하여

$$P(A_{i_1} \cap A_{i_2} \cap \cdots \cap A_{i_k}) = P(\bigcap_{j=1}^{k} A_j)$$

임을 뜻한다. 따라서 이러한 경우에는

$$S_k = \binom{n}{k} P(A_1 \cap A_2 \cap \cdots \cap A_k),\ k = 1, 2, \cdots, n \tag{1.5.10}$$

으로 주어진다.

예 1.5.2 **(matching problem)** n쌍의 부부가 남편은 남편끼리, 부인은 부인끼리 두 줄로 랜덤하게 늘어설 때, 적어도 한 쌍의 부부가 서로 마주보고 서게 될 확률을 구하여 보자. 부부는 동일한 번호를 갖게 하여 남편과 부인들에 각각 1번에서 n번까지 번호를 붙인다. i번의 번호를 가진 남편과 마주보고 선 부인의 번호를 $l_i(i=1, \cdots, n)$라고 하면, 이 실험의 결과는 $1, 2, \cdots, n$의 순열인 $(l_1, l_2, \cdots, l_n)$으로 나타낼 수 있으며, 각 실험결과는 동일한 확률로 일어난다고 생각한다. 이제 i번째 부부가 서로 마주보는 사건을 A_i라고 하면, 적어도 한 쌍의 부부가 마주보는 사건은 $A=\cup_{i=1}^{n} A_i$이고, 따라서 구하는 확률은 $P(\cup_{i=1}^{n} A_i)$이다. 또한, 어떤 특정한 k쌍의 부부가 서로 마주보고 서게 될 확률은

$$P(A_{i_1} \cap A_{i_2} \cap \cdots \cap A_{i_k}) = P(A_1 \cap A_2 \cap \cdots \cap A_k) = \frac{(n-k)!}{n!}$$

로 (선택되는 부부와 관계없이) 동일하게 주어진다. 따라서 식(1.5.10)으로부터

$$S_k = \binom{n}{k} \frac{(n-k)!}{n!} = \frac{1}{k!}$$

이고, [정리 1.5.3]에 의해 구하는 확률은

$$P(A) = \sum_{k=1}^{n} (-1)^{k-1} \frac{1}{k!} = 1 - \sum_{k=0}^{n} (-1)^k \frac{1}{k!}$$

로 주어진다. 이 확률의 근사값은

$$P(A) \approx 1 - e^{-1} = 0.63212\cdots$$

이며, 이는 n이 별로 크지 않아도 참값에 매우 가까운 것을 다음의 표로부터 알 수 있다.

n	3	4	5	6	7
$P(\cup_{i=1}^{n} A_i)$	0.66667	0.62500	0.63323	0.63196	0.63214

■

1.6 조건부확률

주사위를 한 번 던질 때, 3 이하가 나오는 사건을 A라 하면 $P(A)=|A|/|\Omega|=3/6$으로 주어진다. 이 실험을 행한 후 구체적인 결과는 모르지만, 결과가 짝수라는 사실은 알고 있다고 하자. 이 경우에는 짝수가 나오는 사건을 B라 하면 가능한 결과들의 집합이 $B=\{2, 4, 6\}$으

로 국한되므로 "사건 A가 일어난다."는 실제로 "사건 $A\cap B$가 일어난다."가 된다. 따라서 이 경우에 사건 A가 일어날 확률은 $|A\cap B|/|B|=1/3$이 되어 확률 $P(A)$와 다르게 주어진다. 이와 같이 실험결과의 집합이 사건 B가 일어났다는 조건에서만 고려되는 경우 사건 A의 확률을 $P(A|B)$로 나타내고, 사건 B가 주어진 경우의 사건 A에 대한 **조건부확률**(conditional probability)이라 부른다. 즉, 등확률모형에서의 조건부확률의 공식은 다음과 같다.

$$P(A|B)=\frac{|A\cap B|}{|B|}$$

이를 사건 A와 사건 B에 관한 확률로 나타내면

$$P(A|B)=\frac{P(A\cap B)}{P(B)} \tag{1.6.11}$$

위의 식에서 $P(B)=0$이면 $P(A\cap B)=0$이므로 $P(A|B)=0/0$이 되어 정의되지 않는다. 따라서 조건을 주는 사건의 확률이 0이 아닌 경우에만 조건부확률을 다룰 수 있다.

예 1.6.1 동전 두 개를 던지는 실험에서, 두 동전 중에서 적어도 하나는 앞면이 나타난 것을 알고 있을 때 두 개 모두 앞면이 나타났을 조건부확률을 구하여 보자.

이 경우에 표본공간은 $\Omega=\{HH, HT, TH, TT\}$가 된다. 두 개 모두 앞면으로 나타나는 사건을 A, 두 동전 중에서 적어도 하나가 앞면으로 나타나는 사건을 B라 놓으면 $A=\{HH\}$, $B=\{HH, HT, TH\}$이므로 구하는 조건부확률은

$$P(A|B)=\frac{P(A\cap B)}{P(B)}=\frac{P(A)}{P(B)}=\frac{1/4}{3/4}=\frac{1}{3}$$

이다. 다음에는 동전 두 개를 던지는 실험에서 두 동전 중에서 하나만을 관찰하여 관측된 동전이 앞면으로 나타날 경우 다른 하나의 동전도 앞면일 확률을 구하여 보자. 이 경우에는 어느 동전이 선택되어 관측되는 것인지를 명확히 하여 표본공간을 생각할 필요가 있다. 관측되는 동전이 첫 번째인 경우와 두번째인 경우를 각각 숫자 1, 2로 나타내면, 표본공간을 $\Omega=\{HH1, HH2, HT1, HT2, TH1, TH2, TT1, TT2\}$로 나타낼 수 있다. 여기에서 $HT1$은 동전이 나타난 결과는 HT이고 관측된 것은 첫 번째 동전임을 뜻한다. 물론, 여기에서 각 경우의 확률은 1/8로 주어진다. 이 표본공간에서 관측된 동전이 앞면일 사건은 $C=\{HH1, HH2, HT1, TH2\}$이고, 두 동전이 모두 앞면으로 나타날 사건은 $D=\{HH1, HH2\}$로 주어진다. 따라서 구하는 조건부확률은 다음과 같다.

$$P(D|C)=\frac{P(C\cap D)}{P(C)}=\frac{P(D)}{P(C)}=\frac{2/8}{4/8}=\frac{1}{2}$$ ■

조건부확률의 정의에 의하여 $P(B)>0$이면

$$P(A\cap B)=P(A|B)P(B) \tag{1.6.12}$$

가 성립한다. 이를 확률의 **곱셈법칙**(multiplication rule)이라 부른다. 이를 세 개의 사건 A_1, A_2, A_3에 적용시키면, $P(A_1\cap A_2)>0$인 경우

$$\begin{aligned}P(A_1\cap A_2\cap A_3)&=P(A_3|A_1\cap A_2)P(A_1\cap A_2)\\&=P(A_3|A_1\cap A_2)P(A_2|A_1)P(A_1)\end{aligned}$$

을 얻는다. 이를 n개의 사건에 대하여 적용하면 다음의 정리를 얻는다.

[정리 1.6.1] 곱셈법칙

$P(A_1\cap\cdots\cap A_{n-1})>0$인 임의의 사건 $A_1, \cdots, A_n$에 대하여 다음 식이 성립한다.

$$\begin{aligned}&P(A_1\cap A_2\cap\cdots\cap A_n)\\&=P(A_1)P(A_2|A_1)P(A_3|A_2\cap A_1)\cdots P(A_n|A_{n-1}\cap\cdots\cap A_1)\end{aligned}$$

예 1.6.2 **(matching problem)** n쌍의 부부 중 정확하게 $k(k\le n)$쌍의 부부가 마주보고 서게 될 사건을 B_k라 하고 확률 $P(B_k)$를 구하여 보자. [예 1.5.2]의 풀이로부터 $k=0$인 경우

$$P(B_0)=P(A^C)=\sum_{j=0}^{n}(-1)^j\frac{1}{j!} \tag{1.6.13}$$

임을 알 수 있다. 이제 $k\ge1$인 경우를 알아보자. 1번부터 k번까지의 부부만이 서로 마주보고 서게 될 확률은 i번째 부부가 서로 마주보고 서게 될 사건 A_i, $i=1, 2, \cdots, n$을 써서 다음과 같이 나타낼 수 있다.

$$P(A_1\cap\cdots\cap A_k\cap A_{k+1}^C\cap\cdots\cap A_n^C)=P(A_1\cap\cdots\cap A_k)P(A_{k+1}^C\cap\cdots\cap A_n^C|A_1\cap\cdots\cap A_k)$$

$P(A_1\cap\cdots\cap A_k)=\dfrac{(n-k)!}{n!}$이고, 사건 $A_1\cap\cdots\cap A_k$가 주어진 경우에 사건 $A_{k+1}^C\cap\cdots\cap A_n^C$의 조건부확률은 $(n-k)$쌍의 부부가 랜덤하게 늘어설 때 한 쌍도 서로 마주보고 서지 않을 확률과 같으므로 식(1.6.13)에서 n 대신 $n-k$를 대입하여 얻게 된다. 즉,

$$P(A_{k+1}^C \cap \cdots \cap A_n^C | A_1 \cap \cdots \cap A_k) = \sum_{j=0}^{n-k} (-1)^j \frac{1}{j!}$$

따라서 1번부터 k번까지의 부부만이 서로 마주보고 설 확률은 다음과 같다.

$$P(A_1 \cap \cdots \cap A_k \cap A_{k+1}^C \cap \cdots \cap A_n^C) = \frac{(n-k)!}{n!} \sum_{j=0}^{n-k} (-1)^j \frac{1}{j!}$$

n쌍의 부부 중에서 서로 마주보고 서는 부부 k쌍만 택하는 방법은 $\binom{n}{k}$가지이므로 문제의 대칭성을 이용하면, 정확하게 k쌍의 부부만이 마주보고 서게 될 확률은 다음과 같이 주어진다.

$$P(B_k) = \binom{n}{k} \frac{(n-k)!}{n!} \sum_{j=0}^{n-k} (-1)^j \frac{1}{j!} = \frac{1}{k!} \sum_{j=0}^{n-k} (-1)^j \frac{1}{j!}$$ ■

1.7 표본공간의 분할

사건 A의 확률을 구할 때 표본공간을 적절히 공집합이 아닌 B와 B^C로 나눈 다음 조건부확률의 정의를 이용하여 아래와 같이 구하면 편리한 경우가 많다.

$$P(A) = P(A \cap B) + P(A \cap B^C)$$

예 1.7.1 흰공 두 개와 검은공 세 개가 들어 있는 상자에서 두 개의 공을 비복원추출할 때, 두 번째 추출된 공이 흰공일 사건 A의 확률을 구하여 보자. 이 경우, 첫 번째 뽑힌 공이 흰공일 사건을 B라 놓으면

$$P(A) = P(A|B)P(B) + P(A|B^C)P(B^C) = \frac{1}{4}\frac{2}{5} + \frac{2}{4}\frac{3}{5} = \frac{2}{5}$$ ■

공집합이 아닌 배반사건 $B_1, B_2, \cdots, B_n$이 합하여 전체를 이룰 때, 즉

$$\bigcup_{i=1}^{n} B_i = \Omega$$

일 때, $\{B_1, B_2, \cdots, B_n\}$을 표본공간 Ω의 **분할**(partition)이라 한다. 표본공간이 무한집합인 경우에는 표본공간을 무한 개의 집합 $\{B_k : k=1, 2, \cdots\}$ 또는 $\{B_t : t \in T\}$로 분할할 수 있음에 유의하자. 분할 $\{B_1, B_2, \cdots, B_n\}$에 대하여, 사건 $A \cap B_1, A \cap B_2, \cdots, A \cap B_n$들도 서로 배반이므로 조건부확률의 정의에 의하여 다음의 유용한 등식을 얻는다.

$$P(A)=P(A\cap(\bigcup_{i=1}^{n}B_i))=P(\bigcup_{i=1}^{n}(A\cap B_i))$$
$$=\sum_{i=1}^{n}P(A\cap B_i)=\sum_{i=1}^{n}P(A|B_i)P(B_i)$$

이상을 요약하면 다음을 얻는다.

[정리 1.7.1] 전확률법칙

사건 $B_1, B_2, \cdots, B_n$이 표본공간 Ω의 분할이면 다음의 등식이 성립한다.

$$P(A)=\sum_{i=1}^{n}P(A|B_i)P(B_i) \qquad \textbf{(1.7.14)}$$

이를 **전확률법칙**(the law of total probabilities)이라 부른다.

예 1.7.2 (**Laplace's rule succession**) 번호가 0부터 N까지 붙여진 $(N+1)$개의 상자가 있고, k번째 상자에는 빨간공이 k개, 흰공이 $(N-k)$개 있다. 이제, 한 상자를 랜덤하게 택하고, 택해진 상자에서 $n(\leq N)$개의 공을 복원추출하였더니 모두 빨간공이 나왔다면, 다음 $(n+1)$번째로 복원추출될 공이 빨간색일 확률을 구하여 보자. 처음 n번의 추출에서 모두 빨간공이 나올 사건을 A, $(n+1)$번째의 추출에서 빨간공이 나올 사건을 B라 하면 구하는 확률은 $P(B|A)$이다. 이제, k번의 상자가 택하여질 사건을 E_k라 하자. 상자 안에서는 복원추출이므로

$$P(A|E_k)=k^n/N^n$$
$$P(A\cap B|E_k)=k^{n+1}/N^{n+1}, \quad k=0, 1, \cdots, N$$

이고, 전확률법칙으로부터

$$P(A)=\sum_{k=0}^{N}P(A|E_k)P(E_k)=\sum_{k=0}^{N}\left(\frac{k}{N}\right)^n\frac{1}{N+1}$$
$$P(A\cap B)=\sum_{k=0}^{N}P(A\cap B|E_k)P(E_k)=\sum_{k=0}^{N}\left(\frac{k}{N}\right)^{n+1}\frac{1}{N+1}$$

를 얻는다. 따라서 구하는 확률은

$$P(B|A)=\frac{P(A\cap B)}{P(A)}=\frac{\sum_{k=0}^{N}\left(\frac{k}{N}\right)^{n+1}}{\sum_{k=0}^{N}\left(\frac{k}{N}\right)^{n}}$$

이다. N이 충분히 큰 경우에는 근사식

$$\frac{1}{N}\sum_{k=0}^{N}\left(\frac{k}{N}\right)^{n}\approx\int_0^1 x^n dx=\frac{1}{n+1}$$
$$\frac{1}{N}\sum_{k=0}^{N}\left(\frac{k}{N}\right)^{n+1}\approx\int_0^1 x^{n+1} dx=\frac{1}{n+2}$$

를 이용하면, 구하는 확률의 근사값으로 $P(B|A)\approx\frac{n+1}{n+2}$을 얻는다. 라플라스(1812)는 5000년 동안($n=1,826,213$일간) 해가 뜬 것을 전제로 다음날 해가 뜰 확률을 계산하는 문제를 이 예에서와 같이 취급하였다. ■

조건부확률 $P(A|B)$를 "원인이 B일 때 결과 A가 일어나는 확률"로 해석하면, 관계식

$$P(A)=P(A|B)P(B)+P(A|B^C)P(B^C)$$

의 뜻은 "원인"이 B 또는 B^C일 때 "결과" A가 일어날 각 조건부확률에 대응되는 원인의 확률 $P(B)$와 $P(B^C)$를 곱한 **가중평균**(weighted average)으로 A가 일어날 확률이 얻어진다는 것이다. 이 때, 원인의 가능성을 나타내는 $P(B)$ 또는 $P(B^C)$를 결과를 알기 전(사건 A를 관측하기 전)의 확률이란 뜻으로서 이를 **선험적 확률**(prior probability)이라 부른다. 이에 반하여, 조건부확률 $P(B|A)$는 결과 A를 관측한 후에 원인 B에 대한 확률이란 뜻으로 원인 B의 **후천적 확률**(posterior probability)이라 부른다. 조건부확률의 성질에 의하여 후천적 확률은 선험적 확률로부터 다음과 같이 얻을 수 있다.

$$P(B|A)=\frac{P(A\cap B)}{P(A)}=\frac{P(A|B)P(B)}{P(A|B)P(B)+P(A|B^C)P(B^C)}$$

위의 식을 일반적인 형태로 다음 정리와 같이 표현할 수 있다.

[정리 1.7.2] 베이즈 공식

사건 B_1, B_2, $\cdots$, B_n들이 표본공간의 분할이면 다음의 등식이 성립한다. 이를 **베이즈 공식**(Bayes' formula)이라 부른다.

$$P(B_j|A)=P(A|B_j)P(B_j)/\sum_{i=1}^{n}P(A|B_i)P(B_i) \qquad \textbf{(1.7.15)}$$

예 1.7.3 한 질병에 대한 혈액검사의 적중률은 $p\times100\%$이다. 즉, 실제 질병이 있는 사람의 혈액검사 결과가 양성으로 나타날 확률이 p이다. 또한, 실제로는 질병이 없는 사람의 혈액검사 결과가 양성으로 나타날 확률은 r이고, 이 질병의 감염률은 $s\times100\%$이다. 이 경우, 혈액검사의 결과가 양성으로 나타난 사람이 실제로 이 질병에 걸려 있을 확률을 구하여 보자.

혈액검사를 받은 사람이 실제로 이 질병에 걸려 있을 사건을 B라 하고, 혈액검사의 결과가 양성으로 나타날 사건을 A라 하면

$$P(B)=s,\ P(A|B)=p,\ P(A|B^C)=r$$

이다. 따라서 식(1.7.15)로부터

$$\begin{aligned}P(B|A)&=\frac{P(A|B)P(B)}{P(A|B)P(B)+P(A|B^C)P(B^C)}\\&=\frac{ps}{ps+r(1-s)}\end{aligned}$$

이고 $p=0.95,\ r=0.01,\ s=0.005$인 경우 $P(B|A)\approx0.323$을 얻게 된다. 즉, 이 질병에 걸려 있으리라고 믿는 정도가 검사 전의 $P(B)=0.005$로부터 양성반응의 관측 후에는 $P(B|A)\approx0.323$으로 바뀌는 것이다. 또한, $p=0.99,\ r=0.01,\ s=0.001$인 경우 $P(B^C|A)=\dfrac{r(1-s)}{ps+r(1-s)}\approx0.91$을 얻는다. 즉, 혈액검사의 성능이 상당히 높아도 ($p=0.99,\ r=0.01$) 감염률이 상대적으로 더 낮은 희귀한 질병에 대하여는 오진(양성반응이 나타난 사람이 실제로 질병이 없는 경우)의 가능성이 높을 수 있다. ■

1.8 조건부확률의 성질

$P(B)>0$일 때, 사건 B가 주어지는 경우의 조건부확률 $P(A|B)$를 $P_B(A)$로 나타내면 조건부확률 $P(A|B)$는 대응

$$P_B : A \rightarrow P(A|B)=\frac{P(A\cap B)}{P(B)}$$

인 실함수 $P_B(\cdot)$의 A에서의 함수값이다. 여기서 함수 $P_B(\cdot)$는 앞의 등확률모형의 성질에서 다루었던 확률의 모든 성질을 만족하는 것을 알 수 있다.

1. 임의의 사건 A에 대하여 $P_B(A)\geq0$
2. $P_B(\Omega)=1$
3. 사건 $A_1,\ A_2$가 서로 배반이면 $P_B(A_1\cup A_2)=P_B(A_1)+P_B(A_2)$

이와 같이, 조건부 확률의 정의 식(1.6.11)은 조건을 주는 사건 B를 새로운 표본공간으로 생각하는 새로운 확률측도를 정의함을 뜻한다. $P_B(\cdot)=P(\cdot|B)$를 사건 B가 주어진 경우의 **조**

건부확률측도(conditional probability measure)라 부른다. 그러나 앞으로는 확률측도의 경우에서와 같이 조건부확률측도를 조건부확률이라 부르기로 한다. 〔정리 1.7.1〕은 조건부확률에 대해서도 성립한다. 즉, 사건 $B_1, B_2, \cdots, B_n$이 표본공간 Ω의 분할이면

$$P(A|C)=\sum_{i=1}^{n} P(A|B_i \cap C)P(B_i|C) \tag{1.8.16}$$

와 같이 조건부확률 $P(A|C)$를 계산할 수 있다.

예 1.8.1 (**심프슨의 역설**) 한 의사가 특수한 질병에 대한 새로운 치료 방법의 효과에 대하여 자료를 수집한 결과가 다음 표에 정리되어 있다.

	도시 거주 환자		농촌 거주 환자	
	T	U	T	U
생존	1,000	50	95	5,000
사망	9,000	950	5	5,000

표에서 T(treated)는 치료받은 환자, U(untreated)는 치료받지 않은 환자를 나타낸다. 이제, 이 자료를 이 질병에 관한 전체적인 것으로 생각하고, 이 질병에 걸린 환자가 생존할 사건을 A, 치료를 받을 사건을 T, 도시에 거주할 사건을 C라고 하여 표로부터 여러 가지 조건부확률을 계산하여 보자.

$$P(A|T \cap C)=\frac{1,000}{1,000+9,000}=0.1$$

$$P(A|T^C \cap C)=\frac{50}{50+950}=0.05$$

$$P(A|T \cap C^C)=\frac{95}{95+5}=0.95$$

$$P(A|T^C \cap C^C)=\frac{5,000}{5,000+5,000}=0.5$$

임을 알 수 있다. 즉, 도시에 거주하는 환자의 경우 치료를 받음으로써 생존할 가능성이 5%에서 10%로 배가 되고, 농촌에 거주하는 환자 역시 치료를 받음으로써 생존할 가능성이 50%에서 95%로 커지게 됨을 알 수 있다. 이제, 도시와 농촌의 구별 없이 치료에 의한 생존 가능성의 변화를 살펴보면, 표로부터

$$P(A|T)=\frac{1,000+95}{1,000+9,000+95+5}=\frac{1,095}{10,100}=0.108\cdots$$

$$P(A|T^C)=\frac{50+5,000}{50+950+5,000+5,000}=\frac{5,050}{11,000}=0.459\cdots$$

임을 알 수 있다. 즉, 도시와 농촌에 거주하는 환자를 구별하지 않고 취급하면, 치료를 받음으로써 생존 가능성이 45.9%에서 10.8%로 더욱 낮아지게 됨을 알 수 있다. 이는 도시와 농촌의 거주자로 환자를 구별하여 취급할 때와는 반대의 결과를 뜻하게 된다. 그러면, 이와 같은 상호 모순되는 결론이 유도되는 이유를 살펴보자. 산술적인 이유를 살펴보기 위하여 계산과정을 살펴보면 식(1.8.16)으로부터

$$\begin{aligned}P(A|T)&=P(A|T\cap C)P(C|T)+P(A|T\cap C^C)P(C^C|T)\\&=0.1\times\frac{10000}{10100}+0.95\times\frac{100}{10100}\\P(A|T^C)&=P(A|T^C\cap C)P(C|T^C)+P(A|T^C\cap C^C)P(C^C|T^C)\\&=0.05\times\frac{1000}{11000}+0.5\times\frac{10000}{11000}\end{aligned}$$

임을 알 수 있다. 즉, $P(C|T)$가 $P(C^C|T)$보다 현저히 크므로, 치료받은 환자의 생존율은 도시거주 환자가 치료받고 생존할 가능성에 치우치게 되었고, $P(C^C|T^C)$가 $P(C|T^C)$보다 현저히 크므로 치료받지 않은 환자의 생존율은 농촌 거주 환자 쪽으로 치우치게 되었음을 알 수 있다. 실제적인 이유로는 공해와 같은 환경적 원인에 의해 도시 거주 환자는 농촌 거주 환자보다 이 질병에서 회복할 가능성이 무척 낮은데도 불구하고, 치료받은 환자의 대부분이 도시거주 환자였기 때문임을 들 수 있다. 이 예에서 볼 수 있듯이 실험 결과의 분류여부와 분류방법은 그 결론에 많은 영향을 미칠 수 있다. 이러한 현상을 **심프슨의 역설**(Simpson's paradox)이라 부른다. ■

1.9 사건의 독립성

앞 절에서 다룬 바와 같이 대부분의 경우 조건부확률 $P(A|B)$는 확률 $P(A)$와 같지 않다. 즉, 사건 B의 출현 여부에 관한 지식은 사건 A의 출현 가능성에 변화를 주는 것이다. 그러나 때에 따라 $P(A|B)=P(A)$가 성립할 수도 있으며, 이는 B의 출현 여부에 관한 지식이 사건 A의 출현 가능성에 아무런 영향을 미치지 않는다는 뜻이다. 이러한 의미에서 $P(A|B)=P(A)$일 때, 사건 A는 사건 B와 서로 독립이라고 한다. 두 사건 간의 독립성을 $P(B)=0$인 경우에도 정의가 되도록 하려면 다음의 정의가 편리하다.

$$P(A\cap B)=P(A)P(B) \tag{1.9.17}$$

일 때, 사건 A와 B는 **서로 독립**(mutually independent)이라 한다. 이 정의로부터 영사건 ϕ와 전체사건 Ω는 어떤 사건과도 서로 독립임을 알 수 있다.

예 1.9.1 흰색과 빨간색의 주사위 두 개를 던질 때, 흰색 주사위의 눈이 홀수일 사건을 A, 빨간색 주사위의 눈이 짝수일 사건을 B, 두 주사위의 눈의 합이 홀수일 사건을 C라고 하자. 이 때, 표본공간의 경우의 수는 36이고, 사건 A의 경우의 수는 $3\times6=18$, 사건 C의 경우의 수는 $2\times3\times3=18$이므로

$$P(A)=P(B)=P(C)=\frac{18}{36}=\frac{1}{2}$$

이다. 또한, $A\cap B=B\cap C=C\cap A$이고, $A\cap B$에 대한 경우의 수는 $3\times3=9$이므로

$$P(A\cap B)=P(B\cap C)=P(C\cap A)=\frac{9}{36}=\frac{1}{4}$$

이다. 따라서

$$P(A\cap B)=P(A)P(B),\ \ P(B\cap C)=P(B)P(C),\ \ P(C\cap A)=P(C)P(A)$$

가 성립하므로, A와 B, B와 C, C와 A는 서로 독립이다. ■

두 사건의 독립성의 개념을 세 사건의 경우로 일반화하는 것에 대하여 생각해 보자. [예 1.9.1]에서와 같이

$$P(A\cap B)=P(A)P(B),\ \ P(B\cap C)=P(B)P(C),\ \ P(C\cap A)=P(C)P(A)$$

가 성립하면 세 사건 A, B, C 중에서 임의의 두 사건이 독립임을 뜻하므로 세 사건 A, B, C는 **쌍으로 독립**(pairwise independent)이라 한다. 한편, [예 1.9.1]에서 $A\cap B\subset C$이므로

$$P(C\mid A\cap B)=\frac{P(A\cap B\cap C)}{P(A\cap B)}=\frac{P(A\cap B)}{P(A\cap B)}=1$$

이고, 이는 $P(C)=1/2$과 같지 않다. 즉, A와 B 각각은 C와 독립이지만 A와 B가 동시에 나타나는 사건과 같이 두 사건 A와 B에 대한 복합적인 사건은 C의 확률에 영향을 미치고 있다. 이러한 경우, 세 사건 A, B, C는 진정한 의미로 "서로 독립"이라고 할 수는 없다. 따라서 이러한 경우를 배제하기 위하여 쌍으로 독립인 세 사건 A, B, C에 대하여

$$P(A \cap B \cap C) = P(A)P(B)P(C) \tag{1.9.18}$$

가 성립할 때, 세 사건 A, B, C는 **서로 독립**(mutually independent)이라 정의한다.

〔예 1.9.1〕에서는

$$P(A \cap B \cap C) = P(A \cap B) = \frac{1}{4} \neq P(A)P(B)P(C)$$

이므로 세 사건 A, B, C는 쌍으로 독립이지만 서로 독립은 아니다. 세 사건 A, B, C가 서로 독립이면

$$P(A \cap B \cap C) = P(A)P(B)P(C) = P(A \cap B)P(C)$$

이므로 사건 $A \cap B$와 사건 C는 독립이다. 뿐만 아니라 서로 독립인 세 사건에 대하여는 다음과 같은 성질이 성립한다.

1. A, B, C가 서로 독립이면 A^C, B^C, C^C도 서로 독립이다.
2. A, B, C가 서로 독립이면 $A \cup B$, C도 서로 독립이다.
3. A, B, C가 서로 독립이면 A, $B \cap C$도 서로 독립이다.

위의 사실로부터 세 사건 A, B, C가 서로 독립이면 이들 중에서 임의의 두 사건으로 표현될 수 있는 사건은 나머지 한 사건과 서로 독립임을 알 수 있다. 일반적으로 n개의 사건 A_1, A_2, $\cdots$, A_n 사이의 독립성은 다음과 같이 정의한다.

[정의 1.9.1]

임의의 $1 \le i < j < k < \cdots \le n$에 대하여

$$P(A_i \cap A_j) = P(A_i)P(A_j)$$
$$P(A_i \cap A_j \cap A_k) = P(A_i)P(A_j)P(A_k)$$
$$\cdots\cdots\cdots\cdots\cdots$$
$$P(A_1 \cap A_2 \cap \cdots \cap A_n) = P(A_1)P(A_2)\cdots P(A_n)$$

이 성립할 때 사건 A_1, A_2, $\cdots$, A_n이 **서로 독립**(mutually independent)이라 한다.

따라서, n개의 사건이 서로 독립이기 위하여는 그 사건들 사이에

$$\binom{n}{2}+\binom{n}{3}+\cdots+\binom{n}{n}=2^n-n-1$$

개의 조건을 만족하여야 하며, 이에 반하여 그들이 쌍으로 독립이기 위하여는 오직 $\binom{n}{2}$개의 조건만을 만족하면 된다.

다음은 독립성에 대한 성질이다.

1. 사건 $A_1, A_2, \cdots, A_n$이 서로 독립이면 이들 중에서 일부 또는 전부를 여사건으로 바꾸어 놓은 사건 $B_1, B_2, \cdots, B_n$도 서로 독립이다.
2. 사건 $A_1, A_2, \cdots, A_n$이 서로 독립이면 이들을 k개의 그룹으로 나누어 각 그룹에 속하는 사건들로 나타낼 수 있는 사건 $C_1, C_2, \cdots, C_k$는 서로 독립이다.

예 1.9.2 동전을 네 번 던질 때, A_i, $i=1, 2, 3, 4$를 i번째에서 앞면이 나오는 사건이라 하면, A_i들이 서로 독립임은 쉽게 보일 수 있다. 사건 B를 처음 두 번에서 앞면이 한 번 나오는 사건, 사건 C를 세 번째와 네 번째에서 모두 앞면이 나오는 사건이라 하면

$$B=(A_1\cap A_2^C)\cup(A_1^C\cap A_2),\ C=A_3\cap A_4$$

이므로 독립성의 성질에 의하여 두 사건 B, C는 서로 독립이다. 실제로, 확률을 계산해 보면

$$P(B\cap C)=\frac{1}{8},\ P(B)=\frac{1}{2},\ P(C)=\frac{1}{4}$$

을 얻으며 따라서 $P(B\cap C)=P(B)P(C)$가 성립한다. ■

1.10 독립시행

동전 한 개와 주사위 한 개를 차례로 던지는 실험은 다음의 두 개의 독립적인 실험, 즉 동전을 던지는 실험과 주사위를 던지는 실험을 차례로 수행하는 실험이라 생각할 수 있다.

동전을 던지는 실험(실험1)의 표본공간을 Ω_1, 주사위를 던지는 실험(실험2)의 표본공간을 Ω_2라 하면 동전과 주사위를 차례로 던지는 실험의 표본공간 Ω는

$$\Omega=\Omega_1\times\Omega_2=\{(H, 1)(H, 2), \cdots, (T, 6)\}$$

동전과 주사위를 차례로 던지는 실험의 확률은
임의의 $\omega_1 \in \Omega_1$, $\omega_2 \in \Omega_2$에 대하여 $P(\{(\omega_1, \omega_2)\}) = \frac{1}{2} \times \frac{1}{6} = \frac{1}{12}$이다.

위와 같은 경우를 일반적으로 설명하기 위하여 표본공간이 Ω_1인 실험에서의 확률을 임의의 원소 $\omega_1 \in \Omega_1$에 대하여 $P_1(\{\omega_1\}) = \frac{1}{|\Omega_1|}$인 P_1으로 나타내고, 표본공간이 Ω_2인 실험에서의 확률을 임의의 원소 $\omega_2 \in \Omega_2$에 대하여 $P_2(\{\omega_2\}) = \frac{1}{|\Omega_2|}$인 P_2로 나타내자. 이 두 실험 〔실험 1〕, 〔실험 2〕를 차례로 독립적으로 수행하는 실험이란 그 표본공간 Ω와 확률 P가 다음과 같이 주어지는 것을 뜻한다.

1. $\Omega = \Omega_1 \times \Omega_2$
2. 임의의 $\omega_1 \in \Omega_1$, $\omega_2 \in \Omega_2$에 대하여, $P(\{(\omega_1, \omega_2)\}) = P_1(\{\omega_1\}) \times P_2(\{\omega_2\})$

이와 같은 실험을 〔실험 1과 〔실험 2〕의 **곱실험**(product experiment)이라 부르며, 경우의 수에서의 곱셈법칙에 의하여 $|\Omega| = |\Omega_1| \times |\Omega_2|$이므로 곱실험은 여전히 등확률모형을 따름을 알 수 있다. 이제, 곱실험에서의 확률 P와 개별 실험에서의 확률 P_1, P_2 사이에 어떤 관계가 있는가를 살펴보자. 먼저 〔실험 1〕의 사건과 〔실험 2〕의 사건을 곱실험에서의 사건으로 나타내야 한다. 즉, $A_1 \subset \Omega_1$, $A_2 \subset \Omega_2$인 A_1, A_2를 $\Omega = \Omega_1 \times \Omega_2$의 부분집합으로 $A_1 \times \Omega_2$, $\Omega_1 \times A_2$로 나타낸다. 〔실험 1〕에서 사건 A_1이 일어나고 동시에 〔실험 2〕에서 사건 A_2가 일어나는 사건은 $(A_1 \times \Omega_2) \cap (\Omega_1 \times A_2)$가 된다. $(A_1 \times \Omega_2) \cap (\Omega_1 \times A_2) = A_1 \times A_2$이므로 이 사건은 곱실험에서 $A_1 \times A_2$로 나타낼 수 있다. 경우의 수에 관한 곱셈법칙 $|A_1 \times A_2| = |A_1| \times |A_2|$를 쓰면

$$P(A_1 \times A_2) = \frac{|A_1 \times A_2|}{|\Omega|} = \frac{|A_1| \times |A_2|}{|\Omega_1| \times |\Omega_2|} = P_1(A_1)P_2(A_2)$$

가 성립하므로,

$$P(A_1 \times \Omega_2) = P_1(A_1) \times P_2(\Omega_2) = P_1(A_1)$$
$$P(\Omega_1 \times A_2) = P_1(\Omega_1) \times P_2(A_2) = P_2(A_2)$$

임을 알 수 있다. 즉, 곱실험에서 i번째 실험에만 관계되는 사건에 관한 확률은 그 i번째 실험에서의 확률 P_i에 의해서만 결정된다. 또한,

$$P((A_1\times\Omega_2)\cap(\Omega_1\times A_2))=P(A_1\times A_2)$$
$$=P_1(A_1)P_2(A_2)=P(A_1\times\Omega_2)\cdot P(\Omega_1\times A_2)$$

이므로, 사건 $A_1\times\Omega_2$와 $\Omega_1\times A_2$는 곱실험에서 서로 독립이다. 즉, 〔실험 1〕과 〔실험 2〕를 독립적으로 수행할 때 〔실험 1〕에만 관계되는 사건과 〔실험 2〕에만 관계되는 사건은 곱실험에서 서로 독립이다.

일반적으로, 표본공간이 Ω_1, Ω_2, $\cdots$, Ω_n으로 주어지고 각 표본공간에서의 확률이 P_1, P_2, $\cdots$, P_n으로 주어지는 n개의 실험을 차례로 그리고 독립적으로 행하는 곱실험이란 그 표본공간 Ω와 확률 P가 다음과 같이 주어지는 실험을 말한다.

1. $\Omega=\Omega_1\times\Omega_2\times\cdots\times\Omega_n=\{(w_1, w_2, \cdots, w_n) : w_i\in\Omega_i, i=1, 2, \cdots, n\}$
2. Ω_1의 사건 A_1, $\cdots$, Ω_n의 사건 A_n에 대하여 다음이 성립된다.

$$P(A_1\times\cdots\times A_n)=P_1(A_1)\cdots P_n(A_n)$$

$P(\Omega_1\times\cdots\times\Omega_{i-1}\times A_i\times\Omega_{i+1}\times\cdots\times\Omega_n)=P_i(A_i)$, $(i=1, \cdots, n)$이므로, i번째 실험에만 관계되는 사건 $\Omega_1\times\cdots\times\Omega_{i-1}\times A_i\times\Omega_{i+1}\times\cdots\times\Omega_n$의 확률은 그 실험에서의 확률 P_i에 의해 결정되게 된다. 한편, 임의의 $J\subset\{1, 2, \cdots, n\}$에 대하여 $B_i=A_i(i\in J)$, $B_i=\Omega_i(i\notin J)$로 B_i를 정의하면

$$\bigcap_{i\in J}(\Omega_1\times\cdots\times\Omega_{i-1}\times A_i\times\Omega_{i+1}\times\cdots\times\Omega_n)=B_1\times B_2\times\cdots\times B_n$$

이므로,

$$P(\bigcap_{i\in J}(\Omega_1\times\cdots\times\Omega_{i-1}\times A_i\times\Omega_{i+1}\times\cdots\times\Omega_n)$$
$$=\prod_{i=1}^{n}P_i(B_i)=\prod_{i\in J}P_i(A_i)=\prod_{i\in J}P(\Omega_1\times\cdots\times\Omega_{i-1}\times A_i\times\Omega_{i+1}\times\cdots\times\Omega_n)$$

이 성립함을 알 수 있다. 즉, 사건들 $(\Omega_1\times\cdots\times\Omega_{i-1}\times A_i\times\Omega_{i+1}\times\cdots\times\Omega_n)$, $i=1, \cdots, n$은 서로 독립이다.

n가지의 실험을 차례로 수행하는 경우에 각각의 실험을 **시행**(trial)이라 부른다. 또한, n번 시행의 곱시행을 생각할 때 표본공간과 확률이 위처럼 주어지는 경우에 이들 시행을 n회의 **독립시행**(independent trials)이라 한다. 특히 동전던지기 실험이나 합격 · 불합격처럼 실험의 결과가 두 가지뿐인 경우를 **베르누이시행**(Bernoulli trials)이라 부르며, 베르누이시행을 n번 독립시행하는 경우에는 n회의 **베르누이독립시행**(independent Bernoulli trials)이라 부른다. 이제까지 살펴보았듯이 n회의 독립시행을 행할 때에는 각 시행에만 관련된 사건들은 서로 독립이며, 그 사건에 관한 확률은 해당하는 시행에만 국한하여 확률을 구하면 된다. 특히, 각 시행

이 동일한 경우, 즉

$$\Omega_1 = \cdots = \Omega_n,\ P_1 = \cdots = P_n$$

인 경우, 이 실험을 n회의 **독립반복시행**(independent and repeated trials)이라 부른다. 예를 들면, 공정한 동전을 n번 던지는 실험은 성공률이 1/2인 n회의 베르누이 독립반복시행이다.

예 1.10.1 (**복원추출**) 검은 공 M개와 흰 공 $N-M$개가 들어 있는 상자에서 n개의 공을 **복원추출**할 때, 검은 공이 k개 뽑힐 사건을 A라 하고 이 확률을 구하여 보자. 먼저, 검은 공 M개에 1부터 M까지의 번호를 붙이고, 흰 공 $N-M$개에 $M+1$부터 N까지의 번호를 붙이면 복원추출이므로 이 실험은 매 시행(추출)에서의 표본공간이 $\{1, 2, \cdots, N\}$으로 동일하고 그 확률이 등확률로 주어지는 시행을 n번 독립반복시행하는 것이다. 따라서 사건 A_i를 i번째 추출에서 검은 공이 나오는 사건이라 하면 모든 i에 대하여 $P_i(A_i) = \frac{M}{N}$이고, 처음 k번 추출에서 검은 공, 나머지 $n-k$번의 추출에서 흰 공이 나오는 사건의 확률은

$$P(A_1 \times \cdots \times A_k \times A_{k+1}^C \times \cdots \times A_n^C) = \left(\frac{M}{N}\right)^k \left(\frac{N-M}{N}\right)^{n-k}$$

이다. 그런데 k개의 검은 공이 뽑히는 경우의 수는 $\binom{n}{k}$이므로, 구하는 확률은 $p = \left(\frac{M}{N}\right)$이라 놓아 $P(A) = \binom{n}{k} p^k (1-p)^{n-k}$이다. ■

예 1.10.2 (**problem of points**) 갑, 을 두 사람이 어떤 시합을 한 번 할 때, 갑이 이길 확률은 $p(0<p<1)$이고, 을이 이길 확률은 $q=1-p$라 하자. 또한, 시합에서 이기는 사람은 1점, 지는 사람은 0점을 얻으며, 이 시합을 독립반복시행하여 N점을 먼저 얻는 사람이 상금을 타는 게임을 생각하자. 이제 이 시합을 하던 중에 갑이 $(N-m)$점, 을이 $(N-n)$점을 얻은 상태에서 시합을 중단해야 할 상황이 생겼다고 할 때, 두 사람 갑, 을에게 상금을 공정하게 분배하는 방법에 대하여 생각해 보자.

이 문제의 답으로서, 상금의 분배는 시합이 중단되지 않고 계속되었을 경우 각자가 최종 승리할 확률에 비례해야 한다는 것이 파스칼의 생각이었다. 즉, 시합이 계속되어 갑이 최종적으로 이길 확률을 $p_{m,n}$이라고 하면 상금은 갑과 을에게 $p_{m,n} : (1-p_{m,n})$으로 분배되어야 한다는 것이다.

이제, 갑이 이길 확률 $p_{m,n}$을 구해 보자. 시합이 계속될 수 있었다면, 갑이 m번 또는 을이 n번을 먼저 이기면 게임의 결과가 결정되게 되므로 최대한 $(m+n-1)$번의 시합으로 최종적인 승부가 결정된다. 이제, 매번의 시합에서 갑이 이기는 것을 "s" 로, 을이 이기는 것을 "f"로 나

타내면, 매 시합을 표본공간과 확률이

$$\omega_i = s \text{ 또는 } f,\ P_i(s) = p,\ i = 1, 2, \cdots, m+n-1$$

인 시행으로 생각할 수 있고, 게임이 결정될 때까지 $(m+n-1)$번의 시합을 독립반복시행하는 것을 생각하면 충분하다. 갑이 $(m+k)$번째의 시합에서 최종적인 승리를 거두려면 $(m+k)$번째의 시합에서 m번째의 승리를 하고, $(m+k-1)$번 동안의 시합에서는 $(m-1)$번의 승리와 k번$(\leq n-1)$의 패배를 기록해야 한다. 사건 A_i를 $(m+n-1)$번 가운데 i번째 시행에서 "s"가 나오는 사건이라면 갑이 $(m+k)$번째의 시합에서 최종적인 승리를 거두는 사건은

$$A_1 \times \cdots \times A_{m-1} \times A_m^C \times \cdots \times A_{m+k-1}^C \times \{s\} \times \Omega_{m+k+1} \times \cdots \Omega_{m+n-1}$$

과 같은 꼴의 사건들의 합사건으로 주어진다. 위의 확률은

$$p^{m-1}(1-p)^k p = p^m(1-p)^k$$

로 주어지므로, 갑이 $(m+k)$번째의 시합에서 최종적인 승리를 거두는 확률은 $\binom{m+k-1}{k}$ $p^m(1-p)^k,\ k = 0, 1, 2, \cdots, n-1$이다. 따라서 갑이 최종적인 승리를 거두는 확률은

$$p_{m,n} = \sum_{k=0}^{n-1} \binom{m+k-1}{k} p^m (1-p)^k$$

로 주어진다. ■

1.11 도형에서의 등확률모형

유한표본공간에서의 등확률모형에 의하면 어느 한 사건의 확률은 그 사건의 크기에 비례하게 된다. 이와 동일한 맥락으로 표본공간이 수직선이나 평면 또는 공간에서의 유계인 연속체로 구성되어 있을 때 표본공간의 부분집합인 영역 A에 대한 확률을 그 영역의 크기에 비례하여 주어지는 확률모형을 (도형에서의) 등확률모형이라 부른다. 여기서 영역 A의 크기란 길이, 넓이, 또는 부피 등을 뜻하며, $|A|$로 나타낸다.

예 1.11.1 0과 1 사이에서 한 점을 랜덤하게 택할 때, 그 점이 0과 1/2 사이에 들어갈 확률은 1/2이다. ■

예 1.11.2 0과 1 사이에서 한 점 x를 랜덤하게 택한 후 x를 성공률로 하는 베르누이 독립반복시행에서 처음 n번 시행에서 모두 성공이 나오는 사건을 A, $(n+1)$번째 시행에서 성공이 나오는 사건을 B라 하고 조건부확률 $P(B|A)$를 구하여 보자. 이 문제는 3장의 조건부 분포에서 보다 엄밀하게 다루어지겠으나, 여기서는 〔예 1.7.2〕의 Laplace's rule of succession과 관련하여 생각해 보자. 먼저 한 점을 0과 1 사이에서 랜덤하게 뽑는다는 것은 N이 클 때 $[0, 1]$을 분할하는 N개의 구간 $E_k=[k/N, (k+1)/N]$, $k=0, 1, \cdots, N-1$에서 하나를 랜덤하게 뽑아 $x=k/N$이 뽑히는 것으로 근사적으로 생각할 수 있다. 편의상 E_k를 구간 E_k가 뽑히는 사건이라고 생각하면

$$P(A)\approx\sum_{k=0}^{N}P(A|E_k)P(E_k)=\sum_{k=0}^{N}\left(\frac{k}{N}\right)^n\frac{1}{N}$$
$$\approx\int_0^1 x^n dx=\frac{1}{n+1}$$

즉, 성공률이 x인 베르누이 독립반복시행에서 처음 n번에서 모두 성공이 나오는 확률은 $\binom{n}{n}x^n(1-x)^0=x^n$이고, 이 때 성공률 x는 0과 1 사이에서 랜덤하게 뽑히는 것이므로

$$P(A)=\int_0^1 x^n dx$$

인 것이다. 마찬가지로,

$$P(A\cap B)=\int_0^1 x^{n+1}dx=\frac{1}{n+2}$$

이므로

$$P(B|A)=\frac{n+1}{n+2}$$

을 얻는다. 이는 Laplace's rule of succession의 극한값과 같음을 알 수 있다. ■

많은 경우에 평면, 공간과 같이 다차원 영역에서의 등확률모형은 수직선 위에서의 등확률모형을 독립적으로 반복시행하여 얻어진다.

예 1.11.3 갑, 을 두 사람이 어떤 장소에서 12시에서 1시 사이에 만나기로 하고, 두 사람 중 먼저 도착한 사람은 20분 동안만 기다리기로 하였다. 두 사람이 12시에서 1시 사이에 랜덤하게 도착한다고 할 때, 두 사람이 만나게 될 확률을 구해 보자.

갑과 을이 도착하는 시각을 각각 12시 x분과 y분이라 하면, 갑과 을의 도착시간에 대한 확률모형은 모두 $[0, 60]$에서의 (길이에 비례하는) 등확률모형이며, 이 두 모형을 곱하여 얻어지는 표본공간은

$$\Omega=\{(x,\ y):0\leq x\leq 60,\ 0\leq y\leq 60\}$$

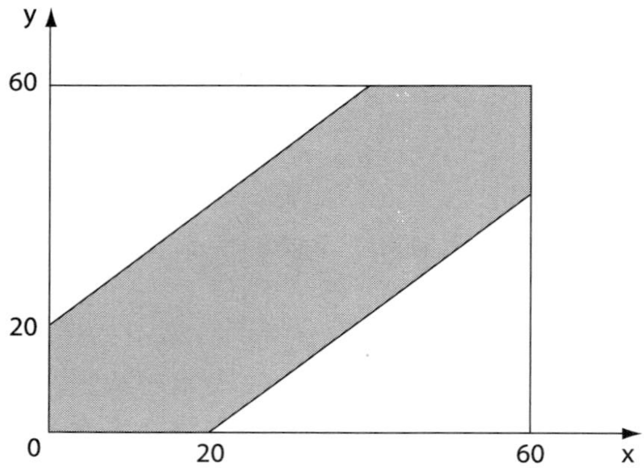

▮ 그림 1.1 ▮ [예 1.11.3]에서 만나는 사건

이고, 두 사람이 만나는 사건은 〔그림 1.1〕에서 보듯이

$$A=\{(x, y)\in\Omega:\ |x-y|\leq 20\}$$

이다. 등확률모형을 곱해도 (넓이에 비례하는) 등확률모형이 되므로, 구하는 확률을 Ω에서 랜덤하게 택한 점이 A에 속할 확률로 생각하여

$$P(A)=\frac{|A|}{|\Omega|}=\frac{60^2-40^2}{60^2}=\frac{5}{9}$$

를 얻는다. ■

예 1.11.4 **(뷔퐁의 바늘 실험)** 평면에 서로의 간격이 4인 평행선들이 그어져 있고, 길이가 3인 바늘을 이 평면에 "랜덤하게" 떨어뜨릴 때, 이 바늘이 이들 평행선 중의 어느 하나와 만나게 될 확률에 대하여 생각해 보자. 〔그림 1.2〕와 같이 이 바늘의 중점으로부터 가장 가까운 직선까지의 거리를 x라 하고, 바늘과 이 직선과 이루는 각을 θ라고 하면, 바늘의 위치는 x와 θ에 의해 결정되고, 바늘이 한 평행선과 만나는 것은 $x\leq\frac{3}{2}\sin\theta$임을 뜻한다.

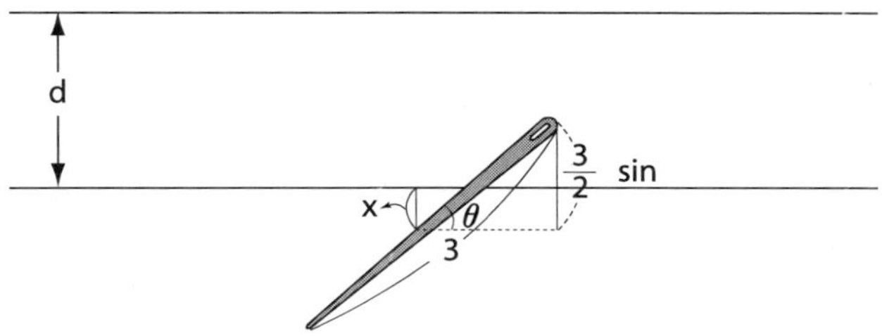

▌그림 1.2 ▌ Buffon의 바늘 실험

따라서 이 문제는 표본공간 $\Omega=\{(x,\theta):0\leq x\leq 2,\ 0\leq\theta\leq\pi\}$에서 랜덤하게 택한 한 점이 영역 $A=\left\{(x,\theta)\in\Omega: x\leq\frac{3}{2}\sin\theta\right\}$에 속할 확률을 구하는 것과 같으며, 영역 A의 넓이 $|A|$는

$$|A|=\int_0^\pi \frac{3}{2}\sin\theta d\theta=3$$

으로 주어진다. 따라서 구하는 확률은 $P(A)=\frac{|A|}{|\Omega|}=\frac{3}{2\pi}$이다. ■

예 1.11.5 (**버트란트의 역설 Bertrand's paradox**) 반지름이 1인 원에서 현을 "랜덤하게" 그을 때, 이 현의 길이가 이 원에 내접하는 정삼각형의 한 변의 길이보다 크게 되는 확률을 구하는 문제에 대하여 생각해 보자. 먼저, 현의 위치는 현의 중점 (x,y)의 위치와 $1-1$대응이 되므로 표본공간을

$$\Omega_1=\{(x,y): x^2+y^2<1\}$$

로 생각할 수 있다. 이 경우 현의 길이가 내접 삼각형의 한 변의 길이보다 큰 사건을 A라 놓으면 $A=\{(x,y): x^2+y^2<1/4\}$이 된다. 따라서 구하는 확률은 $P(A)=\frac{(1/2)^2\pi}{\pi}=1/4$이다.

다음으로, 현의 위치는 중점으로부터의 거리와 사이각으로 결정되므로 표본공간은

$$\Omega_2=\{(d,\theta): 0<d<1,\ 0<\theta<2\pi\}$$

로 생각하면 되고, 사건 A는 $A=\{(d,\theta): d<1/2\}$로 나타낼 수 있다. 구하는 확률은 $P(A)=1/2$이다. 이와 같은 접근법은 원의 대칭성을 고려하여 현의 방향을 미리 정해 놓고 이에 따라 현을 긋는 것만을 생각하는 경우이다. 이 경우 현의 중심이 원의 중심으로부터 위치하는 좌표에 의하여 현이 결정되므로 표본공간을 $\Omega_2=(-1,1)$로 볼 수 있으며, 현의 길이가 내접 정삼각형의 한 변의 길이보다 크려면 원의 중심으로부터 현에 이르는 거리가 1/2보다 작아야 한다. 따라서 이 경우에 구하는 확률은 $\frac{|(-1/2,\ 1/2)|}{|(-1,\ 1)|}=1/2$이다.

끝으로, 현은 원주 위의 두 점에 의하여 결정되므로 표본공간은

$$\Omega_3=\{(\theta_1,\ \theta_2) : 0<\theta_i<2\pi,\ i=1,\ 2\}$$

이고, 여기서 사건 A는 $A=\{(\theta_1,\ \theta_2) : 2\pi/3<|\theta_1-\theta_2|<4\pi/3\}$이므로 구하는 확률은 $P(A)=\left(\frac{16\pi^2}{9}-\frac{4\pi^2}{9}\right)/4\pi^2=1/3$이다. 이는 다시 원의 대칭성을 이용하여 현의 한 쪽 끝점과 이 점에서 원에 접하는 직선을 미리 정해 놓고, 이 직선과 현이 이루게 될 각 θ만에 의하여 현을 결정하는 경우를 생각하는 것이다. 이 때에는 표본공간이 $\Omega_3=(0,\ \pi)$이고, 현의 길이가 내접 삼각형의 한 변의 길이보다 크려면, θ가 $\frac{\pi}{3}$와 $\frac{2\pi}{3}$ 사이에 있어야 하므로 구하는 확률은 1/3로 얻어지는 것이다.

이와 같이 세 가지의 해가 나온 이유는 문제에서 "현을 랜덤하게 그을 때"라는 표현이 모호하여 이 실험에 관한 표본공간이 명확하지 않은 데 있는 것이다. ■

연습문제

1 다음 실험에 대하여 표본공간과 그 크기를 구하라.

(1) 동전을 n번 던진다.

(2) 동전을 n번 던져 앞면이 나오는 횟수를 조사한다.

(3) 구별되지 않는 동전 n개를 던진다.

2 다음 실험에 대하여 표본공간과 그 크기를 구하라.

(1) 주사위를 n번 던진다.

(2) 주사위를 n번 던져 나오는 눈의 합을 조사한다.

(3) 주사위를 n번 던져 짝수가 나오는 횟수를 조사한다.

(4) 구별되지 않는 주사위 n개를 던진다.

3 다음 포함관계를 증명하라.

(1) $(\cup_j A_j)\backslash(\cup_j B_j)\subset\cup_j(A_j\backslash B_j)$

(2) $(\cap_j A_j)\backslash(\cap_j B_j)\subset\cup_j(A_j\backslash B_j)$

4 (**대칭차**) 두 집합 사이의 **대칭차**(symmetric difference)는 다음과 같이 정의된다.

$$A \triangle B = (A \setminus B) \cup (B \setminus A)$$

(1) 세 사건 A_1, A_2, A_3에 대하여 사건 $A_1 \triangle A_2 \triangle A_3$를 묘사하라.

(2) 사건들 A_1, A_2, $\cdots$, A_n에 대하여 사건 $A_1 \triangle A_2 \triangle \cdots \triangle A_n$을 묘사하라.

5 다음을 증명하라.

(1) $A \triangle \phi = A$

(2) $(A \triangle B) \triangle C = A \triangle (B \triangle C)$

(3) $(A \triangle B) \triangle (B \triangle C) = A \triangle C$

(4) $(\cup_j A_j) \triangle (\cup_j B_j) \subset \cup_j (A_j \triangle B_j)$

(5) $(\cap_j A_j) \triangle (\cap_j B_j) \subset \cup_j (A_j \triangle B_j)$

6 다음을 증명하라.

(1) $\sum_{k=0}^{n} \binom{n}{k} = 2^n$ (2) $\sum_{k=0}^{n} (-1)^k \binom{n}{k} = 0$

(3) $\sum_{k=0}^{n} k \binom{n}{k} = n2^{n-1}$ (4) $\sum_{k=0}^{n} (-1)^{k-1} k \binom{n}{k} = 0$

(5) $\sum_{k=0}^{n} k^2 \binom{n}{k} = n(n+1)2^{n-2}$

(6) $\binom{n+m}{r} = \sum_{k=0}^{r} \binom{n}{k} \binom{m}{r-k}$, $(r \le n, m)$

(7) $\binom{2n}{n} = \sum_{k=0}^{n} \binom{n}{k}^2$

(8) $\sum_{k=0}^{n} \binom{k+r-1}{k} = \binom{n+r}{n}$

(9) $\sum_{k=1}^{n} \frac{(-1)^{k-1}}{k} \binom{n}{k} = \sum_{k=1}^{n} \frac{1}{k}$

(10) $\sum_{k=1}^{n} \frac{1}{k!} \sum_{j=0}^{n-k} (-1)^j \frac{1}{j!} = \sum_{k=1}^{n} (-1)^{k-1} \frac{1}{k!}$

(11) $\sum_{k=0}^{n} \binom{2n}{2k} a^{2k} b^{2n-2k} = \frac{1}{2} [(a+b)^{2n} + (b-a)^{2n}]$, $n = 1, 2, \cdots$

7 (**배치방법**) n개의 번호 붙은 칸(cell)에 k개의 입자를 배치하는 경우의 수를 다루는 문제를 **배치방법의 문제**(occupancy problem)라 한다.

(1) (**Maxwell-Boltzmann statistics**) 입자는 구별되고 한 칸에 들어갈 수 있는 입자의 수에 제한이 없을 때, 입자는 **막스웰-볼츠만 통계량의 법칙**에 따라 배치된다고 말한다. 이 방법에 따라 입자를 랜덤하게 배치할 때, n개의 칸 중에서 $k(\leq n)$개의 칸에 한 개씩의 입자가 들어가게 될 확률을 구하라.

(2) (**Fermi-Dirac statistics**) 입자는 구별될 수 없고 한 칸에 두 개 이상의 입자가 들어갈 수 없을 때, 입자는 **페르미-디락 통계량의 법칙**을 따른다고 말한다. $k<n$인 경우, 특정한 한 칸에 입자가 없을 확률을 구하라.

(3) (**Bose-Einstein statistics**) 한 칸에 들어갈 수 있는 입자의 수에 제한이 없고, 입자는 구별될 수 없는 경우, 입자는 **보즈-아인슈타인 통계량의 법칙**에 따라 배치된다고 하며, 광자가 이 법칙을 따르는 것으로 알려져 있다. 특정한 한 칸에 r개 $(r<k)$의 입자가 들어 있게 될 확률을 구하라.

8 $k(k<n)$개의 공을 n개의 칸에 Maxwell-Boltzmann 통계량의 법칙에 따라 배치하는 실험에서, 다음 사건에 대한 확률을 구하라.

(1) 첫 번째 칸에 적어도 하나의 공이 배치되는 사건

(2) 적어도 세 개의 칸에 배치되는 사건

9 k개의 공을 n개$(k\geq n)$의 칸에 Bose-Einstein 통계량의 법칙에 따라 배치하는 실험에서, 다음 사건에 대한 확률을 구하라.

(1) 첫 번째 칸에 적어도 하나의 공이 배치되는 사건

(2) 모든 칸에 배치되는 사건

(3) 적어도 세 개의 칸에 배치되는 사건

(4) 칸마다 순서대로 $1, \cdots, n$의 번호표를 붙였다고 가정하자. 공이 배치된 칸의 가장 큰 번호가 $m(<n)$일 확률을 구하라.

10 (**elevator problem**) 엘리베이터에 손님 k명이 1층에서 탔다. 엘리베이터가 올라가면서 $n(k\leq n)$개의 층에서 설 때 모든 손님이 서로 다른 층에서 내릴 확률을 구하라.

11 실력을 구분할 수 없는 남녀 각 n명씩 모두 $2n$명이 어느 회사에 입사 지원을 하여 면접시험을 본다. 면접시험의 결과로 순위를 매길 때, 여자 지원자의 순위 가운데 가장 높은 순위가 전체에서 순위 k가 되는 사건 A_k의 확률을 구하라.

12 (**coupon collector's problem**) 어떤 회사에서 t종류의 경품권을 발행하여 이 t종류의

경품권 모두를 최소한 하나씩 모은 사람에게 상을 준다고 하였다. 어떤 사람이 $n(n \geq t)$개의 경품권을 수집하였을 때, 이 사람이 상을 받을 확률을 구하라.

13 (**matching problem**) N명의 남자가 방에 모자를 던져서 섞어 놓은 다음, 각자 랜덤하게 하나의 모자를 선택할 경우에 아무도 자신의 모자를 다시 찾지 못하는 방법의 수를 A_N이라 하자.

(1) $A_N = (N-1)(A_{N-1} + A_{N-2})$임을 보여라.

(2) 경계값 조건을 $A_1 = 0$, $A_2 = 1$이라 놓을 때, A_N을 구하라.

(3) 아무도 자신의 모자를 다시 선택하지 못할 확률을 구하라.

14 동전을 n번 던지는 실험에서 연속적으로 앞면이 나타나지 않는 경우의 수를 f_n이라 하고, 그 확률을 P_n이라 하자.

(1) 다음 등식이 성립함을 보여라. $f_n = f_{n-1} + f_{n-2}$, $n \geq 2$

(2) $f_0 = 1$, $f_1 = 2$를 이용하여 P_{10}을 구하라.

15 동전을 n번 던지는 실험에서 n번째까지 앞면이 세 번 이상 연속적으로는 나타나지 않는 경우의 수를 f_n이라고 하면, $n \geq 3$인 경우에 $f_n = f_{n-1} + f_{n-2} + f_{n-3}$임을 보여라.

16 1번부터 n번까지의 번호가 쓰여진 n장의 카드가 있다. 이제 이 카드를 임의로 한 장씩 선택하여 그 번호를 볼 때, k번의 번호가 쓰여진 카드가 k번째에 선택되어질 사건을 A_k라 하자.

(1) 사건 A_1, A_2, $\cdots$, A_n 중 적어도 한 사건이 일어날 확률을 구하라.

(2) 사건 A_1, A_2, $\cdots$, A_n 중에서 j개의 사건만이 일어날 확률을 $p_{n(j)}$라고 할 때,

$\lim_{n \to \infty} p_{n(j)} = \frac{e^{-1}}{j!}$, $j = 0, 1, 2, \cdots$이 됨을 보여라.

17 앞면이 나타날 확률이 p인 동전을 $2n$번 던질 때, 앞면이 짝수 번 나타날 확률이 $\frac{1}{2}[1+(q-p)^{2n}]$, $q = 1-p$가 됨을 보여라. 또, $2n+1$번 던지는 경우에는 그 확률이 얼마인가?

18 inclusion-exclusion formula를 귀납법을 쓰지 않고 증명하라.

19 (**Bonferroni의 부등식**) 다음 부등식을 증명하라.

$$P(\cap_{k=1}^{n} E_k) \geq \sum_{k=1}^{n} P(E_k) - (n-1)$$

20 검은 공과 흰 공이 각각 M개, $N-M$개$(N>M)$ 들어 있는 항아리에서 n개의 공을 비복원추출할 때 그 중 정확히 k개가 검은 공일 확률을 다음의 조건하에서 구하라.

(1) 처음에 뽑힌 공이 검은 공이었을 때.

(2) 처음과 마지막에 뽑힌 공이 검은 공이었을 때.

21 실험대상인 동물에게 어떤 자극을 주면 특별한 반응을 나타내도록 고안된 실험을 매일 시행한다고 하자. 실험을 한지 k번째 되는 날 그 동물이 원하는 반응을 나타낼 사건을 A_k라 하고, 만약 $P(A_{k+1}|A_k)=\beta$와 $P(A_{k+1}|A_k^c)=\alpha(0<\alpha<\beta\leq 1)$을 가정할 때 다음 물음에 답하라.

(1) $p_k=P(A_k)$라 할 때, $p_{k+1}=\alpha+(\beta-\alpha)p_k$임을 보여라.

(2) $\beta=1$, $p_1=0$일 때, $p_k=1-(1-\alpha)^{k-1}$임을 보여라.

(3) $\lim_{k\to\infty} p_k=\alpha/(1+\alpha-\beta)$임을 보여라.

(4) $\alpha=0.05$, $\beta=0.9$, $p_1=0$일 때, 그 동물이 11일과 12일째 되는 날 원하는 반응을 나타낼 확률을 구하라.

22 b개의 검은 공과 w개의 흰 공이 들어 있는 항아리에서 공을 하나씩 꺼낸다. 매번 꺼낸 공의 색깔을 보고 다음 공을 꺼내기 전에 t개의 같은 색을 가진 공을 꺼낸 공과 함께 되돌려 넣는 시행을 계속할 때, 다음 물음에 답하라.

(1) 두 번째 추출에서 검은 공이 나올 확률이 $b/(b+w)$임을 보여라.

(2) n번째 추출에서 검은 공이 나올 확률이 $b/(b+w)$임을 보여라.

23 항아리에 A는 5개의 흰 공과 7개의 검은 공이, 항아리 B에는 3개의 흰 공과 12개의 검은 공이 들어 있다. 동전을 한 번 던져 앞면이 나타나면 항아리 A에서, 뒷면이 나타나면 항아리 B에서 공 하나를 추출한다. 추출된 공이 흰 공일 때 그 공이 항아리 B에서 추출되었을 확률은 얼마인가?

24 3명의 재판관 중에 2명 이상이 유죄의 판결을 내려야 피고의 유죄를 인정하는 법정에서, 실제로 유죄인 피고에게 재판관들이 유죄라고 판결을 내릴 확률이 각각 독립적으로 0.7이고, 실제 무죄인 피고에게 유죄라는 잘못된 판단을 내릴 확률이 각각 0.2라고 하자. 만약, 피고인 중 70%가 유죄라면 다음의 경우에 있어 세 번째 재판관이 유죄라는 판결을 내릴 조건부확률을 구하라.

(1) 첫 번째, 두 번째 재판관 모두가 유죄라고 판결을 내렸을 경우.

(2) 처음 2명의 재판관 중 한 명은 유죄, 다른 한 명은 무죄라는 판결을 내렸을 경우.

(3) 첫 번째, 두 번째 재판관 모두가 무죄라고 판결을 내렸을 경우.

25 두 개의 동전이 있다. 동전 1은 앞면과 뒷면이 구분되어 있고, 동전 2는 양면이 모두 앞면으로 표시되어 있다. 두 동전 가운데 하나를 랜덤하게 골라 계속 그 동전을 던질 때 그 동전이 동전 1이었을 확률을 다음 경우에 각각 구하라.

(1) 동전을 한 번 던진 결과 앞면이 나왔을 때.

(2) 동전을 두 번 던져 모두 앞면이 나왔을 때.

(3) 동전을 n번 던져 모두 앞면이 나왔을 때.

(4) 동전을 세 번 던져 처음 두 번은 앞면 세 번째에는 뒷면이 나왔을 때.

26 **(TV쇼)** TV 무대 위에 관객을 향하여 3개의 문이 설치되어 있고, 이 중 하나의 문 뒤에는 상품이 진열되어 있다. 사회자가 이러한 사실을 관객들에게 알린 후 무대 위로 한 명의 관객을 초대하여 그 관객에게 3개의 문 가운데 하나의 문을 선택하게 하여 문을 연 후 문 뒤에 상품이 있으면 그 상품을 탈 수 있는 기회를 준다.

(1) 관객이 상품을 타게 될 확률을 구하라.

(2) 관객이 문을 선택한 후, 그 문을 열기 전 사회자가 (나머지 두 개의 문 가운데 상품이 없는 문이 적어도 하나는 있으므로) 상품이 없는 문 하나를 연 다음 관객에게 열려 있지 않은 문으로 선택을 바꿀 의향이 있는지 물어 본다. 만일 관객이 문을 바꾼다면 상품을 탈 확률은?

(3) 위 문제를 n개의 문이 있는 경우에 대하여 답하라.

27 다음 명제에 대하여 "참", "거짓"을 말하고, 그 이유를 밝히라.

(1) $P(A|B) \geq P(A)$이면, $P(B|A) \geq P(B)$이다.

(2) $P(A|B) = P(B)$이면, $P(B|A) = P(A)$이다.

(3) $P(A \cap C|B) = P(A|B)P(C|B)$이면, $P(A|B \cap C) = P(A|B)$이다.

28 다음을 증명하라.

(1) $P(C) > 0$이면, $P(A \cup B|C) + P(A \cap B|C) = P(A|C) + P(B|C)$이다.

(2) $P(A \cap B \cap C) > 0$일 때, $P(C|A \cap B) = P(C|B)$이기 위한 필요충분조건은 $P(A|B \cap C) = P(A|B)$이다.

(3) $P(A \cap B) > 0$일 때, $P(A \cap C|B) = P(A|B)P(C|B)$이기 위한 필요충분조건

은 $P(C|A\cap B)=P(C|B)$이다.

29 $P(E|F)\le(\ge)P(E)$가 성립할 때, 사건 F는 사건 E에 대하여 **음(양)의 정보를 지닌다**라고 부르고, 이를 기호 $F\searrow(\nearrow)E$로 나타낸다. 다음 명제에 대하여 "참", "거짓"을 말하고, 그 이유를 밝히라.

(1) $F\searrow E$이면 $E\searrow F$이다.

(2) $F\searrow E$이고 $E\searrow G$이면 $F\searrow G$이다.

(3) $F\searrow E$이고 $G\searrow E$이면 $F\cap G\searrow E$이다.

30 세 사건끼리는 서로 독립이지만 서로 독립이 아닌 네 사건의 예를 들라.

31 임의의 $n-1$개 사건들은 서로 독립이지만 전체로는 독립이 아닌 n개 사건의 예를 들라.

32 다음 명제에 대하여 "참", "거짓"을 말하고 이유를 밝히라.

(1) E와 F가 독립이고 E와 G가 독립이면 E와 $F\cup G$는 독립이다.

(2) E와 F, F와 G가 독립이고 E와 $F\cap G$가 독립이면 G와 $E\cap F$는 독립이다.

(3) $P(E\cap F\cap G)=P(E)P(F)P(G)$이면 E, F, G는 서로 독립이다.

33 전체가 n개의 서로 독립적으로 작동하는 회로로 이루어져 있는 시스템에서 적어도 k개의 회로가 작동하면 시스템이 작동하는 시스템을 **k out of n 시스템**이라 한다. 특히 $k=1$인 경우 **병렬 시스템**(parallel system), $k=n$인 경우 **직렬 시스템**(series system)이라 부른다. 다음 물음에 답하라.

(1) 각 회로의 작동확률이 모두 p로 동일할 때, k out of n 시스템의 작동확률을 p로 나타내라.

(2) 각 회로의 작동확률이 p_i, $i=1, 2, \cdots, n$일 때, 직렬 시스템과 병렬 시스템의 작동확률을 각각 p_i로 나타내라.

34 $L_A=\{B : P(A\cap B)=P(A)P(B)\}$로 정의하자. 즉, L_A는 A와 서로 독립인 사건들 전체의 모임이다. 다음 물음에 답하라.

(1) Ω와 ϕ는 L_A의 원소임을 보여라.

(2) $B\in L_A$이면 $B^C\in L_A$임을 보여라.

(3) $B_i\in L_A$, $i=1, 2$이면 $B_1\cap B_2^C\in L_A$인가? 그 이유는?

(4) $A\in L_A$이기 위한 필요충분조건은 $P(A)=0$ 또는 1임을 보여라.

35 사건들 사이의 독립성은 확률 P에도 의존한다. 예를 들어, 주사위를 한 번 던지는 실험에서 1 또는 6이 나타나는 사건을 A, 홀수가 나타나는 사건을 B라고 하자. 주사위가 공정하다면 A와 B는 독립이지만, 만일 k가 나타날 확률이 k에 비례하도록 주사위가 만들어졌다면 이 사건들은 독립이 아님을 보여라.

36 P_1은 유한표본공간 Ω_1에서 정의된 확률이고, 임의의 $a \in \Omega_1$에 대하여 Q_a는 유한표본공간 Ω_2에서의 확률이다. 또한 P는 $\Omega_1 \times \Omega_2$의 임의의 부분집합 E에 대하여 $P(E) = \sum_{(a,b)\in E} Q_a(\{b\})P_1(\{a\})$로 정의되어 있다.

(1) P가 $\Omega_1 \times \Omega_2$에서의 확률임을 보여라.

(2) 임의의 $A \subset \Omega_1$에 대하여 $P(A \times \Omega_2) = P_1(A)$임을 보여라.

(3) 임의의 $B \subset \Omega_2$에 대해서 $P(\Omega_1 \times B \mid \{a\} \times \Omega_2) = Q_a(B)$임을 보여라.

37 $P(B) > 0$인 사건 B에 대하여 $P(A_1 \cap A_2 \mid B) = P(A_1 \mid B)P(A_2 \mid B)$가 성립할 때, 두 사건 A_1, A_2는 사건 B가 주어질 때 **조건부독립**(conditionally independent)이라고 부른다.

(1) A_1, A_2가 독립은 아니지만 B가 주어질 때에는 조건부독립인 예를 들라.

(2) 위의 문제를 세 사건인 경우로 확장하여 사건 A_1, A_2, A_3와 B의 예를 들라.

38 주사위를 반복해서 던지는 실험이 있다. 첫 번째 시행에서 1 또는 6이 나오면 갑이 이기고, $k(2 \le k \le 5)$가 나오면 다시 1, k 또는 6이 나올 때까지 시행을 반복한다. 만약, 1 또는 6이 나오기 전에 k가 나오면 을이 이기고, 그렇지 않으면 진다고 하자. 을이 이길 확률을 구하라.

39 (**Banach's matchbox problem**) 양복 두 주머니에 각각 n개피의 성냥이 들어 있는 성냥갑을 넣고 다니는 사람이 있다. 이 사람은 담배를 피울 때마다 두 주머니 가운데 하나를 랜덤하게 골라 그 주머니 속의 성냥을 사용한다. 선택되는 성냥갑이 비어있다는 것을 알게 될 때까지 이 시행을 계속할 때, 나머지 성냥갑에는 r개의 성냥개비가 남아 있을 확률을 구하라.

40 구간 $[0, 1]$에서 한 점 x를 임의로 뽑을 때, 다음 물음에 답하라.

(1) x의 소수점 아래 첫째 자리의 값이 1이 될 확률을 구하라.

(2) x의 소수점 아래 둘째 자리의 값이 5보다 작을 확률을 구하라.

41 구간 [0, 1]에서 한점을 임의로 뽑았을 때 그 값을 p라 하자. 이 p값을 성공률로 하는 베르누이독립시행을 $(n+1)$번 반복한다. 처음 n번 중에 r번이 성공이 나타났을 때 $(n+1)$번째 시행에서 성공이 나타날 확률이 $(r+1)/(n+2)$임을 보여라.

42 구간 [0, 1]에서 두 점을 임의로 뽑을 때, 이 두 점에 의하여 얻어지는 세 선분이 삼각형을 이룰 확률을 구하라.

43 구간 [0, 1]에서 세 점을 임의로 뽑아 이 세 점과 원점 O를 잇는 선분을 만들 때, 다음 물음에 답하라.

(1) 세 선분이 삼각형을 이룰 확률을 구하라.

(2) 세 선분이 예각삼각형을 이룰 확률을 구하라.

44 〔예 1.11.3〕에서 두 사람이 아니라 세 사람(갑, 을, 병)이 만나기로 한 경우에 대하여 다음 물음에 답하라.

(1) 세 사람 모두 만나게 될 확률을 구하라.

(2) 세 사람 모두 만나지 못할 확률을 구하라.

45 위의 문제를 n명이 만나기로 한 경우에 대하여 답하라.

제 2 장

여러 가지 확률모형

2.1 확률의 정의

확률론의 발달 초기부터 오랫동안 확률은 표본공간의 원소 수가 유한 개인 유한표본공간에서의 실험에만 적용되어 왔으며, 나름대로 많은 성공적인 결과를 가져왔다. 그러나 유한표본공간만으로는 과학의 여러 분야에 대한 응용은 물론 현실의 많은 문제를 다룰 수 없었기 때문에 더욱 다양하고 복잡한 실험에서도 모형화할 수 있는 확률이론이 필요하게 되었다. 예를 들어, 한 개의 동전을 무한히 던지는 실험(무한 회의 독립반복시행)에서 앞면이 적어도 한 번 나올 가능성은 얼마일까? 직관적으로는 이 확률은 1이다! 또, 앞면이 무한 번 나올 확률은 얼마일까? 이러한 물음에 대하여 답하기 위하여 먼저 이 실험에서의 표본공간 Ω를 알아보면

$$\Omega=\{\omega=(\omega_1,\ \omega_2,\ \cdots\ \omega_n,\ \cdots):\omega_n \text{은 } H \text{ 또는 } T\}$$

이며, 이 표본공간은 셀 수 없는 무한 개(uncountably infinite number)의 원소를 포함하고 있고, 따라서 무한히 많은 사건들을 생각할 수 있다. 이제, n번째 던지는 시행에서 앞면이 나오는 사건을 A_n이라 하고,

$$B_n=\cup_{i=n}^{\infty}A_i,\quad C=\cap_{n=1}^{\infty}B_n$$

이라 하면 사건 B_n은 n번째 시행 이후 적어도 한 번 앞면이 나오는 사건이고,

$$C=\cap_{n=1}^{\infty}\cup_{i=n}^{\infty}A_i \tag{2.1.1}$$

는 "앞면이 무한 번 나오는 사건"임은 1.2절에서 이미 다루었다. 따라서, 이와 같은 사건의 확률을 구하려면 이제까지 받아들이고 사용하여 왔던 확률의 성질만으로는 불가능하다. 다시 말하면 확률의 성질에는 1장에서 사용한 유한표본공간에서의 확률의 성질에 덧붙여서 **무한개의 사건들의 연산에 관하여 성립하는 성질**이 추가로 요구된다.

공리적 확률(axiomatic probability)이란 이러한 요구에 부응하여 확률이 지녀야 한다고 상식적으로 생각되어지는 가장 기본적인 성질들과 확률이론의 다양성을 위하여 필수불가결한 성질들을 최소한으로 택하여 공리로 삼아 정의된 확률을 말한다. 20세기 초에 러시아의 수학자 **콜모고로프**(A. Kolmogorov)는 다음과 같이 확률을 정의하여 확률론의 체계적 정립을 완성시켰다.

확률의 공리적 정의

주어진 표본공간 Ω에서 다음의 세 가지 공리를 만족시키는 실함수 $P(\cdot)$를 Ω에서의 **확률측도**(probability measure)라 한다.

1. 임의의 사건 A$\subset\Omega$에 대하여, $P(A)\geq 0$,
2. $P(\Omega)=1$
3. A_1, A_2, …가 서로 배반이면 $P(\cup_{i=1}^{\infty}A_i)=\sum_{i=1}^{\infty}P(A_i)$

위에서 정의된 확률측도를 간단히 **공리적 확률**이라 부른다. 공리적 확률은 1.5절에 기술되어 있는 확률의 성질을 모두 만족함을 보일 수 있다. 예를 들어, $P(\phi)=0$임을 보이기 위해서는 $A_i=\phi$, $i=1, 2, \cdots$라 놓고 공리 3을 적용하면

$$P(\phi)=P(\cup_{i=1}^{\infty}A_i)=\sum_{i=1}^{\infty}P(A_i)=\sum_{i=1}^{\infty}P(\phi)$$

이 성립한다. 따라서, 이 등식을 만족하는 실수해 $P(\phi)$는 $P(\phi)=0$뿐임을 알 수 있다. 또한, $A_1, \cdots, A_n$이 서로 배반일 때 $A_{n+1}=A_{n+2}=\cdots=\phi$라 놓으면 A_i, $i=1, 2, \cdots$는 서로 배반이고, 따라서 공리 3과 $P(\phi)=0$에 의하여

$$P(\cup_{i=1}^{n}A_i)=P(\cup_{i=1}^{\infty}A_i)=\sum_{i=1}^{\infty}P(A_i)=\sum_{i=1}^{n}P(A_i)$$

즉, 유한가법성이 성립함을 알 수 있다.

확률의 세 가지 공리에서 공리 1과 공리 2는 유한표본공간에서 확률을 정의하기 위하여 이미 사용하였던 성질이다. 그러나 **가산가법성**(countable additivity)이라 불리는 공리 3은 유한표본공간에서는 고려될 필요가 없었으며, 직관적으로 받아들이기에도 쉽지 않은 성질이다. **공리 3이 공리적 확률의 핵심**이며, 이 성질에 의하여 확률은 다양성을 가질 수 있게 되었고, 이로부터 불확실성 내에 존재하는 여러 법칙들이 증명될 수 있게 되었다. 뿐만 아니라, 이 성질에 의하여 증명되는 중요한 기본법칙들은 현실 속의 현상과 부합되어 이 법칙들을 현실 속의 경험 또는 실험을 통하여 실증할 수도 있게 되었고, 이에 따라 확률론은 현실과 이론을 오가며 끊임없이 발전할 수 있게 된 것이다.

한편, 표본공간 Ω의 크기가 유한이거나 가산인 경우와는 달리 Ω의 크기가 **비가산집합**(uncountable set)인 경우(도형에서의 등확률모형도 이에 해당된다)에서 사건의 개념은 좀더 제한적이며 이에 대한 구체적인 설명은 제8장에 있는 시그마 마당을 참조하면 된다.

2.2 확률의 연속성

확률의 정의에 가산가법성을 부여한다는 것은 과연 어떠한 뜻일까? 결론부터 말하면 확률측도라는 함수

$$P(\cdot) : \mathcal{A} \rightarrow P(A)$$

가 연속함수이기를 요구하는 것이다. 여기서 말하는 **연속성**(continuity)을 논하기 위하여 먼저 사건열의 극한개념을 이해하여야 한다.

2.2.1 극한사건

사건 $A_1, A_2, \cdots$에 대하여

$$A_1 \subset A_2 \subset \cdots \subset A_n \subset A_{n+1} \subset \cdots$$

이 성립할 때, **사건열**(sequence of events) $\{A_n\}$은 **증가**(increasing)한다고 하고, 합사건 $\cup_{n=1}^{\infty} A_n$을 사건열 $\{A_n\}$의 **극한사건**(limit event)이라 부르며, 기호로는

$$\lim_{n \to \infty} A_n = \cup_{n=1}^{\infty} A_n \qquad (2.2.2)$$

으로 나타낸다. 마찬가지로,

$$A_1 \supset A_2 \supset \cdots \supset A_n \supset A_{n+1} \supset \cdots$$

이 성립할 때, 사건열 $\{A_n\}$은 **감소**(decreasing)한다고 하고, 곱사건 $\cap_{n=1}^{\infty} A_n$을 사건열 $\{A_n\}$의 극한사건이라 부르며, 기호로는

$$\lim_{n \to \infty} A_n = \cap_{n=1}^{\infty} A_n$$

으로 나타낸다.

사건열 $\{A_n\}$이 증가(감소)하면, 이들의 여사건으로 정의된 사건열 $\{A_n^C\}$은 감소(증가)하고, 집합연산에 관한 드모르간(De Morgan)의 법칙에 의하여 이들의 극한사건 간에는 관계식

$$(\lim_{n \to \infty} A_n)^C = \lim_{n \to \infty} A_n^C$$

이 성립한다.

예 2.2.1 표본공간이 $\Omega = (0, 1)$일 때, $A_n = \left(\frac{1}{n}, 1\right)$, $n = 1, 2, \cdots$로 주어지는 사건열에 대하여 생각하면, $\{A_n\}$은 증가하고 $\lim_{n \to \infty} A_n = \cup_{n=1}^{\infty} A_n = (0, 1)$이 된다. 이들의 여사건 $A_n^C = \left(0, \frac{1}{n}\right)$, $n = 1, 2, \cdots$으로 이루어진 사건열 $\{A_n^C\}$는 감소하고 $\{A_n^C\}$의 극한사건은 $\lim_{n \to \infty} A_n^C = \cap_{n=1}^{\infty} A_n^C = \phi$로 주어진다. ■

예 2.2.2 사건 $A_1, A_2, \cdots$에 대하여 $B_n = \cup_{n=1}^{\infty} A_i$, $C = \cap_{n=1}^{\infty} B_n$이라 하면 $\{B_n\}$은 감소한다. 따라서 $C = \cap_{n=1}^{\infty} \cup_{i=n}^{\infty} A_i = \lim_{n\to\infty} \cup_{i=n}^{\infty} A_i$가 성립한다. ■

2.2.2 확률의 연속성

증가하는 사건열 $A_1, A_2, \cdots$에 대하여

$$P(\lim_{n\to\infty} A_n) = \lim_{n\to\infty} P(A_n)$$

이 성립할 때 확률 P는 **아래로부터 연속**(continuous from below)이라고 말한다. 공리 1, 공리 2, 유한가법성에 추가하여 아래로부터 연속성을 지니는 확률에 대하여는 공리 3도 성립함을 알아보자. $A_1, A_2, \cdots$가 서로 배반인 사건열일 때 $B_n = \cup_{i=1}^{n} A_i$라 놓으면 B_n은 증가하는 사건열이고, $\lim_{n\to\infty} B_n = \cup_{n=1}^{\infty} B_n = \cup_{i=1}^{\infty} A_i$가 성립한다.

유한가법성과 아래로부터 연속성에 의하여

$$\begin{aligned} P(\cup_{i=1}^{\infty} A_i) &= P(\lim_{n\to\infty} B_n) = \lim_{n\to\infty} P(B_n) && \text{(아래로부터 연속)} \\ &= \lim_{n\to\infty} P(\cup_{i=1}^{n} A_i) = \lim_{n\to\infty} \sum_{i=1}^{n} P(A_i) && \text{(유한가법성)} \\ &= \sum_{i=1}^{\infty} P(A_i) \end{aligned}$$

가 성립한다. 즉, 가산가법성이 성립한다.

다음 정리는 역으로 공리적 확률이 아래에서 연속임을 나타낸다.

[정리 2.2.1]

사건열 $\{A_n\}$이 증가하면 다음이 성립한다.

$$\lim_{n\to\infty} P(A_n) = P(\lim_{n\to\infty} A_n) \quad \textbf{(2.2.3)}$$

증명 ▶▶ 증가하는 사건열 $\{A_n\}$에 대하여, 새로운 사건열 $\{B_n\}$을

$$B_1 = A_1,\ B_2 = A_2 - A_1,\ \cdots,\ B_n = A_n - A_{n-1},\ \cdots$$

로 정의하면, 사건열 $B_1, B_2, \cdots$은 서로 배반이고, $A_n = \cup_{k=1}^{n} B_k$가 성립한다. 이제

$$\cup_{n=1}^{\infty} A_n = \cup_{n=1}^{\infty} \cup_{k=1}^{n} B_k = \cup_{k=1}^{\infty} B_k$$

이므로,

$$
\begin{aligned}
P(\lim_{n\to\infty} A_n) &= P(\cup_{k=1}^{\infty} B_k) \\
&= \sum_{k=1}^{\infty} P(B_k) \qquad \text{(가산가법성)} \\
&= \lim_{n\to\infty} \sum_{k=1}^{n} P(B_k) \\
&= \lim_{n\to\infty} P(\cup_{k=1}^{n} B_k) \qquad \text{(유한가법성)} \\
&= \lim_{n\to\infty} P(A_n)
\end{aligned}
$$

이 되어 정리가 증명된다. ■

감소하는 사건열 A_1, A_2, …에 대하여

$$P(\lim_{n\to\infty} A_n) = \lim_{n\to\infty} P(A_n)$$

이 성립할 때 확률 P는 **위로부터 연속**(continuous from above)이라고 말한다. 공리 1, 공리 2와 유한가법성이 주어지면 아래로부터 연속성과 위로부터 연속성은 동치임을 보일 수 있다. 따라서 공리적 확률은 **연속성**(continuity)을 지니게 되며, 유한표본공간에서 확률의 성질로서 충분하였던 세 가지 성질, 공리 1, 공리 2, 유한가법성에 연속성을 추가하여 일반적인 표본공간에서 많은 사건에 관하여 사용될 수 있는 확률로 정의한 것이 바로 공리적 확률인 것이다.

예 2.2.3 성공률이 $p(0<p<1)$인 무한 회의 베르누이 독립반복시행에서

(a) 적어도 한 번 성공이 나올 확률
(b) 성공이 무한 번 나올 확률
(c) 유한 번만 제외하고 모두 성공이 나올 확률

을 구하여 보자. k번째 시행에서 성공이 나올 사건을 $A_k(k=1, 2, \cdots)$이라 하면 A_k는 k번째 시행에만 관계되는 사건이므로 모든 k에 대하여 $P(A_k)=p$이고, 모든 n에 대하여 A_1, A_2, …, A_n은 서로 독립이다.

(a) 처음부터 n번째까지 모두 실패만 나오는 사건을 F_n이라 하면 $F_n \supset F_{n+1}$이므로 확률의 연속성에 의하여

$$P(\bigcap_{n=1}^{\infty} F_n) = \lim_{n\to\infty} P(F_n)$$

$$\begin{aligned} &= \lim_{n\to\infty} P(A_1^C \cap \cdots \cap A_n^C) = \lim_{n\to\infty} (1-p)^n \\ &= 0. \end{aligned}$$

따라서, 적어도 한 번 성공이 나올 확률은 $P((\cap_{n=1}^{\infty} F_n)^C) = 1$이 된다.

(b) 성공이 무한 번 나오는 사건은 $\bigcap_{n=1}^{\infty} \bigcup_{k=n}^{\infty} A_k$이며, 여기서 $\{\bigcup_{k=n}^{\infty} A_k\}$는 감소하는 사건열이므로

$$\begin{aligned} P(\bigcap_{n=1}^{\infty} \bigcup_{k=n}^{\infty} A_k) &= \lim_{n\to\infty} P(\bigcup_{k=n}^{\infty} A_k) \\ &= \lim_{n\to\infty} P(\bigcup_{m=1}^{\infty} \bigcup_{k=n}^{n+m-1} A_k) \\ &= \lim_{n\to\infty} \lim_{m\to\infty} P(\bigcup_{k=n}^{n+m-1} A_k) \\ &= \lim_{n\to\infty} \lim_{m\to\infty} [1 - P(\bigcap_{k=n}^{n+m-1} A_k^C)] \\ &= 1 - \lim_{n\to\infty} \lim_{m\to\infty} \prod_{k=n}^{n+m-1} P(A_k^C) \\ &= 1 - \lim_{n\to\infty} \lim_{m\to\infty} \prod_{k=n}^{n+m-1} \{1 - P(A_k)\} \\ &= 1 - \lim_{n\to\infty} \lim_{m\to\infty} (1-p)^m \\ &= 1 \end{aligned}$$

을 얻는다. 다시 말하면, 매 시행에서 성공이 나올 확률이 $0 < p < 1$인 동전을 무한 번 독립반복시행하면 성공은 반드시 적어도 한 번 나타나며, 또한 반드시 무한 번 나타나게 된다.

(c) 유한 번을 제외하고 모두 성공이 나오는 사건의 여사건은 실패가 무한 번 나오는 사건이다. 실패를 성공으로 바꾸어 생각하면 실패율 $q = 1 - p$는 $0 < q < 1$이므로 (b)에 의하여 실패가 무한 번 나오는 확률은 1이고, 따라서 구하는 확률은 0임을 알 수 있다. 이 확률을 직접 구하여 보자. 유한 번을 제외하고 모두 성공이 나오는 사건은 $\bigcup_{n=1}^{\infty} \bigcap_{k=n}^{\infty} A_k$로 표현된다. 여기서, $\{\bigcap_{k=n}^{\infty} A_k\}$는 증가하는 사건열이므로 확률의 연속성을 이용하여

$$\begin{aligned} P(\bigcup_{n=1}^{\infty} \bigcap_{k=n}^{\infty} A_k) &= \lim_{n\to\infty} P(\bigcap_{k=n}^{\infty} A_k) \\ &= \lim_{n\to\infty} P(\bigcap_{m=1}^{\infty} \bigcap_{k=n}^{n+m-1} A_k) \\ &= \lim_{n\to\infty} \lim_{m\to\infty} P(\bigcap_{k=n}^{n+m-1} A_k) \\ &= \lim_{n\to\infty} \lim_{m\to\infty} p^m \end{aligned}$$

$$=0$$

과 같이 얻어진다. ■

독립시행을 무한히 행하는 실험에서 흔히 관심의 대상이 되는 사건은 위의 예에서 본 것처럼 유한 회의 시행에 관한 사건들의 극한사건으로 나타나게 된다. 이러한 사건들의 확률은 유한 회의 독립시행에 관한 사건의 확률을 먼저 구한 후 연속성을 이용하여 극한값으로 얻게 된다. 이와 같은 확률의 계산은 각 시행이 독립이 아닐 경우에도 마찬가지이다. 다음 정리는 공리적 확률의 중요한 성질이다.

[정리 2.2.2] 가산반가법성

임의의 사건 $A_1, A_2, \cdots$에 대하여 다음의 부등식이 성립한다. 이를 **가산반가법성**(countable subadditivity)이라 부른다.

$$P(\bigcup_{i=1}^{\infty} A_i) \le \sum_{i=1}^{\infty} P(A_i)$$

증명▶▶ 유한반가법성에 의하여

$$P(\bigcup_{i=1}^{n} A_i) \le \sum_{i=1}^{n} P(A_i) \le \sum_{i=1}^{\infty} P(A_i)$$

이므로, 확률의 연속성을 좌변에 적용하면

$$P(\bigcup_{i=1}^{\infty} A_i) = \lim_{n\to\infty} P(\bigcup_{i=1}^{n} A_i) \le \sum_{i=1}^{\infty} P(A_i).$$ ■

예 2.2.4 모든 n에 대하여 $P(A_n)=1$인 사건들 A_n, $n=1, 2, \cdots$에 대하여 $P(\bigcap_{n=1}^{\infty} A_n)=1$임을 보이자. $P(A_n^C)=0$과 가산반가법성을 쓰면

$$1 \ge P(\bigcap_{n=1}^{\infty} A_n) = 1 - P(\bigcup_{n=1}^{\infty} A_n^C) \ge 1 - \sum_{n=1}^{\infty} P(A_n^C) = 1$$

가 되므로, $P(\bigcap_{n=1}^{\infty} A_n)=1$을 얻는다. ■

예 2.2.5 무한 개의 공들이 1, 2, 3, …으로 번호가 붙여져 있고, 이들을 모두 넣을 수 있는 무한히 큰 (가상의) 상자가 있다고 하자. 여기서 다음과 같은 (가상의) 세 가지 실험을 생각해 보자.

실험 1 12시 1분 전에 1번에서 10번까지의 공을 상자에 넣고 즉시 10번의 공을 꺼낸다. 12시 1/2분 전에 11번에서 20번까지의 공을 상자에 넣고 즉시 20번의 공을 꺼낸다. 12시 1/4분 전에 21번에서 30번까지의 공을 상자에 넣고 즉시 30번의 공을 꺼낸다. 여기에서, 공을 넣고 꺼내는 데에는 시간이 걸리지 않는다고 가정한다. 이러한 작업을 무한히 계속할 때 12시 정각에 상자에 남아 있을 공의 개수에 대하여 생각해 보자. 이 경우에는 10의 배수가 아닌 번호의 공은 모두 상자에 남아 있어야 하므로, 12시 정각에 공은 무한 개 남아 있다.

실험 2 실험 1에서 공을 넣는 것은 똑같게 하고 단지 공을 꺼낼 때는 1번 공, 2번 공, …과 같이 번호순대로 공을 꺼낸다면 12시 정각에는 어떠한 번호의 공도 남아 있지 않게 된다. 왜 그럴까? 만일 N번째 공이 남아 있다고 가정하자. 이는 실험에서 N번째가 되면 N번째 공이 꺼내지므로, N번째 공은 남아 있을 수가 없다. 즉, 남아 있는 공을 어떠한 것도 잡아낼 수가 없기 때문이다. 실험 1의 결과와 비교해 보라. 이것이 무한에서 일어나는 현상이다.

실험 3 이제, 공을 꺼낼 때 상자에 남아 있는 공들 가운데에서 랜덤하게 한 개씩 꺼낸다면 12시 정각에 몇 개의 공이 남아 있게 될까? 첫째로, 1번 공이 12시 정각에 남아 있을 확률을 구하여 보자. 이를 위해 1번 공이 n번째 추출 후에 남아 있을 사건을 E_n, 1번 공이 12시 정각에 남아 있을 사건을 F_1이라 하면, 사건열 $\{E_n\}$은 감소하므로 $F_1=\bigcap_{n=1}^{\infty} E_n=\lim_{n\to\infty} E_n$이고, 따라서

$$P(F_1)=P(\lim_{n\to\infty} E_n)=\lim_{n\to\infty} P(E_n)$$

이 성립한다. E_n의 확률을 구하기 위해 n번째 추출까지 모든 경우의 수를 생각해 보면, 첫 번째 추출에서는 10개 중에서 1개, 두 번째에서는 나머지 19개 중에서 1개, …, n번째 추출에서는 나머지 $(9n+1)$개 중에서 1개를 뽑을 수 있다. 따라서, n번째 추출까지 전체 경우의 수는 $10\times 19\times\cdots\times(9n+1)$이다. 마찬가지로, 1번 공이 n번째 추출 후에 남아 있도록 뽑는 경우의 수는 $9\times 18\times\cdots\times(9n)$이므로

$$P(E_n)=\frac{9\times 18\times\cdots\times(9n)}{10\times 19\times\cdots\times(9n+1)}=\prod_{k=1}^{n}\left(\frac{9k}{9k+1}\right)$$

이다. $\prod_{k=1}^{n}\left(\frac{9k+1}{9k}\right)=\prod_{k=1}^{n}\left(1+\frac{1}{9k}\right)=\left(1+\frac{1}{9}\right)\cdots\left(1+\frac{1}{9n}\right)>\frac{1}{9}+\cdots+\frac{1}{9n}=\frac{1}{9}\sum_{k=1}^{n}\frac{1}{k}$이고, $\sum_{k=1}^{n}\frac{1}{k}=\infty$이므로, $\lim_{n\to\infty}\prod_{k=1}^{n}\left(\frac{9k+1}{9k}\right)=\infty$가 된다. 즉, $\lim_{n\to\infty}\prod_{k=1}^{n}\left(\frac{9k}{9k+1}\right)=0$을 얻는다. 따라서,

$$P(F_1)=P(\lim_{n\to\infty} E_n)=\lim_{n\to\infty} P(E_n)=\lim_{n\to\infty}\prod_{k=1}^{n}\left(\frac{9k}{9k+1}\right)=0$$

이다. 같은 방법으로, i번 공이 12시 정각에 남아 있을 사건을 F_i라 하면 $P(F_i)=0$임을 보일 수 있다. 따라서, 확률의 가산반가법성으로부터 다음의 관계식을 얻는다.

$$P(\bigcup_{i=1}^{\infty} F_i) \le \sum_{i=1}^{\infty} P(F_i)=0$$

즉, 12시 정각에 적어도 하나의 공이 남아 있을 확률은 0이다.

■

2.3 확률모형과 분포

이제까지 일반적인 표본공간에서 확률의 정의를 알아보았다. 여기서 공리적 확률을 이용하여 확률모형을 세운다는 의미를 알아보자. 어떤 실험에 대하여 확률모형을 설정한다는 것은 그 실험의 모든 가능한 결과들의 모임인 표본공간을 제시하고, 또한 실험의 결과들로 이루어지는 **임의의 사건에 대하여** (그 실험에 적합하도록) **확률을 구할 수 있는 방법을 제시**하는 것이다. 즉, 확률모형이란 표본공간 Ω와 그 위에서 정의되는 확률 P에 의하여 정해지며, 이러한 뜻에서 쌍으로 된 (Ω, P)를 확률공간(probability space)이라 부르고, 확률모형과 확률공간을 같은 의미로 이해한다.

실험을 통하여 얻어지는 것이 **수치적 결과**(numerical outcome)일 때, 표본공간은 수직선 또는 좌표평면이나 좌표공간 위에 놓이게 된다. 이와 같은 실험을 **수치적 실험**(numerical experiment)이라 하고, 이러한 실험의 경우에는 특별히 표본공간의 기호로 S를 사용하며, 이때 확률 P를 수치적 표본공간 S에서의 **확률분포**(probability distribution) 또는 간단히 **분포**(distribution)라고 부른다. 따라서, **수값이나 수값으로 이루어진 벡터를 관찰하는 실험에서는 분포와 모형은 동일한 것이다**. 또한, 표본공간이 수치적인 경우는 그 원소들을 $x, y, z, \cdots$ 또는 $(x, y), \cdots$와 같이 써서 나타내기로 한다. 이와 같은 수치적 표본공간을 다루는 데에는

$$F(x)=P((-\infty, x]) \qquad \text{(수직선의 경우)},$$

$$F(x, y)=P((-\infty, x]\times(-\infty, y]) \qquad \text{(좌표평면의 경우)}$$

로 정의되는 함수 F가 매우 유용하다. 이와 같이 정의되는 함수 F를 분포 P의 **분포함수**(distribution function)라 한다. 수직선에서의 분포함수에 관한 상세한 성질이 제8장에 다루어져 있다.

1장에서 다룬 유한표본공간에서의 등확률모형은 언뜻 보기에는 매우 제한된 모형으로 보이지만, 공이 들어 있는 (1) 상자의 크기 또는 시행의 횟수를 늘려나가거나 또는 (2) 시행의 횟수를 무한히 하는(이 두 가지는 매우 다르다!) 등의 방법으로 여러 다양한 확률모형(또는 분포)을 얻을 수 있다. 다음 절부터 이와 같이 얻어지는 모형들을 소개하고, 이로부터 공통점을 찾아 확률모형 설정에 관한 보편적인 규칙을 알아보자.

2.4 유한표본공간에서의 확률모형의 예

2. 4. 1 베르누이분포

베르누이시행(Bernoulli trial)이란 실험의 결과가 "성공(s)"과 "실패(f)"의 경우처럼 두 가지의 결과만이 나타나는 실험을 말한다. 예를 들어, 검은 공이 M개, 흰 공이 $N-M$개 들어 있는 상자에서 랜덤하게 공 한 개를 뽑아 그 색을 관찰하는 실험을 생각하자. 여기서 검은 공이 나오는 경우를 "성공"이라 부르면 성공의 확률은 $\frac{M}{N}$이다. 만일, 상자의 크기를 계속 늘려나가 (가상적으로) 크기가 무한히 큰 경우까지 생각하면 N, $M \to \infty$일 때 $\frac{M}{N} \to p$가 되는 p가 이 베르누이시행에서의 성공률이 될 것이다. 여기서 성공률 p는 $0 \leq p \leq 1$인 임의의 실수이며, 베르누이시행은 성공률 p에 의하여 결정되고 있음에 유의하여야 한다. 즉, 베르누이시행은 표본공간이 $\Omega = \{s, f\}$이고 확률이 $P(\{s\}) = p = 1 - P(\{f\})$로 모형이 주어진다.

특히, 베르누이시행에서 성공과 실패에 각각 1과 0을 대응시켜 나타내는 경우 이를 **베르누이분포**(Bernoulli distribution)라 부른다. 다시 말하면, 성공률이 p인 베르누이분포는 표본공간 $s = \{0, 1\}$에서 확률이 $P(\{1\}) = p = 1 - P(\{0\})$로 주어지는 분포이다. 편리상, 성공률이 p인 베르누이분포를 기호 $Ber(p)$로 나타낸다. 또한, 베르누이시행에서 성공과 실패에 1, -1을 대응시키는 경우도 많다. 성공률이 1/2인 경우 이와 같이 대응시켜 생기는 분포를 **대칭 베르누이분포**(symmetric Bernoulli distribution)라 부른다. 즉, 대칭 베르누이분포는 $\{-1, 1\}$에서의 등확률모형이다.

2. 4. 2 이항분포

성공률이 p인 n회의 베르누이독립시행에서, 성공의 횟수를 관찰하는 실험을 생각하면 표본공간은 $S = \{0, 1, 2, \cdots, n\}$이다. 성공이 k번, 실패가 $n-k$번 나오는 특정한 경우를 생각하면 독립반복시행의 정의에 의하여 성공과 실패의 나열에 관계없이 그 확률은 $p^k(1-p)^{n-k}$이다.

이러한 나열에 대한 경우의 수가 $\binom{n}{k}$이므로 성공이 k번 나올 확률은

$$P(\{k\})=\binom{n}{k}p^k(1-p)^{n-k},\qquad k\in S=\{0,1,\cdots,n\}$$

으로 주어진다. 이와 같은 확률모형을 시행횟수가 n이고 성공률이 p인 **이항분포**(binomial distribution)라 부르고, 기호로 $Bin(n, p)$라고 나타낸다. 〔그림 2.1〕은 이항분포 $Bin(50, 0.5)$에서 200개의 표본을 추출하여 그린 히스토그램으로 이항분포의 형태를 알 수 있다.

베르누이분포는 $n=1$인 이항분포의 특수한 경우가 된다. M개의 성공(검은 공)과 $N-M$개의 실패(흰 공)가 있는 (크기가 유한한) 상자에서 n개의 공을 복원추출할 때 관찰되는 성공(검은 공)의 수는 성공률 $p=\frac{M}{N}$인 이항분포를 따름을 알 수 있다.

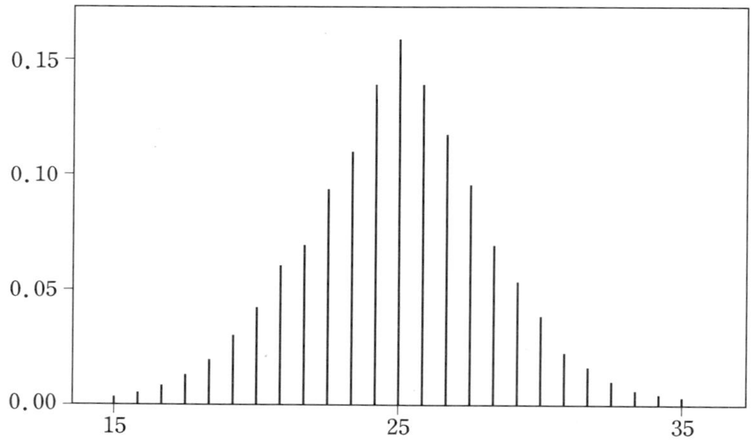

❙ 그림 2.1 ❙ 이항분포

2.4.3 초기하분포

크기가 유한인 상자를 생각하자. 성공(검은 공)이 M개, 실패(흰 공)가 $(N-M)$개가 들어 있는 상자에서 n개를 비복원추출하여 성공의 개수를 세는 실험에서 성공이 k개가 나오는 사건을 A라 하자. 이 때, 먼저 k개의 성공이 뽑히는 추출번호를 정하고, 성공 M개에서 k개를 뽑아서 정해진 순서에 따라 나열한 후에 흰 공 $(N-M)$개에서 $(n-k)$개를 뽑아 남아 있는 순서들에 나열하는 방법의 수가 A의 경우의 수이다. 따라서,

$$|A|=\binom{n}{k}(M)_k(N-M)_{n-k}$$

이다. $|\Omega|=(N)_n$이므로 성공이 k번 나올 확률은 다음과 같다.

$$\begin{aligned}P(\{k\})&=\frac{\binom{n}{k}(M)_k(N-M)_{n-k}}{(N)_n}\\&=\frac{n!}{k!(n-k)!}\frac{(M)_k(N-M)_{n-k}}{(N)_n}\\&=\frac{\{(M)_k/k!\}\{(N-M)_{n-k}/(n-k)!\}}{(N)_n/n!}\\&=\frac{\binom{M}{k}\binom{N-M}{n-k}}{\binom{N}{n}}\end{aligned}$$

여기서 표본공간은 $S=\{k\,|\max(0,\ n+M-N)\le k\le\min(n,\ M)\}$로 주어지며, 이를 **초기하분포**(hypergeometric distribution)라 부르고, 기호 $H(n;\ N,\ M)$으로 나타낸다. 비복원추출에서 매 추출은 모두 성공률이 $p=\dfrac{M}{N}$인 베르누이시행이지만, 독립시행은 아님을 유의하라.

비율 $\dfrac{M}{N}$을 일정값 p로 놓고 상자의 크기를 계속 크게 늘리면 초기하분포는 성공률이 p인 이항분포 $Bin(n,\ p)$에 가까워지게 된다. 즉, $\dfrac{M}{N}=p$이고 $M,\ N\to\infty$일 때,

$$\frac{\binom{M}{k}\binom{N-M}{n-k}}{\binom{N}{n}}\to\binom{n}{k}p^k(1-p)^{n-k}$$

가 성립한다.

2. 4. 4 다항분포

베르누이시행을 확장한 형태로서 매 실험의 결과가 k가지이고 한 시행에서 i번째 결과가 일어날 확률이 p_i, $i=1,\ 2,\ \cdots,\ k$인 실험을 생각할 수 있다. 여기서 $p_1+p_2+\cdots+p_k=1$이다. 이와 같은 시행을 **다항시행**(multinomial trial)이라 한다. 예를 들어, 주사위를 던지는 실험에서는 매 실험 결과의 수가 $k=6$이며, $p_1=\cdots=p_6=\dfrac{1}{6}$이다. 이와 같은 시행을 n번 독립시행하여 각 결과가 나오는 횟수들을 관찰하면 표본공간은

$$S=\{(n_1, n_2, \cdots, n_k) \mid n_1+\cdots+n_k=n, 0\le n_1, \cdots, n_k \le k\}$$

인 벡터집합이고, 확률은 다음과 같이 얻어진다.

$$\begin{aligned} P(\{(n_1, n_2, \cdots, n_k)\}) &= \binom{n}{n_1}\binom{n-n_1}{n_2}\cdots\binom{n-n_1-\cdots-n_{k-1}}{n_k} p_1^{n_1}p_2^{n_2}\cdots p_k^{n_k} \\ &= \frac{n!}{n_1!\cdots n_k!} p_1^{n_1}p_2^{n_2}\cdots p_k^{n_k} \\ &= \binom{n}{n_1, \cdots, n_k} p_1^{n_1}p_2^{n_2}\cdots p_k^{n_k} \end{aligned}$$

이와 같은 분포를 시행횟수가 n이고 각 셀의 확률이 $p_1, p_2, \cdots, p_k$인 **다항분포**(multinomial distribution)라 부르고, 기호 $M(n; p_1, \cdots, p_k)$로 나타낸다.

2.5 유한표본공간에서 극한을 취하여 얻어지는 확률모형의 예

2.5.1 포아송분포

성공률이 p인 베르누이시행을 n번 독립반복시행할 때 성공의 횟수를 관찰하는 실험에서 표본공간은 $S_n=\{0, 1, 2, \cdots, n\}$이고, 그 확률은 이항분포 $Bin(n, p)$에 의하여 구하여진다. 이 때, 성공률이 $p_n=\lambda/n$(λ는 양의 상수)을 만족하도록 하면서 시행의 횟수를 늘리는 경우를 생각해 보자. 표본공간 S_n은 $S=\{0, 1, 2, \cdots\}$로 커지고, 성공률은 0으로 감소하게 된다. 그리고 성공이 k번 나올 확률은 시행의 횟수를 무한 번으로 늘림에 따라 다음과 같은 값을 얻게 된다.

$$P(\{k\})=\lim_{n\to\infty}\binom{n}{k}\left(\frac{\lambda}{n}\right)^k\left(1-\frac{\lambda}{n}\right)^{n-k}=\frac{e^{-\lambda}\lambda^k}{k!}, \qquad k=0, 1, 2, \cdots$$

이렇게 이항분포에서 $p_n=\lambda/n$,(λ는 양의 상수),를 만족하면서 극한으로 얻어진 분포(**극한분포**, limiting distribution)를 모수가 λ인 **포아송분포**(Poisson distribution)라 부른다. 즉, 포아송분포는 베르누이시행을 n번 독립반복시행할 때 나오는 성공횟수의 분포로서 성공률이 지극히 작은 대신 시행횟수가 매우 큰 경우에 근사적으로 얻어지는 분포인 것이다. 모수가 λ인 포아송분포는 기호 $Poi(\lambda)$로 나타낸다. 〔그림 2.2〕는 모수가 $\lambda=5$인 포아송분포의 확률 $P(\{k\})=\dfrac{e^{-5}5^k}{k!}$를 k의 함수로 나타낸 그래프이다.

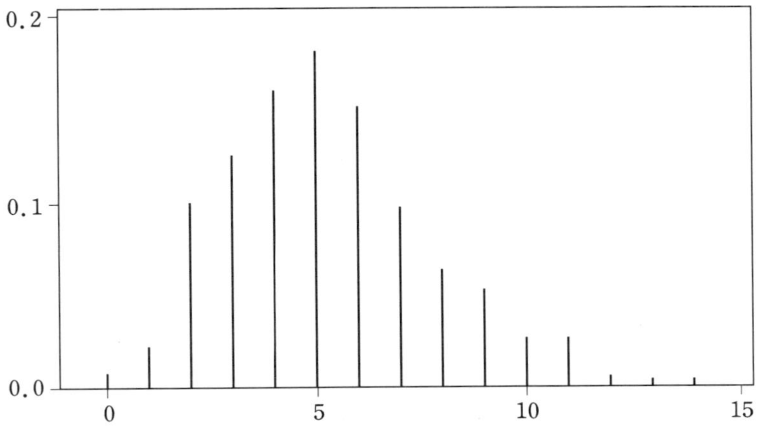

❙ 그림 2.2 ❙ 포아송분포

2. 5. 2 지수분포

어느 금속체를 향하여 한 입자를 쏘아 어느 깊이 만큼 입자가 관통되는지를 알아보는 실험에서 그 깊이가 a보다 크게 될 확률을 구하여 보자. 이 실험의 (가상적) 표본공간은 구간 $[0, \infty)$이며 확률을 구하고자 하는 사건은 $A=(a, \infty)$이다. 이 실험의 모형을 구하기 위하여 다음과 같은 가정을 한다.

1. 금속체는 두께가 모두 $\frac{1}{n}$인 금속판으로 이루어져 있다.
2. 매 금속판을 통과하는 지의 여부는 성공률이 $1-\frac{\lambda}{n}$인 베르누이 독립반복시행이다. 여기서 λ는 양의 상수이다.

이와 같은 가정하에서 입자가 적어도 깊이 a까지 관통한다는 것은 an번의 베르누이시행이 모두 성공인 것과 같으며, 그 확률은 $\left(1-\frac{\lambda}{n}\right)^{an}$이다. 그런데 금속체를 이루는 금속판의 두께는 한없이 얇다고 생각하여, 실제로 구하는 확률은 $n\to\infty$일 때의 극한으로 생각하여

$$P(A)=\lim_{n\to\infty}\left(1-\frac{\lambda}{n}\right)^{an}=e^{-\lambda a}$$

와 같이 구한다. 이제, $\Delta x\sim 0$일 때 관통의 깊이가 구간 $(x, x+\Delta x)$일 확률을 구하여 사건 A의 확률을 다시 구하여 보자. 이를 위하여 두께가 Δx인 금속판을 생각하면 이 확률은

$$(1-\lambda\Delta x)^{\frac{x}{\Delta x}}\lambda\Delta x$$

이고, 따라서 $\Delta x \sim 0$일 때 $P((x, x+\Delta x))=(1-\lambda\Delta x)^{\frac{x}{\Delta x}}\lambda\Delta x \sim \lambda e^{-\lambda x}\Delta x$를 얻는다. 따라서,

$$P(A)=P((a, \infty)) \sim \sum_{x=a}^{\infty}\lambda e^{-\lambda x}\Delta x \sim \int_a^{\infty}\lambda e^{-\lambda x}dx=e^{-\lambda a}$$

의 근사식을 얻을 수 있다. 이러한 모형을 모수가 λ인 **지수분포**(exponential distribution)라 부르며, 여기서의 표본공간은 $S=[0, \infty)$이다. 모수가 λ인 지수분포는 기호 $\text{Exp}(\lambda)$로 나타낸다. 〔그림 2.3〕은 $\lambda=1$일 때 지수분포의 확률을 구하는데 사용되는 피적분함수 e^{-x}의 그래프이다.

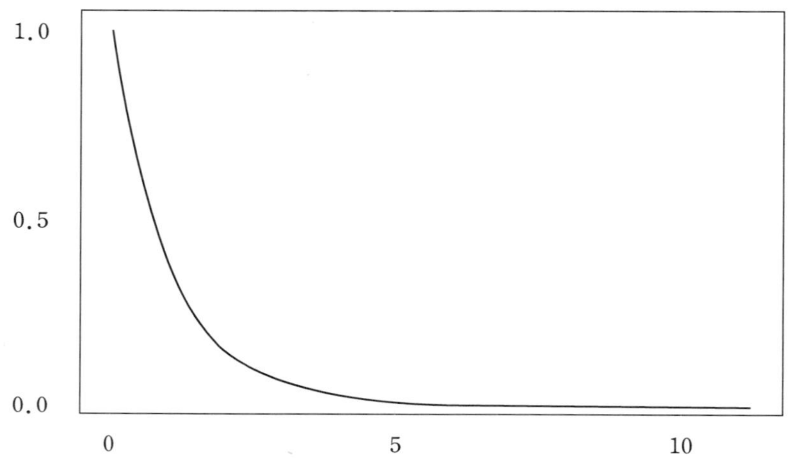

▌그림 2.3 ▌ 지수분포

금속체에 관통하는 깊이에 관한 실험이 실제로 지수분포에 적합한지는 지수분포를 유도하는데 사용된 가정이 현실과 부합하는가에 달려 있다. 이러한 모형의 적합도를 다루는 문제의 해결은 실제 현상에 대한 깊이 있는 지식과 이해에 달려 있을 것이다.

2.5.3 정규분포

성공률이 1/2인 n회의 베르누이독립시행에서 성공과 실패에 따라 $1/\sqrt{n}$ 또는 $-1/\sqrt{n}$점을 얻는 경우를 생각하자. 이 때, 얻은 점수의 총합을 구하는 실험은 표본공간이 $\{k/\sqrt{n}: k=-n, -n+2, \cdots, n-2, n\}$으로 주어진다. 드모아브르(DeMoivre)와 라플라스(Laplace)는 이 경우 시행횟수를 늘리면 총합에 관한 확률이 종 모양인 함수의 적분으로부터 근사적으로 얻을 수 있음을 보였다. 즉, n번 시행에서의 점수의 총합이 a와 b 사이에 있을 확률을 $P_n((a, b))$라 하면

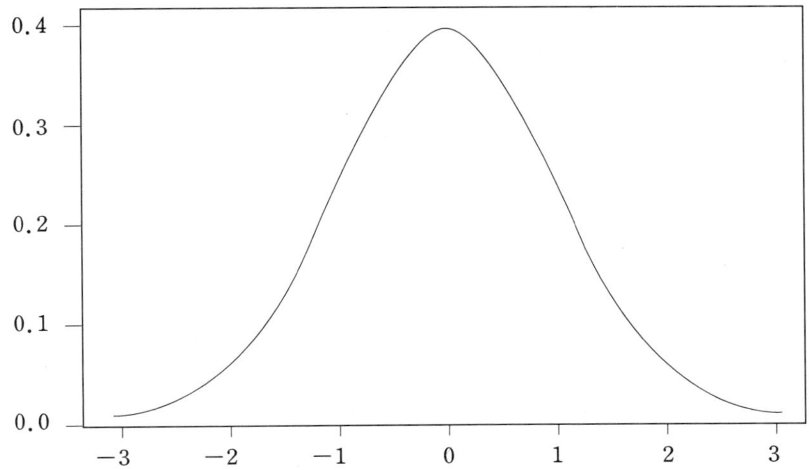

❙ 그림 2.4 ❙ 표준정규분포

$$\lim_{n\to\infty} P_n((a,\ b))=\int_a^b \frac{1}{\sqrt{2\pi}} e^{-\frac{1}{2}x^2} dx$$

이 성립함을 보였다. 이와 같이 함수 $\frac{1}{\sqrt{2\pi}} e^{-\frac{1}{2}x^2}$에 의한 적분으로 확률이 결정되는 모형을 **표준정규분포**(standard normal distribution)라 부른다. 표준정규분포는 수직선 전체인 표본공간 $S=(-\infty,\ \infty)$에서 정의되는 분포이고 기호 $N(0,\ 1)$으로 나타낸다. 이 분포도 시행의 횟수를 늘리며 얻어지는(극한으로 얻어지는) 분포인 점에서 포아송분포와 공통점이 있다. 반면에, 베르누이독립시행에서 포아송분포를 얻는 과정(성공률을 줄여 나갔음)과는 달리 각 시행에서의 값을 $1/\sqrt{n}$로 줄이며, 시행횟수를 늘려 얻어진 것이 이 분포인 것이다.

2. 5. 4 균일분포

1장의 도형에서의 등확률모형도 유한표본공간에서의 등확률모형으로부터 극한을 취하여 얻어지는 것으로 생각해보자. 예를 들어, 번호가 0, $\frac{1}{n}$, ⋯, $\frac{n-1}{n}$, 1로 붙여진 $n+1$개의 카드가 있는 상자에서 카드 한 장을 임의로 뽑는 실험을 생각하자. 이 때, 뽑히는 카드의 번호가 a와 b 사이에 놓이는 확률을 $P_n((\mathrm{a},\ b))$라 하면 $P_n((\mathrm{a},\ b))=\frac{1}{n+1}\left|\left\{k : a<\frac{k}{n}<b,\ k=0,\ \cdots,\ n\right\}\right|$로 주어진다. 이 때, 상자에 있는 카드의 수를 계속 늘리면

$$\lim_{n\to\infty} P_n((\mathrm{a}, b)) = \lim_{n\to\infty} \frac{\left|\left\{k : a < \dfrac{k}{n+1} < b\right\}\right|}{n+1} = b-a$$

이므로 극한에서 나타나는 확률은 도형 (0, 1)의 등확률모형이 되는 것이다. 이와 같이 수치적 공간 내의 유계인 영역에서의 등확률모형을 그 영역에서의 **균일분포**(uniform distribution) 또는 **고른분포**라 부른다. 특히, 구간 (a, b)에서의 균일분포는 기호 $U(a, b)$를 써서 나타낸다.

2.6 무한 회의 베르누이 독립반복시행에서 얻어지는 확률모형

먼저 주목하여야 할 것은 이항분포는 무한 회 베르누이 독립반복시행으로부터도 얻어진다는 점이다. 예를 들어, 무한 회의 시행 중 처음 n번째 시행까지만 고려하여 성공의 횟수를 관찰하면 이항분포를 얻게 된다. 이와 같이 무한 회의 독립반복시행으로부터는 매우 다양한 분포를 얻을 수 있다. 이 절에서는 이 가운데 몇 가지 간단하고 흥미로운 예를 소개한다.

2.6.1 기하분포와 음이항분포

베르누이독립시행을 계속 시행하는 과정에서 몇 번째 시행에서 처음으로 성공이 나오는지를 알아보는 실험을 생각하면 그 표본공간은 $S=\{1, 2, 3, \cdots\}$인 **가산무한집합**(countably infinite set)이다. 이 때, k번째 시행에서 처음으로 성공이 나오는 사건의 확률은 독립반복시행의 정의로부터

$$P(\{k\}) = (1-p)^{k-1}p, \quad k=1, 2, \cdots$$

가 된다. 이를 성공률이 p인 **기하분포**(geometric distribution)라 부르고, 기호 $Geo(p)$로 나타낸다.

또한, 몇 번째 시행에서 r번째 성공이 나오는지를 알아보는 실험을 생각하면 표본공간은 $S=\{r, r+1, r+2, \cdots\}$이고, 이 실험에서의 관찰값이 k인, 즉 r번째 성공이 k번째 시행에서 나오는 사건의 확률은

$$P(\{k\}) = \binom{k-1}{r-1} p^r (1-p)^{k-r}, \quad k=r, r+1, \cdots$$

로 주어진다. 이 모형을 모수가 (r, p)인 **음이항분포**(negative binomial distribution)라 부른다. 음이항분포의 기호로는 $Neg(r, p)$를 사용한다.

2. 6. 2 첫 귀환시간

베르누이 독립반복시행을 수행하는 과정에서 성공이 나온 누적횟수와 실패가 나온 누적횟수가 같게 되는 시행의 번호를 생각해 보자. 예를 들어, 반복시행의 결과가 $(s, s, f, s, f, f, s, f, f, f, s, s, f \cdots)$이면 여섯 번째, 여덟 번째, 열두 번째, …의 시행에서 성공과 실패의 누적횟수가 같게 된다. 이 때, 성공과 실패의 누적횟수가 처음으로 같게 되는 시행번호(위의 결과에서는 6)를 원 상태로의 **첫 귀환시간**(first return time)이라고 부른다. 다음에 소개하는 **반사의 법칙**(reflection principle)은 첫 귀환시간에 관한 확률을 구하는 데 매우 유용한 기법이다.

예 2.2.6 **(반사의 법칙)** 반사의 법칙을 예를 들어 설명하자. 갑, 을 두 후보가 출마한 어느 선거의 개표 결과 갑은 m표, 을은 n표를 얻어 갑이 당선되었다$(m>n)$. 개표의 전 과정을 통하여 갑의 득표수가 을의 득표수보다 언제나 많았을 확률을 구하여 보자.

k번째 개표되는 표에 대하여 그 표가 갑의 표인 경우에는 $+1$을, 을의 표인 경우에는 점 -1을 대응시키면 표본공간은

$$\Omega=\{(y_1, y_2, \cdots, y_{m+n}) : y_i\text{는 } +1 \text{ 또는 } -1,\ y_1+y_2+\cdots+y_{m+n}=m-n\}$$

으로 나타낼 수 있으며, $|\Omega|$는 m개의 $+1$과 n개의 -1을 늘어놓는 방법의 수 $\binom{m+n}{m}$가 된다.

한편, y_i들의 부분합 $y_1+y_2+\cdots+y_k$는 k개의 표를 개표한 직후의 갑의 득표수와 을의 득표수의 차이므로, 갑의 득표수가 을의 득표수보다 언제나 많다는 것은 모든 k에 대하여 $y_1+y_2+\cdots+y_k>0$이어야 함을 뜻한다. 이를 좌표평면 위에 점 $(k, y_1+\cdots+y_k)$, $k=1, 2, \cdots, m+n$들을 차례로 선분으로 연결한 **경로**(path) 또는 **자취**(trajectory)로 생각하면 갑의 득표수가 을의 득표수보다 언제나 많은 사건에서는 첫 번째의 표는 갑의 표이어야 하므로 이 사건에 속하는 자취는 점 $(1, 1)$을 지나야 하며, 그 이후로는 직선 $y=0$과 만나지 않아야 한다. 이와 같은 자취의 개수를 세기 위하여, 먼저 점 $(1, 1)$을 지나 직선 $y=0$과 만나는 경로의 개수를 세어 보자. 점 $(1, 1)$을 지나 직선 $y=0$과 만나는 각 자취에 대하여 직선 $y=0$과 처음으로 만나는 점까지는 원래 자취를 취하고, 그 점의 오른쪽부터는 원래 자취를 직선 $y=0$에 관해 대칭이동시켜 생기는 자취를 취하여 새로운 자취를 만든다. 이와 같이 얻어지는 자취를 **반사된 자취**(reflected path)라 부른다. 〔그림 2.5〕에서 실선은 원래의 자취를 나타내고, 점선은 반사된 자취를 나타내고 있다.

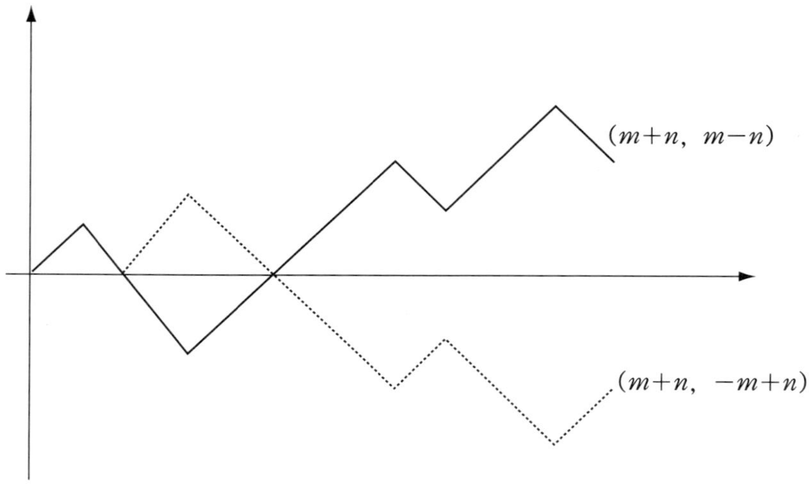

▌그림 2.5 ▌ 반사의 법칙

반사된 자취의 오른쪽 끝점은 $(m+n,\ -m+n)$이 되므로 이러한 가상적 경로의 개수는 $(n-1)$개의 $+1$과 m개의 -1을 나열하는 경우의 수인 $\binom{m+n-1}{m}$으로 주어진다. 그런데 반사된 자취와 직선 $y=0$과 만나는 원래의 자취와는 일대일 대응관계에 있으므로, 직선 $y=0$과 만나는 자취의 개수는 $\binom{m+n-1}{m}$으로 주어진다. 따라서 구하는 확률은

$$\frac{\binom{m+n-1}{m-1}-\binom{m+n-1}{m}}{\binom{m+n}{m}}=\frac{m-n}{m+n}$$

이다. ■

이제 반사의 법칙을 이용하여 베르누이 독립반복시행에서 첫 귀환시간에 관한 확률을 알아보자. 첫 귀환이 일어나는 시행번호는 짝수이어야 하므로 표본공간은 $S=\{2,\ 4,\ 6,\ \cdots\}$이다. 첫 귀환이 일어나는 시행번호가 $2k(k=1,\ 2,\ \cdots)$인 사건을 A라 하면 이 사건은 독립시행을 $2k$번만 시행한 실험의 결과만으로 그 확률을 구할 수 있으며, 이 사건에 속해 있는 모든 결과는 그 확률이 $p^k(1-p)^k$로 동일하다. 따라서, 사건 A의 확률은 $|A|p^k(1-p)^k$로 주어진다. 여기서, $|A|$는 첫 $2k$시행까지에서 A에 속한 결과들의 수이다. 또한, 두 사건 A_s와 A_f를

$$A_s=\{\omega;\ \omega=(\omega_1,\ \omega_2,\ \cdots,\ \omega_{2k})\in A:\omega_1=s\},\ A_f=\{\omega;\ \omega=(\omega_1,\ \omega_2,\ \cdots,\ \omega_{2k})\in A:\omega_1=f\}$$

로 정의하면 A_s와 A_f는 서로 배반이고, $A=A_s\cup A_f$이다. 그런데 $2k$에서 첫 귀환이 일어나므로

$$A_s = \{\omega \in A : \omega_1 = s\} = \{\omega \in A : \omega_1 = s,\ \omega_{2k} = f\}$$

임을 알 수 있다. 따라서, 반사의 법칙에 의하여

$$|A_s| = \binom{2k-2}{k-1} - \binom{2k-2}{k} = \frac{(2k-2)!}{k!(k-1)!}$$

을 얻으며, 사건 A_f에 대하여도 마찬가지이므로 구하는 확률은

$$P(\{2k\}) = \frac{2(2k-2)!}{k!(k-1)!} p^k (1-p)^k = \frac{\binom{2k}{k}}{2k-1} p^k (1-p)^k$$

이다. $p=0.5$일 때에만 $P((-\infty, \infty)) = \sum_{k=1}^{\infty} P(\{2k\}) = 1$이므로(연습문제 2.16), $p \neq 0.5$일 때에는 $P((-\infty, \infty)) < 1$이다. 즉, 베르누이 독립반복시행에서 원 상태로의 첫 귀환시간에 대한 확률은 $p=0.5$일 때에만 분포를 이루며, $p \neq 0.5$일 때에는 분포를 이루지 못한다. 이와 같이 수직선상에서 정의되는 P가 확률의 다른 모든 조건은 만족하지만 $P((-\infty, \infty)) < 1$인 경우 이 P를 **결함이 있는 분포**(defective distribution)라 부른다.

2.7 확률분포의 분류

2.7.1 표본공간의 형태에 따른 분포의 분류

유한 또는 가산무한 표본공간에서는 그 표본공간의 원소들을 하나씩 세어 나갈 수 있다. 이러한 뜻에서 이 두 가지 형태의 표본공간을 **이산표본공간**(discrete sample space)이라 하고, 여기서의 분포를 **이산분포**(discrete distribution)라 부른다. 이에 반하여 표본공간이 수직선상의 구간으로 이루어져 있거나 좌표평면 또는 좌표공간에서의 연속체 영역으로 이루어져 있는 경우를 **연속표본공간**(continuous sample space)이라 하고, 여기서의 분포를 **연속분포**(continuous distribution)라 부른다. 따라서, 연속표본공간은 언제나 수치적 공간이다. 예를 들어, 1장에서 다룬 도형에서의 등확률모형은 표본공간이 모두 연속표본공간이다. 일반적으로는 이산분포와 연속분포가 혼합되어 있는 **혼합분포**(mixed distribution)도 있으나, 이 책에서는 이러한 혼합분포들은 예를 통해서만 다루어질 것이며, 일반적인 분포를 상정하여 이론을 전개하지는 않음을 밝힌다.

2.7.2 확률질량함수와 확률밀도함수

앞에서 살펴보았듯이 확률모형은 크게 이산표본공간의 경우와 연속표본공간의 경우의 두 가지로 구분된다. 이 절에서는 이 두 가지 형태의 모형을 설정하는 기본 방법을 소개한다.

이산표본공간에서의 확률모형

표본공간이 유한 또는 가산무한인 경우 각 근원사건의 확률을 알면 임의의 사건 A에 대한 확률은 $P(A)=\sum_{\omega\in A} P(\omega)$로 구할 수 있다. 이산표본공간에서의 확률모형의 설정은

(1) 표본공간 $\Omega=\{\omega_1, \omega_2, \cdots\}$를 나열하고,
(2) $\sum_{\omega_i\in\Omega} P(\omega_i)=1$이 되도록 $P(\omega_i)$, $i=1, 2, \cdots$의 값들을 주는 것이다.

특히, 표본공간이 $S=\{x_1, x_2, \cdots\}$과 같이 수치적인 경우 $f(x)=P(\{x\})$로 정의되는 함수 f를 분포 P의 **확률질량함수**(probability mass function; pmf), 또는 간단히 **질량함수**(mass function)라 부른다. 다시 말해서, **수치적 이산표본공간 S에서의 모형(분포)의 설정**이란 다음을 만족하는 질량함수 f를 구하는 것이다.

1. $f(x)>0$, $x\in S$
2. $\sum_{x\in S} f(x)=1$

이산분포의 경우 분포함수 F와 질량함수 f 사이의 관계는 다음과 같다.

$$F(x)=\sum_{y\leq x} f(y), \qquad f(x)=F(x)-F(x-)$$

여기서 $F(x-)=\lim_{y\uparrow x} F(y)$이다.

시간, 길이 등을 관찰하는 실험은 통상 연속표본공간에서의 연속분포로 모형을 세운다. 그러나 아날로그 신호를 디지탈 신호로 바꾸는 것과 같은 기술적인 이유, 또는 측정방법상의 이유 등으로 연속분포로부터 이산분포를 얻어 모형을 세울 수도 있다.

예 2.7.1 어떤 통신장비를 이용하여 신호를 수신하는 과정에서 생기는 잡음의 크기가 정규분포에 의하여 모형이 설정된다고 하자. 이 장비가 잡음의 크기가 x_0이하일 때에만 수신이

가능하다면 수신가능여부에 관한 확률모형은 사건 $A=(-\infty, x_0]$를 성공으로 하는 베르누이 시행이고, 이때 성공률은 $p=P((-\infty, x_0])$이다. 따라서, 이 베르누이분포를 결정하는 질량함수는

$$f(x)=p^x(1-p)^{1-x},\quad x=0, 1,\quad p=P((-\infty, x_0])$$

로 주어진다.

▌표 2.1▐ 이산분포의 질량함수

분포명	질량함수
베르누이분포	$f(x)=p^x(1-p)^{1-x}, x=0, 1, 0\le p\le 1$
이항분포	$f(x)=\binom{n}{x}p^x(1-p)^{n-x}, x=0, 1, \cdots, n, 0\le p\le 1$
다항분포	$f(x_1, x_2, \cdots, x_k)=\binom{n}{x_1, \cdots, x_k}p_1^{x_1}p_2^{x_2}\cdots p_k^{x_k}$ $\sum_{i=1}^{k}x_i=n,\quad \sum_{i=1}^{k}p_i=1,\quad 0\le x_i\le n,\quad 0\le p_i\le 1,\quad i=1, 2, \cdots, k$
포아송분포	$f(x)=\dfrac{e^{-\lambda}\lambda^x}{x!},\quad x=0, 1, 2, \cdots,\quad \lambda>0$
기하분포	$f(x)=(1-p)^{x-1}p,\quad x=1, 2, \cdots,\quad 0<p\le 1$
음이항분포	$f(x)=\binom{x-1}{r-1}p^r(1-p)^{x-r},\quad x=r, r+1, \cdots,\quad 0<p<1$
첫 귀환시간분포	$f(2x)=\dfrac{\binom{2x}{x}}{2x-1}p^x(1-p)^x,\quad x=1, 2, \cdots$ (단, $p\neq\dfrac{1}{2}$이면 결함이 있는 분포임)

연속표본공간에서의 확률모형

도형에서의 등확률모형은 사건 $A(A\subset S)$의 확률은 A의 크기 $|A|$에 비례하여 주어지므로 어느 한 원소가 일어 날 확률은 0임을 알 수 있다. 이와 같이 연속표본공간에는 원소의 개수가 비가산적으로 무한히 많기 때문에 어느 한 원소가 일어날 확률은 0이어야 한다. 따라서, 이산표본공간에서의 확률모형과는 달리 연속표본공간에서 0이 아닌 확률을 얻기 위하여 자연스럽게 생각할 수 있는 것은 적분에 의하여 확률을 구하는 방법일 것이다. 예를 들어, 구간 $[0, 1]$에서의 등확률모형에 의해 구간 $[0, 1/2]$로 이루어진 사건의 확률은 $\int_0^{1/2}1\,dx=\frac{1}{2}$

로 얻어진다. 일반적으로 표본공간 S가 수직선 위의 구간일 때, S의 부분집합인 구간 (a, b)로 주어지는 사건의 확률은 $P((a, b))=\int_a^b f(x)dx$와 같이 주어지며, 여기서 함수 f를 이 확률모형의 **확률밀도함수**(probability density function: pdf), **밀도함수**(density function) 또는 간단히 **밀도**(density)라고 부른다. 연속표본공간 S에서의 모형, 즉 분포는 다음의 성질을 만족하는 밀도함수 f에 의하여 결정되는 것이다.

1. $f(x)\geq 0,\ x\in S$
2. $\int_S f(x)dx=1$

연속분포의 경우 분포함수와 밀도함수 사이의 관계는 다음과 같다.

$$F(x)=\int_{-\infty}^{x} f(y)dy, \quad f(x)=\frac{d}{dx}F(x)$$

연속분포와 그 밀도함수의 예를 들어보자.

1. 균일분포 : $f(x)=1,\ 0\leq x\leq 1$
2. 지수분포 : $f(x)=\lambda e^{-\lambda x},\ x>0$
3. 표준정규분포 : $f(x)=\dfrac{1}{\sqrt{2\pi}}e^{-\frac{1}{2}x^2},\ -\infty<x<\infty$

이산분포에서 질량함수의 값 $f(x)$는 사건 $\{x\}$가 일어나는 확률이지만, 연속분포에서는 밀도함수의 값 $f(x)$는 사건 $\{x\}$가 발생할 확률은 아니다. 그러나 적분의 성질로부터 확률밀도함수 f가 점 x에서 연속이면 $\Delta x\to 0$일 때

$$\frac{1}{\Delta x}P((x, x+\Delta x))=\frac{1}{\Delta x}\int_x^{x+\Delta x} f(y)dy \to f(x)$$

이다. 따라서 Δx가 0에 가까우면

$$P((x, x+\Delta x))\approx f(x)\Delta x$$

임을 알 수 있다. 즉, 밀도함수의 값 $f(x)$는 확률은 아니지만, 확률의 크기를 결정해 주는 밀도로서 해석될 수 있는 것이다. 이러한 뜻에서 $f(x)\Delta x$를 연속표본공간의 원소 x에서의 **확률원소**(probability element)라고 부른다. 연속분포모형을 세우기 위하여 밀도함수를 구할 때, 확률원소를 이용하면 편리할 때가 많다.

예 2.7.2 구간 (0, 1)에서 한 점을 랜덤하게 뽑아 그 뽑힌 값의 자연대수을 취한 후 절대값을 알아보는 실험을 생각하자. $\lim_{u \to 0} \log u = -\infty$, $\log 1 = 0$이므로 표본공간은 $S = (0, \infty)$이다. u를 구간 (0, 1)에서 랜덤하게 뽑은 값이라 하자. 이 실험에서 알아보고자 하는 값, 즉 $|\log u|$가 구간 $(x, x+\Delta x)$, $x>0$에 놓이는 확률은 u가 구간 $(e^{-(x+\Delta x)}, e^{-x})$에 들어 가는 확률이므로

$$\begin{aligned} P((x, x+\Delta x)) &= e^{-x} - e^{-(x+\Delta x)} = e^{-x}(1-e^{-\Delta x}) \\ &\approx e^{-x}\Delta x \end{aligned}$$

가 된다. 따라서 이 모형은 밀도함수가 $f(x) = e^{-x}$, $x>0$로 주어지는 모수가 1인 지수분포모형이다. ■

2.8 다차원 확률분포

2.8.1 다차원 질량함수와 다차원 밀도함수

실험의 결과가 k차원 좌표공간(유크리드공간)의 한 원소일 때 그 분포를 **k차원 확률분포**(k-dimensional probability distribution) 또는 간단히 **k차원분포**라 부르고, 흔히 k**변량분포**(k-variate distribution)라고도 부른다. P가 k차원분포일 때 P의 분포함수는

$$F(x_1, x_2, \cdots, x_k) = P((-\infty, x_1] \times (-\infty, x_2] \times \cdots \times (-\infty, x_k])$$

로 정의된다. 다차원분포에 대한 분류는 일차원의 경우와 동일하다. 실제로, 앞에서 정의한 이산표본공간, 이산분포, 연속표본공간, 연속분포는 다차원에서의 정의를 포함한 것이다. 다차원 분포모형을 설정하는 기본 방법도 동일하다. 예를 들어, 이산표본공간 S에서의 확률분포의 설정은

1. $f(x) > 0$, $x \in S$
2. $\sum_{x \in S} f(x) = 1$

을 만족하는 P의 질량함수 f를 구하는 것이다. 앞에서 다루었던 다항분포는 다차원이산분포의 한 예이다. 연속분포의 경우도 일차원의 경우와 동일한 방법으로 다차원분포를 결정한다. 예를 들어, 좌표평면에서의 밀도함수의 성질은 다음과 같다.

평면에서의 밀도함수의 성질

1. $f(x, y) \geq 0$, $(x, y) \in S$
2. $\int\int_S f(x, y)dxdy = 1$

인 함수 f를 이차원표본공간 S에서의 밀도함수라 하고, 어떤 분포 P가

$$P(A) = \int\int_A f(x, y)dxdy$$

로 결정될 때, f를 이 이차원연속분포 P의 밀도함수라고 부른다.

예 2.8.1 반지름이 1인 단위원의 내부에서 한 점을 랜덤하게 뽑아 뽑힌 위치를 알아보는 실험에서 표본공간은 $S = \{(x, y) : x^2 + y^2 < 1\}$이고, 분포 P는 S에서의 균일분포(등확률모형), 즉 밀도함수가 S의 넓이에 비례하여 $f(x, y) = \frac{1}{\pi}$, $x^2 + y^2 < 1$로 주어지는 이차원 분포이다. ■

이차원의 경우 밀도함수 f가 점 (x, y)에서 연속이면 $\Delta x \to 0$, $\Delta y \to 0$일 때

$$P((x, x + \Delta x) \times (y, y + \Delta y)) \approx f(x, y)\Delta x \Delta y$$

가 된다. 이와 같은 연속표본공간의 확률원소 $f(x, y)\Delta x \Delta y$는 분포의 밀도함수를 구하는 데 유용하다.

예 2.8.2 반지름이 1인 단위원 내부에서 한 점을 랜덤하게 뽑아 뽑힌 점이 원의 중심으로부터 얼마나 떨어져 있는가를 알아보는 실험에 대하여 생각해 보자. x를 원의 중심과 화살이 뽑힌 점 사이의 거리라 하면 표본공간은 $S = \{x : 0 < x < 1\}$이다. 이 실험에서 뽑힌 점의 분포는 이차원 등확률모형이므로 사건 $(x, x + \Delta x)$의 확률은

$$\begin{aligned} P((x, x + \Delta x)) &= \frac{((x + \Delta x)^2\pi - x^2\pi}{\pi} \\ &= (x + \Delta x)^2 - x^2 \\ &= 2x\Delta x + (\Delta x)^2 \\ &\approx 2x\Delta x, \quad (\Delta x \to 0) \end{aligned}$$

로 주어진다. 즉, 이 모형의 밀도함수는

$$f(x)=\begin{cases}2x, & 0<x<1\\ 0, & \text{그밖에서}\end{cases}$$

로 주어진다. ■

예 2.8.3 구간 (0, 1)에서 한 점 u를 임의로 뽑고 다시 구간 $(u, 1)$에서 한 점 v를 임의로 뽑는 실험에서 표본공간은 $\Omega=\{(x, y): 0<x<y<1\}$이고, $0<x<y<1$일 때, 사건 $(x, x+\Delta x)\times(y, y+\Delta y)$의 확률은 Δy가 0에 가까워지면

$$\int_x^{x+\Delta x}\frac{\Delta y}{1-u}du$$

이고, Δx가 0에 가까워지면 위의 값은 $\frac{1}{1-x}\Delta x\Delta y$에 가까워지므로 밀도함수는

$$f(x, y)=\frac{1}{1-x}, \quad 0<x<y<1$$

로 주어진다. ■

2.8.2 곱분포

확률공간이 각각 (S_1, P_1), (S_2, P_2)인 두 수치적 실험의 곱실험의 확률공간을 (S, P)라 하면 S와 P는 다음과 같이 주어진다.

1. $S=S_1\times S_2$
2. $P(E_1\times E_2)=P_1(E_1)P_2(E_2)$, $E_i\subset S_i$, $i=1, 2$

이와 같이 두 수치적 실험을 곱하여 생기는 분포 P를 두 분포의 **곱분포**(product distribution)라고 부른다. 곱분포에 대하여는 다음과 같은 성질이 있다.

[정리 2.8.1]

분포함수가 F_1, F_2 질량(밀도)함수가 f_1, f_2인 두 이산(연속)분포 P_1, P_2에 대하여 다음이 성립한다.

1. P_1, P_2의 곱분포 P는 그의 분포함수가 $F(x, y)=F_1(x)F_2(y)$, $x\in S_1$, $y\in S_2$인

분포이다. 역으로 $F(x, y)=F_1(x)F_2(y)$, $x \in S_1$, $y \in S_2$로 주어지는 함수 F는 P_1, P_2의 곱분포의 분포함수이다.

2. P_1, P_2의 곱분포 P는 그의 질량(밀도)함수가 $f(x, y)=f_1(x)f_2(y)$, $x \in S_1$, $y \in S_2$인 이산(연속)분포이다. 역으로 $f(x, y)=f_1(x)f_2(y)$, $x \in S_1$, $y \in S_2$로 주어지는 함수 f는 P_1, P_2의 곱분포의 질량(밀도)함수이다.

예 2.8.4 베르누이분포 $Ber(p)$를 n번 곱한 곱분포는 표본공간이

$$S=\{(x_1, \cdots, x_n) : x_i=0, 1, i=1, \cdots, n\}$$

이고, 그 질량함수가 다음과 같다.

$$\begin{aligned} f(x_1, \cdots, x_n) &= p^{x_1}(1-p)^{1-x_1} \cdots p^{x_n}(1-p)^{1-x_n} \\ &= p^{\sum_{i=1}^n x_i}(1-p)^{n-\sum_{i=1}^n x_i}, \quad x_i=0, 1, \ i=1, \cdots, n \end{aligned}$$

곱분포 P에서 사건 $A_k=\{(x_1, \cdots, x_n) : \sum_{i=1}^n x_i=k\}$, $k=0, 1, \cdots, n$의 확률을 구하면

$$\begin{aligned} P(A_k) &= \sum_{(x_1, \cdots, x_n) \in A_k} f(x_1, \cdots, x_n) = \sum_{(x_1, \cdots, x_n) \in A_k} p^{\sum_{i=1}^n x_i}(1-p)^{n-\sum_{i=1}^n x_i} \\ &= \sum_{(x_1, \cdots, x_n) \in A_k} p^k(1-p)^{n-k} = |A_k| p^k(1-p)^{n-k} \\ &= \binom{n}{k} p^k(1-p)^{n-k}, \quad k=0, 1, \cdots, n \end{aligned}$$

■

예 2.8.5 지수분포 $\text{Exp}(\lambda)$를 2번 곱한 곱분포는 표본공간 $S=[0, \infty) \times [0, \infty)$에서 다음과 같은 밀도함수를 갖는다.

$$f(x, y)=\lambda e^{-\lambda x}\lambda e^{-\lambda y}=\lambda^2 e^{-\lambda(x+y)}, \quad 0 \le x, y < \infty$$

■

예 2.8.6 지수분포 $\text{Exp}(\lambda)$를 2번 곱한 곱분포 P에서 사건 $A=\{(x, y) : x>s, y>t\}$, $s, t>0$와 사건 $B=\{(x, y) : x+y \le t\}$, $t>0$의 확률을 구해 보자. 사건 A를 $A=(s, \infty) \times (t, \infty)=E_1 \times E_2$라 두면, 곱분포 정의에 의하여

$$P(A)=P_1(E_1) \times P_2(E_2)=e^{-\lambda s}\lambda e^{-\lambda t}=e^{-\lambda(s+t)}$$

이다. 한편 사건 B는 각 실험에서의 사건의 데카르트곱으로 나타낼 수 없으므로 밀도함수의 정의를 써서 그 확률을 구해야 한다. 즉,

$$P(B)=\int_B \lambda e-^{\lambda x}\lambda e^{-\lambda y}dxdy=\int_0^t[\int_0^{t-y}\lambda e^{-\lambda x}dx]\lambda e^{-\lambda y}dy$$
$$=\int_0^t[1-e-\lambda^{(t-y)}]\lambda e^{-\lambda y}dy$$
$$=1-e^{-\lambda t}-\lambda te^{-\lambda t}$$

■

예 2.8.7 입자가 어느 금속체를 관통하는 깊이를 알아보는 실험을 2회 독립반복시행한다. 이 반복시행에서 두 깊이의 합의 분포를 알아보자. 여기서 매 시행에서의 분포는 모수가 λ인 지수분포라 가정하고, 이 독립반복시행에서의 곱분포를 P라 하자. 알아보고자 하는 결과는 각 시행에서의 결과의 합이므로 표본공간은 $S=[0, \infty)$이고, 그 분포를 P_0라 하면 앞의 예에서

$$P_0=([0, t])=P(\{(x, y):x+y\leq t\})$$
$$=1-e^{-\lambda t}-\lambda te^{-\lambda t}, \quad t>0$$

따라서, 이 분포는 밀도함수가

$$f(t)=\frac{d}{dt}P_0([0, t])=\lambda^2te^{-\lambda t}, \quad t>0$$

인 연속분포이다.

■

연습문제

1 표본공간 Ω의 부분집합 A에 대하여 대응 $P:A\mapsto P(A)\in[0, 1]$이 공리1, 공리2, 유한가법성을 만족할 때, 다음 명제가 서로 동치임을 보여라.

(1) P는 아래에서 연속이다.

(2) P는 위에서 연속이다.

(3) P는 ϕ에서 연속이다. (A_n이 감소하고 $\bigcap_{n=1}^{\infty}A_n=\phi$이면, $\lim_{n\to\infty}P(A_n)=0$)

2 $A_1, A_2, \cdots$는 무한사건열이다.

$B_1=A_1$일 때, $B_k=A_k-(A_1\cup\cdots\cup A_{k-1})(k\geq 2)$라 하자.

(1) $B_1, B_2, \cdots$들은 서로 배반인 사건임을 보여라.

(2) $\bigcup_{k=1}^{\infty}A_k=\bigcup_{k=1}^{\infty}B_k$임을 보여라.

3 무한사건 $A_1, A_2, \cdots$에 대하여 다음을 증명하라.

(1) $P(\bigcup_{k=1}^{\infty} A_k) = \lim_{n\to\infty} P(\bigcup_{k=1}^{n} A_k)$

(2) $P(\bigcap_{k=1}^{\infty} A_k) = \lim_{n\to\infty} P(\bigcap_{k=1}^{n} A_k)$

4 $\sum_{n=1}^{\infty} P(A_n) < \infty$이면, $P(\bigcap_{k=1}^{\infty} \bigcup_{n=k} A_n) = 0$임을 보여라.

5 성공률이 2^{-n}, $n=1, 2, \cdots$인 베르누이 독립시행을 차례로 행할 때, 다음 물음에 답하라.

(1) 성공이 무한 번 나오는 사건 A에 대하여 $P(A)=0$임을 보여라.

(2) 처음으로 성공이 나오는 시행번호가 k일 확률 $P(\{k\})$를 구하라.

(3) 성공이 언젠가는 나올 확률을 구하라.

6 공정한 동전을 한없이 던질 때 앞면이 두 번 연달아 나오는 사건이 무한 번 일어날 확률이 1임을 보여라.

7 P가 수직선 위에서 정의되어 있는 분포일 때, $\lim_{n\to\infty} P((-n, n))=1$임을 보여라.

8 $S=\{1, 2, \cdots\}$이고, S의 임의의 부분집합 A에 대하여

$$P(A) = \sum_{n\in A} \frac{1}{n(n+1)}$$

로 P가 정의되어 있다. 이를 **지프분포**(Zipf distribution)라 부른다.

(1) P가 S에서 확률분포임을 보여라.

(2) 사건 $A=\{1, 2, 3, 4\}$와 사건 $B=\{10, 11, \cdots\}$의 확률을 구하라.

(3) $A=\{2, 4, 6, \cdots\}$의 확률을 구하라.

9 $0<p<1$일 때, 음이항분포 $Neg(r, p)$에 대하여 답하라.

(1) 음이항분포가 실제로 분포임을 보여라. 즉,

$$f(n) = \binom{n-1}{r-1} p^r q^{n-r},\ n=r, r+1, \cdots$$

일 때, $\sum_{n=r}^{\infty} f(n)=1$임을 보여라.

(2) 주어진 양수 $\lambda>0$에 대하여 $p=p_n=\dfrac{\lambda}{n}$라 하자. 다음을 보여라.

$$\lim_{n\to\infty} = \frac{f(n)}{p_n} \to \frac{e^{-\lambda}\lambda^{r-1}}{(r-1)!}$$

10 표준정규분포의 밀도함수가 실제로 밀도함수임을 보여라.

11 ϕ, Φ가 각각 표준정규분포의 밀도함수와 분포함수일 때, 다음 부등식을 증명하라.

$$\frac{x}{1+x^2}\phi(x) \le 1-\Phi(x) \le \frac{1}{x}\phi(x), \qquad x>0.$$

12 (**ballot problem**) 갑, 을 두 후보가 출마한 선거에서 개표 결과 갑이 m표, 을이 n표 $(m>n)$를 얻어 갑이 당선되었다. 개표하는 과정에서 갑의 표가 을의 표보다 항상 적지는 않았을 확률을 구하라.

13 m개의 검은 공과 n개$(m<n)$의 흰 공이 들어 있는 항아리에서 공을 한 개씩 랜덤하게 추출하여 갈 때, 뽑히는 검은 공의 수와 흰 공의 수가 적어도 한 번은 같게 될 확률을 구하라.

14 다음 등식을 증명하라.

$$\binom{2n}{n} = \binom{-\frac{1}{2}}{n}(-4)^n, \quad n=1, 2, \cdots$$

15 $-\frac{1}{4}<x<\frac{1}{4}$일 때, 급수 $\sum_{n=0}^{\infty}\binom{2n}{n}x^n$을 구하라.

16 성공률이 p인 베르누이 독립반복시행에서 첫 귀환시간이 $2n$일 사건을 A_{2n}이라 하자.

(1) $p=1/2$일 때, $P(A_{2n}) = \frac{2}{n}\binom{2n-2}{n-1}\left(\frac{1}{4}\right)^n$임을 보여라.

(2) $0<s\le 1$일 때, $G(s)=\sum_{n=1}^{\infty} s^{2n}P(A_{2n})$으로 정의되는 함수 $G(s)$를 $P(A_{2n})$의 **생성함수**(generating function)라고 한다. $p=1/2$일 때, $G(s)=1-\sqrt{1-s^2}$ 임을 보여라.

(3) $p=1/2$이면 첫 귀환시간분포가 실제로 분포임을 보여라. (즉, $\sum_{n=1}^{\infty}P(A_{2n})=1$임을 보여라.)

17 성공률이 p인 무한 회의 베르누이 독립반복시행에서 성공의 누적횟수가 실패의 누적횟수보다 처음으로 크게 되는 시행번호가 $2k-1$이 될 사건을 A_k라 하자.

(1) $P(A_k)$를 구하라.

(2) $p \geq 0.5$일 때, $\sum_{k=1}^{\infty} P(A_k)=1$임을 보여라.

(3) $p<0.5$이면 $\sum_{k=1}^{\infty} P(A_k)=\frac{p}{1-p}$임을 보여라.

18 (포아송분포) $\sum_{k=0}^{n} \frac{e^{-\lambda}\lambda^k}{k!}=\int_{\lambda}^{\infty} \frac{1}{n!} e^{-x}x^n dx$

19 $f(x)=C\frac{x^{\alpha-1}}{(1+x)^{\alpha+\beta}}$, $x>0$, α, $\beta>0$가 밀도함수가 되기 위한 C를 구하라. 이러한 형태의 분포를 **파레토분포**(Pareto distribution)라 부른다.

20 다음 함수가 밀도함수임을 보여라. 이와 같은 분포를 **아크사인분포**(arcsine distribution)라 부른다.

$$f(x)=\frac{1}{\pi\sqrt{x(1-x)}}, \quad 0<x<1$$

21 분포함수가

$$F(x)=\frac{e^x}{1-e^x}, \quad -\infty<x<\infty$$

로 주어지는 분포를 **로지스틱분포**(logistic distribution)라 부른다. 로지스틱분포가 실제 분포임을 보여라.

22 분포함수가 $F(x)=\exp(-e^{-x})$, $-\infty<x<\infty$인 분포는 **극값분포**(extreme value distribution) 중 하나이다. 이 분포가 실제 분포임을 보여라.

23 분포함수가 $F(x)=1-\exp\{-(\lambda x)^{\alpha}\}$, $0<x<\infty$, $\lambda>0$, $\alpha>0$인 분포도 극값분포이며, 모수가 λ, α인 **와이불분포**(Weibull distribution)라 부른다. 이 분포가 실제 분포임을 보여라.

24 공정한 동전을 던져 앞면이 나오면 주사위를 던지고 뒷면이 나오면 구간 [0,1]에서 한

점을 랜덤하게 뽑는 실험을 할 때,

(1) 이 실험의 확률모형을 세워라.

(2) 이 실험을 2회 독립반복시행할 때, 그 합이 2 이하가 될 확률을 구하라.

25 분포함수에 대한 다음 성질을 증명하라.

(1) 유한표본공간에서의 이산분포함수는 **계단함수**(step function)이다.

(2) 연속분포함수는 연속함수이다.

(3) 구간 $(0, 1)$에 속하는 모든 유리수의 **나열**(enumeration) $r_1, r_2, \cdots$에 대하여

$$P(\{r_n\})=\frac{1}{2^n}, \quad n=1, 2, \cdots$$

로 정의되는 이산분포 P의 분포함수는 $(0, 1)$의 어떠한 부분구간에서도 상수가 아니다.

26 이차원분포 P의 분포함수 $F(\cdot, \cdot)$에 대하여 답하라.

(1) F는 각각의 변수에 대하여 위에서 연속임을 보여라.

(2) $F(x-, \cdot)=\lim_{h\downarrow 0}F(x-h, \cdot)$와 같이 나타낼 때,

$$F(a, b)-F(a-, b)-F(a, b-)+F(a-, b-)$$

를 분포 P로 나타내라.

27 집합 C가 임의의 $x, y\in C$와 $0\le t\le 1$에 대하여 $tx+(1-t)y\in C$임을 만족할 때 **볼록집합**(convex set)이라고 한다. 확률분포들 전체의 모임은 볼록집합임을 보여라.

제 3 장 확률변수에 의한 모형

3.1 확률변수

성공률이 p인 베르누이 독립시행을 무한 번 행하는 실험으로 다시 돌아가 보자. 여기서의 표본공간은 무한 순서열들의 집합

$$\Omega=\{\omega=(\omega_1, \omega_2, \cdots, \omega_n, \cdots): \omega_n=s \text{ 또는 } f\}$$

이다. 이러한 무한회 독립시행에는 무한히 많은 사건들이 있으며, 이들 사건에 대한 확률을 다룰 수 있도록 확률이 정의되었음은 이미 설명되었다. 또한, 이와 같은 실험으로부터는 여러 다양한 결과를 수치적으로 얻는 실험도 생각할 수 있으며, 이러한 수치적 실험에 대하여는 표본공간을 S로 표기하고, 여기서의 확률모형을 분포라고 하였다. 예를 들어, 무한 회 시행에서 n번까지 결과 중 성공의 횟수에 대하여 생각하면 $S=\{0, 1, \cdots, n\}$에서의 이항분포를 얻게 되며, 처음으로 성공이 나올 때까지의 시행횟수를 관찰하는 수치적 실험에서는 $S=\{1, 2, \cdots\}$에서의 기하분포를 얻는 것이다. n번 시행에서의 성공횟수, 첫 성공까지의 시행횟수 등을 관찰하는 수치적 실험은 **배경실험**(background experiment)으로 생각할 수 있는 무한 회의 베르누이 독립시행으로부터 정의되는 **함수로서의 실험**이라고 생각할 수 있다.

이와 같은 관점에서 정해진 하나의 배경실험과 그로부터 얻어지는 여러 수치적 실험들 사이의 함수관계를 설정시켜 주는 것이 확률변수이다. 확률변수라는 도구를 이용하면 수치적 결과에 관련되는 여러 다양한 사건들을 배경실험에서의 사건으로 편리하게 묘사할 수 있으며, 또한 수치적 결과들의 특성을 쉽게 표현하고 이해할 수 있게 된다. 따라서 앞으로 수치적 확률모형을 다룰 때에는 언제나 확률변수를 이용할 것이다.

3.1.1 확률변수의 정의

하나의 배경실험, 즉 확률공간 (Ω, P)가 주어져 있을 때, 표본공간 Ω에서 정의된 **실함수**를 **확률변수**(random variable)라 부르고, 흔히 대문자 X, Y, $\cdots$ 등으로 나타낸다. 즉, 확률변수 X는 표본공간 Ω의 각 원소 $\omega\in\Omega$에 대하여 한 실수값을 대응시키는 함수

$$X: \Omega \to S_X$$

이고, 여기서 S_X는 X가 택할 수 있는 실수값들의 모임인 X의 치역을 나타낸다. 다시 말하면, 확률변수의 값 $X(\omega)$는 배경실험의 한 결과인 ω로부터 관측되는 수치적 결과이며, 이 확률변수의 값을 관측하는 것이 바로 수치적 실험인 것이다. 이와 같이 확률변수 X를 관측하는 수치적 실험에서의 분포를 **확률변수 X의 분포**(distribution of X)라 하고, 기호 P_X로 나타낸다. 또한, 이러한 경우 "확률변수 X는 분포 P_X를 따른다."라는 표현을 쓰기도 한다.

확률변수 X에 대하여 그 치역과 분포를 쌍으로 하는 확률공간 (S_X, P_X)를 **확률변수 X에 의한 확률모형**이라 부른다. 다시 말하면, S_X는 X의 값을 관찰하는 수치적 실험의 표본공간이며, P_X는 그 실험의 분포인 것이다. 확률변수에 의한 모형 (S_X, P_X)와 배경실험에 대한 모형 (Ω, P)와의 관계는 다음과 같다.

$$A \subset S_X \text{인 임의의 집합 } A\text{에 대하여, } P_X(A) = P(\{\omega \in \Omega : X(\omega) \in A\})$$

또는 간단히 $\{\omega \in \Omega : X(\omega) \in A\} = \{X \in A\}$라 나타내어

$$P_X(A) = P(X \in A) \tag{3.1.1}$$

로 표현한다. $P(\{X \in A\})$를 간단히 $P(X \in A)$로 나타내기로 한다!

특히, 임의의 x에 대하여 $A_x = (-\infty, x]$인 경우를 생각하여

$$F_X(x) = P_X(A_x) = P(X \leq x) \tag{3.1.2}$$

로 정의되는 함수 F_X를 확률변수 X의 **분포함수**(distribution function)라 부른다.

확률변수는 그 치역의 형태에 따라 S_X가 이산공간이면 **이산확률변수**(discrete random variable), 연속공간이면 **연속확률변수**(continuous random variable)라고 부른다. 따라서, 이산확률변수의 분포는 이산분포, 연속확률변수의 분포는 연속분포가 되게 된다. 또한, 이산(연속)확률변수 X의 분포를 결정해 주는 질량(밀도)함수를 f_X라 표현하기로 한다. 확률변수는 통상 그 분포의 이름에 따라 불려진다. 예를 들어, 분포가 이항분포인 확률변수를 **이항확률변수**(binomial random variable)라고 부른다.

확률변수 가운데 가장 기본이 되는 것은 0과 1의 값만을 택하는 확률변수이다. 일반적으로 사건 A에 대하여

$$I_A(\omega) = \begin{cases} 1, & \omega \in A \\ 0, & \omega \notin A \end{cases}$$

로 정의된 확률변수 I_A를 사건 A의 **지표함수**(indicator function)라 한다. 즉, 표본공간 Ω에서의 사건 A에 대한 지표함수 I_A는 사건 A가 일어나면 1, 사건 A가 일어나지 않으면 0을 취하는 확률변수이다. 사건 A에 대한 지표함수는 물론 성공률이 $p = P(A)$인 베르누이분포를 따르므로 베르누이확률변수라 부를 수도 있으나, 어떤 사건과 관련하여 사용될 때는 지표함수라는 용어를 사용하면 더 편리하다.

예 3.1.1 무한 회의 베르누이독립시행에서 i번째 시행에서 성공이 나오는 사건에 대한 지표함수를 X_i라 하면

(1) X_i는 표본공간 $\Omega=\{\omega=(\omega_1, \cdots, \omega_n, \cdots) : \omega_n=s, f\}$에서의 실함수이고, X_i의 분포는 베르누이분포이다. X_i들의 부분합 $X_1+X_2+\cdots+X_n$은 n번째 시행까지의 성공의 누적횟수를 나타내므로 이항분포를 따른다.

(2) 성공이 나오는 시행의 번호 가운데 가장 작은 번호를 N이라 하면, 즉 $N=\min\{n\geq 1 : X_1+\cdots+X_n=1\}$이라 하면 N은 기하분포를 따르는 확률변수이다.

(3) $Y_i=2X_i-1$이라 하면, Y_i는 i번째 시행에서 성공이 나오면 1, 실패가 나오면 -1을 취하는 확률변수이다. Y_i들의 부분합 $Y_1+\cdots+Y_n$은 n번째 시행까지의 성공의 누적횟수와 실패의 누적횟수의 차를 나타내는 확률변수이다. 이 부분합들의 모임 $\{Y_1+\cdots+Y_n, n=1, 2, \cdots\}$을 **임의보행**(random walk)이라고 부른다. 특히, 성공률이 1/2일 때 임의보행을 **단순임의보행**(simple random walk), Y_i를 **대칭베르누이확률변수**(symmetric Bernoulli random variable)라 부른다. Y_i의 부분합

$$L=\min\{n\geq 1 : Y_1+Y_2+\cdots+Y_n=0\}$$

로 정의되는 L은 원점으로의 첫 귀환시간을 나타내고, 이는 표본공간 Ω에서의 함수이다. 함수 L이 확률변수임을 확인하기 위하여 $P(L<\infty)=1$임을 보여야 한다. 2장의 연습문제에 의하면 단순임의보행의 경우 L은 확률변수이다. ■

표본공간 Ω에서 정의되는 함수 X가 $P(-\infty<X<\infty)<1$이면 $P(X=-\infty$ 또는 $X=\infty)>0$이므로 X는 $-\infty$ 또는 ∞를 택할 수 있고, 따라서 엄밀한 의미에서 확률변수가 아니다. 이와 같이 $-\infty$ 또는 ∞를 택할 수 있는 함수 X를 **확장된 확률변수**(extended random variable)라고 한다. 따라서, 확장된 확률변수의 분포는 결함이 있는 분포가 된다.

예 3.1.2 2장에서 다룬 무한 회의 베르누이 독립시행에서의 원점으로의 첫 귀환시간은 성공률이 $\frac{1}{2}$이 아니면 확률변수가 아니며, 확장된 확률변수이다. ■

3.1.2 확률벡터

한 배경실험에서는 여러 수치적 실험을 행할 수 있다. 이러한 여러 실험의 결과들을 함께 생각하면 그 결과들이 이루는 벡터를 생각할 수 있고, 이를 **확률벡터**(random vector)라고 부른다. 예를 들어, 동전을 n번 던지는 실험에서 앞면이 나오는 횟수를 X, 같은 면이 연달아 나오는 횟수 중 가장 긴 횟수를 Y라 하면 이 둘이 이루는 (X, Y)가 2차원 확률벡터가 되는 것이다. 좌표공간에 있는 어떤 물체의 위치를 3차원에서 모형화하려면 세 개의 확률변수 X, Y, Z

를 이용하여 그 물체의 위치좌표인 확률벡터 (X, Y, Z)를 도입하여야 한다. 일반적으로 n개의 확률변수 $X_1, X_2, \cdots, X_n$을 동시에 고려하여 벡터로 표현한 $(X_1, X_2, \cdots, X_n)$을 n차원 **확률벡터**라 부른다. 확률벡터의 분포, 확률질량함수, 확률밀도함수의 정의는 확률변수의 경우와 동일하다.

주어진 확률벡터에 관한 분포를 안다면 그 벡터를 구성하는 각 원소인 확률변수들의 분포도 알 수 있다. 즉, 확률벡터의 질량함수 또는 밀도함수로부터 그 벡터의 각 원소인 확률변수들에 대한 질량함수 또는 밀도함수가 유일하게 구하여지게 된다. 이제 그들 사이의 관계식에 대하여 알아보자. 설명을 간단히 하기 위하여 이차원확률벡터 (X, Y)인 경우만을 고려하고, 먼저 이산확률벡터에 대한 관계식을 구하여보면 **전확률법칙**에 의하여

$$\begin{aligned} f_X(x) &= P_X(x) = P(X=x) = P(X=x, Y \in S_Y) \\ &= \sum_{y \in S_Y} P(X=x, Y=y) = \sum_{y \in S_Y} P_{X,Y}(x, y) = \sum_{y \in S_Y} f_{X,Y}(x, y) \end{aligned}$$

를 얻는다. 즉,

$$f_X(x) = \sum_{y \in S_X} f_{X,Y}(x, y) \tag{3.1.3}$$

이며, 마찬가지로

$$f_Y(y) = \sum_{x \in S_X} f_{X,Y}(x, y) \tag{3.1.4}$$

가 된다. 한편, 연속확률벡터에 대한 관계식은 다음과 같이 구하여진다.

$$\begin{aligned} f_X(x)\Delta x &\approx P_X((x, x+\Delta x)) \\ &= P(x < X < x+\Delta x, Y \in S_Y) \\ &= \int_{-\infty}^{\infty} \left(\int_x^{x+\Delta x} f_{X,Y}(u, y)\,du \right) dy \\ &\approx \int_{-\infty}^{\infty} (f_{X,Y}(x, y)\Delta x)\,dy \\ &= \left(\int_{-\infty}^{\infty} f_{X,Y}(x, y)\Delta y \right) \Delta x \end{aligned}$$

따라서

$$f_X(x) = \int_{-\infty}^{\infty} f_{X,Y}(x, y)\,dy$$

가 되며, 마찬가지로

$$f_Y(y)=\int_{-\infty}^{\infty} f_{X,Y}(x, y)dx$$

가 된다.

확률벡터 (X, Y)의 분포를 **(X, Y)의 결합분포**(joint distribution of X and Y)라고 부른다. 또한, 확률변수 X를 확률벡터 (X, Y)의 한 원소로 생각할 때, X의 분포를 (X, Y)의 결합분포에서의 X의 **주변분포**(marginal distribution of X)라 부른다.

예 3.1.3 단위원의 내부 $S=\{(x, y): x^2+y^2\leq 1\}$에서 균일분포를 따르는 확률벡터를 (X, Y)라고 할 때, X와 Y의 주변분포를 구하여 보자. (X, Y)의 **결합밀도함수**(joint density function)가

$$f_{X,Y}(x, y)=\begin{cases}\frac{1}{\pi}, & x^2+y^2\leq 1\\ 0, & x^2+y^2>1\end{cases}$$

로 주어지므로 X의 주변밀도함수는

$$f_X(x)=\int_{-\infty}^{\infty} f_{X,Y}(x, y)dy=\frac{2}{\pi}\sqrt{1-x^2}I_{(-1,1)}(x)$$

로 주어진다. 여기에서 $I_{(-1,1)}(x)$는 구간 $(-1, 1)$의 지표함수를 나타낸다. ■

3.1.3 확률변수의 독립성

확률벡터의 결합분포로부터 그 벡터를 이루는 확률변수의 분포인 주변분포는 결정된다. 그러나 그 역은 성립하지 않는다. 즉, 각 확률변수의 분포로부터 그 확률변수들이 이루는 확률벡터의 결합분포가 결정되는 것은 아니다. 이를 2차원벡터인 경우를 예를 들어 설명해 보자.

예 3.1.4 흰 공과 검은 공이 각각 하나씩 들어 있는 상자에서 공 두 개를 차례로 추출할 때, X를 처음에 흰 공이 나오는 사건의 지표함수, Y를 두 번째 흰 공이 나오는 사건의 지표함수라 하고, 이들의 결합분포를 다음 세 가지 경우에 대하여 알아보자.

$P(X=x, Y=y)=f(x, y)$라 놓으면

(1) 비복원추출인 경우에는 $f(0, 0)=f(1, 1)=0$, $f(0, 1)=f(1, 0)=1/2$이며, (2) 복원추출인 경우에는 $f(0, 0)=f(1, 1)=f(0, 1)=f(1, 0)=1/4$이며, (3) 첫 번째 뽑힌 공과 함께 그 색과 같은 색깔의 공을 한 개 더 상자에 추가하여 두 번째 추출을 하는 경우에는

$f(0,0)=f(1,1)=1/3$, $f(0,1)=f(1,0)=1/6$이 된다.
위의 세 결합분포를 살펴보면 X의 분포와 Y의 분포가 세 경우 모두 성공률이 1/2인 베르누이 분포를 따르는 것을 알 수 있다. 즉, X의 분포가 세 경우 동일하고 Y의 분포도 세 경우 모두 같지만, 결합분포는 세 경우 다르다. 세 가지 경우 가운데 복원추출의 경우에서는 X, Y의 결합분포가 X의 분포와 Y의 분포를 곱한 것과 동일하다. ▣

위의 예에서, 결합분포가 서로 달라도 주변분포는 동일하게 얻어질 수 있음을 보여 주고 있다. 위의 세 가지 경우 가운데 복원추출의 경우를 살펴보면 확률벡터 (X, Y)의 질량함수는 X의 질량함수와 Y의 질량함수의 곱으로 나타내지고 있으며, 이러한 경우 X와 Y는 **서로 독립**(mutually independent)이라고 부른다. 즉, (X, Y)의 결합분포가 X의 분포와 Y의 분포의 **곱분포**일 때, X, Y는 서로 독립이다.

예 3.1.5 결합밀도함수가 $f_{X,Y}(x, y)=1,\ 0<x, y<1$이면 이 결합밀도함수는 두 밀도함수 $f_X(x)=1,\ 0<x<1$, $f_Y(y)=1,\ 0<y<1$의 곱이고, 따라서 X, Y는 서로 독립이다. ▣

예 3.1.6 결합밀도함수가 $f_{X,Y}(x, y)=0.5e^{-x},\ x>0,\ -x<y<x$로 주어지는 두 확률변수 X, Y 사이의 독립성 여부를 알아보자. 먼저 X와 Y 각각의 주변밀도함수는 다음과 같이 구하여진다. X의 주변밀도함수는

$$f_X(x)=\int_{-\infty}^{\infty} f_{X,Y}(x, y)dy=\int_{-x}^{x} 0.5e^{-x}dy=xe^{-x},\ x>0$$

이며, Y의 주변밀도함수는 $y \geq 0$일 때,

$$f_Y(y)=\int_{-\infty}^{\infty} f_{X,Y}(x, y)dx=\int_{y}^{\infty} 0.5e^{-x}dy=0.5e^{-y}$$

이며, $y<0$일 때,

$$f_Y(y)=\int_{-y}^{\infty} 0.5e^{-x}dx=0.5e^{y}$$

가 된다. 따라서, Y의 주변밀도함수는 $f_Y(y)=0.5e^{-|y|},\ -\infty<y<\infty$로 표현되므로,

$$f_{X,Y}(x, y) \neq f_X(x)f_Y(y)$$

가 된다. 즉, X, Y는 서로 독립이 아니다. ▣

일반적으로 확률벡터 $(X_1, X_2, \cdots, X_n)$의 결합분포가 그 구성 원소인 $X_1, X_2, \cdots, X_n$의 주변분포들의 곱분포일 때 $X_1, X_2, \cdots, X_n$은 **서로 독립**이라고 부른다. 다음 정리는 독립성에 관한 필요충분조건을 나타낸다.

[정리 3.1.1]

$F_{X_1, \cdots, X_n}$, $f_{X_1, \cdots, X_n}$이 각각 결합분포함수, 결합밀도(또는 질량)함수이고, F_{X_i}와 f_{X_i}가 각각 X_i의 주변분포함수, 주변밀도(또는 질량)함수를 나타낼 때, 다음은 모두 동치(equivalent relation)이다.

1. $F_{X_1, \cdots, X_n}(x_1, \cdots, x_n)=F_{X_1}(x_1)\cdots F_{X_n}(x_n)$, $x_1\in S_{X_1}, \cdots, x_n\in S_{X_n}$
2. $f_{X_1, \cdots, X_n}(x_1, \cdots, x_n)=f_{X_1}(x_1)\cdots f_{X_n}(x_n)$, $x_1\in S_{X_1}, \cdots, x_n\in S_{X_n}$
3. $X_1, \cdots, X_n$은 서로 독립이다.

즉, 확률변수 $X_1, X_2, \cdots, X_n$이 서로 독립이면 $S_{X_1}\times\cdots\times S_{X_n}$에서의 (결합)분포 $P_{X_1, X_2, \cdots, X_n}$은 S_{X_i}에서의 (주변)분포 P_{X_i}, $i=1, 2, \cdots, n$들의 곱분포이고, 그 역도 성립한다. 따라서, 독립시행을 행할 때 서로 다른 각 시행에만 의존하는 확률변수들은 서로 독립이다. 예를 들어, 베르누이독립시행에서 i번째 시행에서 성공이 나오는 사건의 지표함수인 베르누이 확률변수 X_i들은 서로 독립이다.

3.2 기대값

3.2.1 기대값의 정의

유한표본공간에서의 기대값의 정의를 크기가 유한인 이산표본공간에서의 예를 통하여 알아보자. 표본공간 Ω에서 정의된 확률변수 X의 **기대값(expectation** or **expected value)**을 $E(X)$로 나타내면 Ω가 유한일 때, X의 기대값은

$$E(X)=\sum_{\omega\in\Omega}X(\omega)P(\omega) \tag{3.2.5}$$

로 정의된다. 한편, 기대값의 정의를 X의 분포를 써서 나타내면 기대값은

$$E(X)=\sum_{\omega\in\Omega}X(\omega)P(\{\omega\})=\sum_{\omega\in S}xP(\{\omega\in\Omega: X(\omega)=x\})$$
$$=\sum_{x\in S}xP_X(\{x\})$$
$$=\sum_{x\in S}xf_X(x)$$

가 되어 X의 질량함수 f_X를 이용하여 기대값을 구할 수 있다.

예 3.2.1 사건 A의 지표함수 I_A의 기대값은

$$E(I_A)=0\cdot f_{I_A}(0)+1\cdot f_{I_A}(1)=P(A)$$

이다. 즉, **한 사건에 대한 지표함수의 기대값은 그 사건의 확률과 같다**. 성공률이 p인 베르누이 확률변수 X의 기대값은 p이다. ■

확률변수 X의 기대값을 X의 분포 P_X의 **평균**(mean) 또는 간단히 X의 평균이라 부르고, 일반적으로 기호 μ_X를 써서 나타낸다. 위의 예에서 성공률이 p인 베르누이분포의 평균은 성공률과 같음을 알 수 있다.

예 3.2.2 시행횟수가 n이고, 성공률이 p인 이항분포의 평균은

$$\mu=\sum_{k=0}^{n}k\binom{n}{k}p^kq^{n-k}=\sum_{k=1}^{n}\frac{n!}{(k-1)!(n-k)!}p^kq^{n-k}$$
$$=np\sum_{k=1}^{n}\frac{(n-1)!}{(k-1)!(n-k)!}p^{k-1}q^{n-k}$$
$$=np\sum_{k=0}^{n-1}\binom{n-1}{k}p^kq^{n-k-1}=np(p+q)^{n-1}$$
$$=np$$

로 주어진다. ■

이산확률변수에 대한 기대값 정의

앞에서 보았듯이 확률변수의 기대값은 그 분포를 이용하여 구할 수 있으며, 이러한 방법이 기대값을 다루는 데 더 편리할 경우가 많다. 따라서, 앞으로는 확률변수의 분포를 사용하여 그 기대값을 정의하도록 하자. 일반적으로 이산확률변수의 치역은 그 크기가 무한일 수 있으며, 이러한 경우에는 기대값을 정의하는 데 주의를 요한다. 치역이 S_X인 이산확률변수 X의 기대값 $E(X)$는 다음과 같이 정의한다.

1. S_X의 분할 $S^+=\{x\in S_X : x\geq 0\}$, $S^-=\{x\in S_X : x<0\}$에 대하여 $\mu^+=\sum_{x\in S^+} xf_X(x)$와 $\mu^-=-\sum_{x\in S^-} xf_X(x)$를 구한다.
2. $\mu^+<\infty$이고 $\mu^-<\infty$. 즉, $\sum_{x\in S_X}|x|f_X(x)<\infty$이면 기대값은 $E(X)=\mu^+-\mu^-$로 주어지고, 그 값은 유한이다.
3. $\mu^+=\infty$이고 $\mu^-<\infty$이면 $E(X)=\mu^+-\mu^-=+\infty$
4. $\mu^+<\infty$이고 $\mu^-=\infty$이면 $E(X)=\mu^+-\mu^-=-\infty$
5. $\mu^+=\infty$이고 $\mu^-=\infty$이면 $\mu^+-\mu^-=\infty-\infty$이므로 기대값은 정의되지 않으며, 이 경우 **기대값이 존재하지 않는다**라고 말한다.

즉, 기대값이 유한일 필요충분조건은 $\sum_{x\in S_X}|x|f_X(x)<\infty$가 성립하는 것이며, 이 경우 $xf_X(x)$는 S_X에서 **절대합가능**(absolutely summable)하다고 부른다. 이와 같은 경우에 기대값은

$$E(X)=\sum_{x\in S_X} xf_X(x) \tag{3.2.6}$$

로 구하여진다.

예 3.2.3 확률변수 N이 성공률이 $p=1-q$인 기하분포 $Geo(p)$를 따를 때, 기대값을 구하여 보자. 이 경우, $S^-=\phi$이므로

$$\begin{aligned}E(N)&=\sum_{k=1}^{\infty}kp(1-p)^{k-1}=p\sum_{k=1}^{\infty}\frac{d}{dq}q^k=p\frac{d}{dq}\sum_{k=1}^{\infty}q^k\\&=p\frac{d}{dq}\frac{q}{1-q}=p\frac{1}{(1-q)^2}\\&=\frac{1}{p}\end{aligned}$$

로 얻어진다. ■

예 3.2.4 $P(X=2^k)=P(X=-2^k)=2^{-k-1}$, $k=1, 2, \cdots$로 주어지는 확률변수 X에 대하여

$$\mu^+=\sum_{k=1}^{\infty}2^kP(X=2^k)=\sum_{k=1}^{\infty}\frac{1}{2}=\infty$$

$$\mu^-=-\sum_{k=1}^{\infty}(-2^k)P(X=-2^k)=\sum_{k=1}^{\infty}\frac{1}{2}=\infty$$

이다. 따라서, X의 기대값은 존재하지 않는다. ■

연속확률변수에 대한 기대값 정의

연속확률변수에 대하여도 기대값은 이산확률변수의 경우와 유사하게 정의된다. 치역이 S_X인 연속확률변수 X의 밀도함수가 f_X일 때, 기대값 $E(X)$는 다음과 같이 정의한다.

1. S_X의 분할 $S_+=\{x\in S_X : x\ge 0\}$, $S_-=\{x\in S_X : x<0\}$에 대하여 $\mu^+=\int_{S_+} xf_X(x)dx$와 $\mu^-=-\int_{S_-} xf_X(x)dx$를 구한다.
2. $\mu^+<\infty$이고 $\mu^-<\infty$, 즉 $\int_{S_X} |x|f_X(x)dx<\infty$이면 $E(X)=\mu^+-\mu^-$
3. $\mu^+=\infty$이고 $\mu^-<\infty$이면 $E(X)=\mu^+-\mu^-=+\infty$
4. $\mu^+<\infty$이고 $\mu^-=\infty$이면 $E(X)=\mu^+-\mu^-=-\infty$
5. $\mu^+=\infty$이고 $\mu^-=\infty$이면 $\mu^+-\mu^-=\infty-\infty$이므로 기대값은 존재하지 않는다.

따라서, $\int_{S_X} |x|f_X(x)dx<\infty$일 때, 기대값은

$$E(X)=\int_{S_X} xf_X(x)dx \tag{3.2.7}$$

로 구하여지며, 그 값은 유한이다.

예 3.2.5 표준정규분포의 평균을 구해 보자. 먼저,

$$\begin{aligned}\int_0^\infty x\frac{1}{\sqrt{2\pi}}e^{-\frac{1}{2}x^2}dx &= \lim_{b\to\infty}\int_0^b x\frac{1}{\sqrt{2\pi}}e^{-\frac{1}{2}x^2}dx \\ &= \lim_{b\to\infty}\int_0^{\frac{b^2}{2}} \frac{1}{\sqrt{2\pi}}e^{-y}dy \\ &= \lim_{b\to\infty}\frac{1}{\sqrt{2\pi}}(1-e^{-\frac{b^2}{2}}) \\ &= \frac{1}{\sqrt{2\pi}}\end{aligned}$$

이고, 마찬가지 방법으로

$$\int_{-\infty}^0 |x|\frac{1}{\sqrt{2\pi}}e^{-\frac{1}{2}x^2}dx=\frac{1}{\sqrt{2\pi}}$$

이므로, 표준정규분포의 평균은 정의되고, 위의 계산으로부터 그 값은 $\mu=\frac{1}{\sqrt{2\pi}}-\frac{1}{\sqrt{2\pi}}=0$임을 알 수 있다. ■

기대값의 일반적 정의

확률변수 X에 대하여, $F_X(x)=P_X((-\infty, x])$인 X의 분포함수 F_X를 이용하여 리만-스틸체스적분의 개념을 도입하면 이산형이나 연속형뿐 아니라 그 이외의 일반적인 확률변수 X에 대하여도 다음과 같이 기대값을 정의할 수 있다.

일반적으로 치역이 S_X인 확률변수 X의 기대값 $E(X)$는 다음과 같이 정의한다.

1. 표본공간 S_X의 분할 $S_+=\{x\in S_X : x\geq 0\}$, $S_-=\{x\in S_X : x<0\}$에 대하여
   $\mu^+=\int_{S_+} x dF_X(x)$와 $\mu^-=-\int_{S_-} x dF_X(x)$를 구한다.
2. $\mu^+<\infty$이고 $\mu^-<\infty$, 즉 $\int_{S_X}|x|dF_X(x)<\infty$이면 $E(X)=\mu^+-\mu^-$
3. $\mu^+=\infty$이고 $\mu^-<\infty$이면 $E(X)=\mu^+-\mu^-=\infty$
4. $\mu^+<\infty$이고 $\mu^-=\infty$이면 $E(X)=\mu^+-\mu^-=-\infty$
5. $\mu^+=\infty$이고 $\mu^-=\infty$이면 $\mu^+-\mu^-=\infty-\infty$이므로 기대값은 정의되지 않는다.

따라서, $\int_{S_X}|x|dF_X(x)<\infty$일 때 기대값이

$$E(X)=\int_{S_X} x dF_X(x) \tag{3.2.8}$$

로 구하여지며, 그 값은 유한이다.

예 3.2.6 구간 [0, 1]에서 균일분포를 따르는 확률변수를 U, 확률변수 X를 $X=\max(1/2, U)$라 하면,

$$F_X(x)=P(X\leq x)=P(\max(1/2, U)\leq x)=\begin{cases} 0, & x<1/2 \\ x, & 1/2\leq x<1 \\ 1, & x\geq 1 \end{cases}$$

로 주어진다. 이 함수는 $x=0.5$에서 불연속이므로 이산형과 연속형이 혼합된 형태이며, X의 기대값은 리만-스틸체스적분의 정의에 따라 다음과 같이 계산된다.

$$\begin{aligned} E(X)&=\int_S x dF(x)=\int_{[\frac{1}{2},1]} x dF(x) \\ &=\frac{1}{2}\left[F\left(\frac{1}{2}\right)-F\left(\frac{1}{2}-\right)\right]+\int_{\frac{1}{2}}^{1} x dx \\ &=\frac{1}{4}+\frac{3}{8}=\frac{5}{8} \end{aligned}$$

리만-스틸체스적분은 적분의 영역에서 끝점의 포함 여부에 따라 그 값이 다르므로 적분영역의 표현을 명백히 하여야 한다. 이 예에서 적분을 $\int_{0.5}^{1} xdF(x)$로 나타내면 적분영역이 $[0.5, 1]$, $(0.5, 1)$, $[0.5, 1)$, $(0.5, 1]$의 네 가지 가운데 어느 영역인지가 명확하지 않으며,

$$\int_{[\frac{1}{2},1]} xdF(x)=5/8, \int_{(\frac{1}{2},1]} xdF(x)=3/8$$

이 되어 적분값이 다르게 된다. ■

3.2.2 기대값의 성질

분포함수를 이용하여 기대값을 구하는 방법

기대값의 정의에서 부분적분법을 쓰면 다음 정리를 얻게 된다.

[정리 3.2.1]

1. X의 기대값이 존재하면,

$$E(X)=\int_0^{\infty}[1-F_X(x)]\,dx-\int_{-\infty}^{0}F_X(x)dx \tag{3.2.8}$$

2. $X\geq 0$이면, $E(X)=\int_0^{\infty}[1-F_X(x)]\,dx$
3. $X\geq 0$이고, 특히 X가 정수값만을 취하는 경우에는 $E(X)=\sum_{k=0}^{\infty}P(X>k)$

예 3.2.7 성공률이 p인 기하분포를 따르는 확률변수 X에 대하여

$$P(X>k)=\sum_{x=k+1}^{\infty}p(1-p)^{x-1}=(1-p)^k, \quad k=0, 1, 2, \cdots$$

이므로, X의 기대값은 다음과 같다.

$$E(X)=\sum_{k=0}^{\infty}P(X>k)=\sum_{k=0}^{\infty}(1-p)^k=\frac{1}{p}$$

■

예 3.2.8 모수가 λ인 지수분포의 평균은

$$\mu=\int_0^{\infty}(1-F(x))dx=\int_0^{\infty}e^{-\lambda x}dx=\frac{1}{\lambda}$$

이다. ■

확률변수의 함수에 대한 기대값

하나의 확률변수로부터 함수를 적용시켜 새로운 확률변수를 만들 수 있다. 이와 같이 정의된 확률변수의 기대값에 대하여 생각해 보자.

예 3.2.9 성공률 p인 베르누이분포를 따르는 확률변수 X에 대하여 새로운 확률변수 $Y=\cos\left(\pi\frac{X}{2}\right)$의 분포는

$$P(Y=1)=P(X=0)=1-p, \quad P(Y=0)=P(X=1)=p$$

로 주어진다. 따라서, 기대값의 정의에 따라

$$E(Y)=1\cdot f_Y(1)+0\cdot f_Y(0)=1\cdot(1-p)+0\cdot p=1-p$$

를 얻는다. $\sum_x \cos\left(\pi\frac{x}{2}\right)f_X(x)=\cos(0)f_X(0)+\cos\left(\frac{\pi}{2}\right)f_X(1)=1-p$이므로

$$E(Y)=\sum_x \cos\left(\pi\frac{x}{2}\right)f_X(x)$$

임을 알 수 있다. ■

[정리 3.2.2]

치역이 S_X인 확률변수 X에 대하여 $Y=g(X)$로 정의된 확률변수 Y의 기대값은

$$E(Y)=\int_{S_X} g(x)dF(x) \qquad (3.2.9)$$

로 주어진다.

예 3.2.10 구간 $[0, 1]$에서 균일분포를 따르는 확률변수를 X라 하고 $Y=\sin(2\pi X)$라고 하자. 이 때, Y의 분포를 구하는 것은 다소의 계산을 요구한다. 그러나 Y의 기대값은 위의 정리를 이용하여

$$E(Y)=\int_0^1 \sin(2\pi x)dx=\frac{1}{2\pi}(\cos 0-\cos 2\pi)=0$$

과 같이 간단히 구할 수 있다. ■

특히 $k=1, 2, \cdots$일 때, $g(x)=x^k$이면

$$E(g(X))=E(X^k)=\int_{S_X} x^k dF(x) \qquad \textbf{(3.2.10)}$$

로 주어진다. 이를 X의 **k차 적률**(k-th moment)이라 부르고 기호 μ_k로 나타내며, $E(|X|^k)$를 X의 **k차 절대적률**(k-th absolute moment)이라 부른다. 한편, 위 정리의 내용은 두 개 이상의 확률변수로부터 함수로 정의되는 새로운 확률변수에 대하여도 성립한다. 즉,

$$E[g(X_1, \cdots, X_n)]=\int_{-\infty}^{\infty}\cdots\int_{-\infty}^{\infty} g(x_1, \cdots, x_n)dF(x_1, \cdots, x_n) \qquad \textbf{(3.2.11)}$$

예 3.2.11 단위원 내부 $\{(x, y): x^2+y^2\leq 1\}$에서의 균일분포를 따르는 확률벡터를 (X, Y)라 하고, $Z=\sqrt{X^2+Y^2}$이라고 할 때 Z의 기대값은

$$E(Z)=\iint_{x^2+y^2\leq 1} \sqrt{x^2+y^2}\,\frac{1}{\pi}dxdy$$

이다. 여기에서 변수변환 $x=r\cdot\cos\theta$, $y=r\cdot\sin\theta$을 이용하면 Z의 기대값은 다음과 같이 주어진다.

$$E(Z)=\int_0^{2\pi}\int_0^1 r\frac{1}{\pi}rdrd\theta=\frac{1}{\pi}\int_0^{2\pi}d\theta\int_0^1 r^2dr=\frac{1}{\pi}(2\pi)\left(\frac{1}{3}\right)=\frac{2}{3}$$ ■

기대값의 기본 성질

기대값은 합 또는 적분으로 정의되므로 합 또는 적분의 성질이 곧 기대값의 성질이다.

[정리 3.2.3]

확률변수 X, Y의 기대값이 유한일 때, 다음이 성립한다.

1. **단조성**(monotonisity) : $X\geq Y$이면 $E(X)\geq E(Y)$
2. **선형성**(linearity): $E(aX+bY)=aE(X)+bE(Y)$ (a, b는 상수)
3. X, Y가 서로 독립이면, $E(XY)$가 유한이고, $E(XY)=E(X)E(Y)$.

$Y=1$인 경우를 생각하면 선형성은 $E(aX+b)=aE(X)+b$, $E(1)=1$이 되고, $Y=0$인 경우를 생각하면 단조성은 $X\geq 0$이면 $E(X)\geq 0$이 된다.

예 3.2.12 $X_1, X_2, \cdots, X_n$이 서로 독립이고 모두 성공률이 p인 베르누이분포를 따를

때, $S_n = X_1 + X_2 + \cdots + X_n$은 이항분포 $Bin(n, p)$를 따르게 된다. $E(X_i) = p$, $i = 1, 2, \cdots, n$이므로, $E(S_n) = E(X_1) + E(X_2) + \cdots + E(X_n) = np$를 얻는다. 즉, 선형성을 이용하면 이항분포의 평균을 보다 쉽게 구할 수 있다. ■

예 3.2.13 **(matching problem)** 서로 마주보고 서게 되는 부부의 수 X의 기대값을 구하여 보자. i번째 부부가 서로 마주보고 서게 되는 사건을 A_i, 사건 A_i의 지표함수를 I_i라 하면 $X = I_1 + I_2 + \cdots + I_n$으로 표현된다. 여기서, $E(I_i) = P(I_i = 1) = 1/n$이므로 $E(X) = n \cdot (1/n)$이다. ■

다음은 두 확률변수의 곱에 대한 중요한 부등식이다.

[정리 3.2.4] 코시-슈바르츠의 부등식

임의의 두 확률변수 X, Y에 대하여 다음이 성립한다. 이를 **코시-슈바르츠의 부등식** (Cauchy-Schwarz's inequality)이라 부른다.

$$E|XY| \le \sqrt{E(X^2)}\sqrt{E(Y^2)} \qquad \textbf{(3.2.12)}$$

예 3.2.14 결합분포가 $P(X = x_i, Y = y_i) = \dfrac{1}{n}$, $i = 1, 2, \cdots, n$으로 주어지는 두 확률변수 X, Y를 생각하면

$$E(XY) = \frac{x_1y_1 + x_2y_2 + + x_ny_n}{n},$$

$$E(X^2) = \frac{x_1^2 + x_2^2 + \cdots + x_n^2}{n},$$

$$E(Y^2) = \frac{y_1^2 + y_2^2 + \cdots + y_n^2}{n},$$

따라서, 위의 정리를 적용하면 다음 부등식을 얻는다.

$$(x_1y_1 + \cdots + x_ny_n)^2 \le (x_1^2 + \cdots + x_n^2)(y_1^2 + \cdots + y_n^2)$$ ■

3.2.3 분산

$g(X) = (X - E(X))^2$의 기대값을 X의 **분산**(variance)이라 부르고, 기호 $Var(X)$ 또는 σ_X^2으로 나타낸다. 기대값의 성질을 이용하면 분산은

$$Var(X)=E[(X-E(X))^2]=E(X^2)-E(X)^2 \tag{3.2.13}$$

으로 구할 수 있다. X의 분산을 분포 P_X의 분산이라고도 부른다. 기대값의 성질로부터 분산은 항상 0 이상이며, 분산의 음이 아닌 제곱근을 **표준편차**(standard deviation)라 부르고, 기호 σ_X를 써서 나타낸다.

예 3.2.15 지표함수 I_A에 대하여는 $I_A^2=I_A$이므로 $E(I_A^2)=E(I_A)=P(A)$이다. 따라서, $Var(I_A)=E(I_A^2)-E(I_A)^2=P(A)-P(A)^2=P(A)(1-P(A))$를 얻는다. 마찬가지로, X가 성공률이 p인 베르누이 확률변수이면 $Var(X)=p(1-p)$가 된다. ■

예 3.2.16 표준정규분포의 평균은 0이므로 그 분산은 부분적분법을 이용하여 다음과 같이 계산할 수 있다.

$$\begin{aligned}\int_{-\infty}^{\infty} x^2 \frac{1}{\sqrt{2\pi}} e^{-\frac{1}{2}x^2} dx &= 2\int_0^{\infty} x^2 \frac{1}{\sqrt{2\pi}} e^{-\frac{1}{2}x^2} dx \\ &= \frac{2}{\sqrt{2\pi}} \left\{ [-xe^{-\frac{1}{2}x^2}]_0^{\infty} + \int_0^{\infty} e^{-\frac{1}{2}x^2} dx \right\} \\ &= \frac{2}{\sqrt{2\pi}} \int_0^{\infty} e^{-\frac{1}{2}x^2} dx \\ &= \int_{-\infty}^{\infty} \frac{1}{\sqrt{2\pi}} e^{-\frac{1}{2}x^2} dx \\ &= 1\end{aligned}$$

즉, 표준정규분포의 분산은 1이다. ■

[정리 3.2.5]

a, b가 상수이면, 분산에 관하여 다음 식이 성립한다.

1. $Var(b)=0$
2. $Var(aX)=a^2Var(X)$
3. $Var(aX+b)=a^2Var(X)$

3.2.4 공분산과 상관계수

두 확률변수 X, Y의 관계를 나타내는 척도로서 $(X-E(X))(Y-E(Y))$의 기대값이 유한일 때 이 기대값을 X와 Y의 **공분산**(covariance)이라 부르고, 기호로는 $Cov(X, Y)$로 나타낸다. 기대값의 성질을 이용하면 공분산의 계산은

$$Cov(X, Y)=E(XY)-E(X)E(Y) \tag{3.2.14}$$

와 같이 할 수 있다. 또한, X와 Y를 **표준화**(normalization)시킨 X/σ_X와 Y/σ_Y의 공분산을 X와 Y의 **상관계수**(correlation coefficient)라 부르고, 기호로는 $Corr(X, Y)$ 또는 $\rho_{X,Y}$로 나타낸다. 즉,

$$Corr(X, Y)=\frac{Cov(X, Y)}{\sqrt{Var(X)}\sqrt{Var(Y)}} \tag{3.2.15}$$

코시-슈바르츠의 부등식을 $X-E(X)$, $Y-E(Y)$에 적용하면 X와 Y의 분산이 유한인 경우 항상 $|Corr(X, Y)|\le 1$이 성립함을 알 수 있다.

[정리 3.2.6]

공분산에 대하여 다음 식이 성립한다.

1. $Cov(X, X)=Var(X)$
2. $Cov(aX+b, cY+d)=acCov(X, Y)$
3. $Cov(\sum_{i=1}^{m}a_iX_i, \sum_{j=1}^{n}b_jY_j)=\sum_{i=1}^{m}\sum_{j=1}^{n}a_ib_jCov(X_i, Y_j)$
4. $Var(aX+bY)=a^2Var(X)+b^2Var(Y)+2abCov(X, Y)$
5. X, Y가 서로 독립이면 $Cov(X, Y)=0$
6. X, Y가 서로 독립이면 $Var(X+Y)=Var(X)+Var(Y)$

예 3.2.17 **(matching problem)** 서로 마주보고 서게 되는 부부의 수를 X라 할 때, X의 분산을 구하여 보자. i번째 부부가 서로 마주보고 서게 되는 사건을 A_i, 사건 A_i의 지표함수 I_i에 대하여 $X=I_1+I_2+\cdots+I_n$이고, 각 I_i는 성공률 $1/n$인 베르누이분포를 따르므로

$$E(I_i)=\frac{1}{n},\ Var(I_i)=\frac{1}{n}\left(1-\frac{1}{n}\right)=\frac{n-1}{n^2}$$

이다. 또한, $i\neq j$인 i, j에 대하여 $E(I_iI_j)=P(I_i=1, I_j=1)=\frac{1}{n(n-1)}$이므로

$$Cov(I_iI_j)=E(I_iI_j)-E(I_i)E(I_j)=\frac{1}{n(n-1)}-\frac{1}{n^2}=\frac{1}{n^2(n-1)}$$

이므로, X의 분산은

$$\begin{aligned} Var(X) &= \sum_{i=1}^{n} Var(I_i) + \sum_{i \neq j}^{n} Cov(I_i, I_j) \\ &= n\frac{n-1}{n^2} + n(n-1)\frac{1}{n^2(n-1)} \\ &= 1 \end{aligned}$$

로 주어진다. ▣

예 3.2.18 **(이항분포)** 서로 독립이고 성공률이 p인 n개의 베르누이 확률변수의 합은 $Bin(n, p)$를 따른다. 따라서, 이항분포 $Bin(n, p)$의 분산은 $np(1-p)$이다. ▣

예 3.2.19 **(다항분포)** 셀확률이 p_j, $j=1, \cdots, k$로 주어져 있는 k셀 다항시행을 n번 독립시행할 때, 셀번호 j가 나타나는 횟수를 $X_j(j=1, \cdots, k)$라고 하면, $X_1, \cdots, X_k$의 결합분포는 다항분포

$$P(X_1=x_1, \cdots, X_k=x_k) = \binom{n}{x_1, \cdots, x_k} p_1^{x_1} p_2^{x_2} \cdots p_k^{x_k}, \ \sum_{i=1}^{k} x_i = n$$

으로 주어진다. 이 확률벡터 $(X_1, \cdots, X_k)$에 대하여 X_i, X_j, $(i \neq j)$의 공분산을 구하여 보자. i번째 시행에서 j번째 셀의 결과가 나오는 사건을 A_{ij}라 하고 A_{ij}의 지표함수를 I_{ij}라고 하면

$$X_j = \sum_{i=1}^{n} I_{ij}$$

이고, 여기서 I_{ij}, $i=1, 2, \cdots, n$ $j=1, 2, \cdots, k$는 첫 첨자 i가 다르면 서로 독립이며, 성공률이 $P(I_{ij}=1)=p_j$로 주어지는 베르누이분포를 따른다. 따라서,

$$E(X_j) = np, \ Var(X_j) = np_j(1-p_j)$$

로 주어진다. 또한, $h \neq j$일 때

$$\begin{aligned} Cov(X_h, X_j) &= Cov(\sum_{i=1}^{n} I_{ih}, \sum_{l=1}^{n} I_{lj}) \\ &= \sum_{i=1}^{n} \sum_{l=1}^{n} Cov(I_{ih}, I_{lj}) \end{aligned}$$

이고, $i \neq l$일 때에 I_{ih}, I_{lj}는 서로 독립이므로 $Cov(I_{ih}, I_{lj})=0$을 이용하면

$$\sum_{i=1}^{n} \sum_{l=1}^{n} Cov(I_{ih}, I_{lj}) = \sum_{i=1}^{n} Cov(I_{ih}, I_{ij})$$

가 성립한다. 따라서,

$$Cov(X_h, X_j)=\sum_{i=1}^{n} Cov(I_{ih}, I_{ij})$$

가 된다. 한편, i번째 시행에서 두 결과가 동시에 일어날 수 없으므로

$$I_{ih}I_{ij}=0(h\neq j)$$

이다. 따라서, $h\neq j$일 때에

$$Cov(I_{ih}, I_{ij})=E(I_{ih}I_{ij})-E(I_{ih})E(I_{ij})=-p_h p_j$$

이다. 그러므로 X_h와 X_j의 공분산은

$$Cov(X_h, X_j)=-np_h p_j, (h\neq j)$$

로 주어지고, X_h와 X_j는 음의 상관관계를 갖는다. ■

X, Y가 서로 독립이면 공분산은 0이지만, 그 역은 성립하지 않는다.

예 3.2.20 단위원의 내부 $\{(x, y): x^2+y^2\leq 1\}$에서의 균일분포를 따르는 확률벡터를 (X, Y)라고 할 때, X와 Y의 공분산과 상관계수를 구하여 보자. XY의 기대값은

$$E(XY)=\iint_{x^2+y^2\leq 1} xy\frac{1}{\pi}dxdy$$

로 주어지고, 여기에서 $x=r\cos\theta$, $y=r\sin\theta$의 변수변환을 하면

$$\begin{aligned}E(XY)&=\int_0^{2\pi}\int_0^1 r^2\cos\theta\sin\theta\frac{1}{\pi}rdrd\theta\\&=\frac{1}{\pi}\int_0^{2\pi}\cos\theta\sin\theta d\theta\int_0^1 r^{3dr}\\&=\frac{1}{\pi}\left[\frac{1}{2}\sin^2\theta\right]_0^{2\pi}\left[\frac{1}{4}r^4\right]_0^1=0\end{aligned}$$

임을 알 수 있다. 마찬가지 방법으로 $E(X)=0$, $E(Y)=0$임을 알 수 있고, 따라서 X와 Y의 상관계수는 $Corr(X, Y)=0$으로 주어진다. 그러나 X와 Y가 서로 독립은 아니다. 이 예와 같이 두 확률변수의 상관계수가 0일 때, 두 확률변수는 **상관이 없다**(uncorrelated)고 말한다.

■

3.3 조건부기대값

3. 3. 1 조건부분포

X가 이산확률변수이면 $X=x$일 때, Y에 관한 사건 $Y\in A$의 **조건부확률**은

$$P(Y\in A\,|\,X=x)=\frac{\mathrm{P}(Y\in A,\ X=x)}{\mathrm{P}(X=x)} \tag{3.3.16}$$

로 주어진다.

예 3.3.1 성공률이 $p(0<p<1)$이고 서로 독립인 베르누이확률변수 $X_1,\ X_2,\ \cdots,\ X_n$에 대하여 $S_n=X_1+X_2+\cdots+X_n$이라 하자. $S_n=k(0\leq k\leq n)$일 때 $i\leq n$에서 사건 $\{X_i=1\}$에 관한 조건부확률을 구하면

$$P(X_i=1\,|\,S_n=k)=\frac{P(X_i=1,\ S_n=k)}{\mathrm{P}(S_n=k)}=\frac{\binom{n-1}{k-1}p^{k-1}(1-p)^{n-k}p}{\binom{n}{k}p^k(1-p)^{n-k}}=\frac{k}{n}$$

로 주어진다. ■

이제 X가 연속확률변수일 때 조건부확률을 생각해 보자. 이 경우에는 임의의 $x\in S$에 대하여도 사건 $\{X=x\}$의 확률이 0이므로 앞에서와 같은 방법으로는 조건부확률을 구할 수 없으며, 이를 해결하는 데 어려움이 따르게 된다. 이제, 다음의 예를 통하여 이와 같은 어려움을 어떻게 해결할 수 있는지 알아보자.

예 3.3.2 확률벡터 $(X,\ Y)$의 결합밀도함수가 $f(x,\ y)=\frac{1}{2},\ 0\leq y\leq x\leq 2$로 주어져 있다. $X,\ Y$는 2차원 평면의 삼각형 내부에서 균일분포를 따른다. 이제, $X=1$일 때 사건 $\left\{Y\leq\frac{1}{2}\right\}$의 조건부확률에 대하여 알아보자. $\Delta x>0$이면 $P(1-\Delta x<X<1)>0$이므로 조건부확률 $P\left(Y\leq\frac{1}{2}\,|\,1-\Delta x<X<1\right)>0$은 정의된다. 실제로, X의 주변밀도는

$$f_X(x)=\int_0^\infty f(x,\ y)dy=\begin{cases}\frac{1}{2}x,\ 0\leq x\leq 2\\ 0,\ x<0 \text{ 또는 } x>2\end{cases}$$

이므로 $\Delta x>0$일 때,

$$P(1-\Delta x<X<1)=\int_{1-\Delta x}^{1}\frac{x}{2}dx=\frac{\Delta x}{2}-\frac{\Delta x^2}{4},$$

$$P\left(1-\Delta x<X<1,\, Y\leq\frac{1}{2}\right)=\int_{1-\Delta x}^{1}\int_{0}^{\frac{1}{2}}\frac{1}{2}dydx=\frac{\Delta x}{4}$$

로 주어진다. 따라서, $P\left(Y\leq\frac{1}{2}\,\middle|\,1-\Delta x<X<1\right)=\dfrac{\frac{\Delta x}{4}}{\frac{\Delta x}{2}+\frac{\Delta x^2}{4}}=\dfrac{1}{2+\Delta x}$을 얻는다. 즉, $\Delta x\to 0$일 때의 극한값을 이용하여, $X=1$일 때의 $Y\leq\frac{1}{2}$에 대한 조건부확률을 구하면 $\lim_{\Delta x\to 0}P\left(Y\leq\frac{1}{2}\,\middle|\,1-\Delta x<X<1\right)=\frac{1}{2}$로 얻어진다. ■

일반적으로, 연속확률변수 X에 대하여 $X=x$일 때, 사건 $\{Y\in A\}$의 조건부확률 $P_Y(A|X=x)$를

$$P_Y(A|X=x)=P(Y\in A|X=x)=\lim_{\Delta x\to 0}P_Y(A|x-\Delta x<X\leq x) \qquad \textbf{(3.3.17)}$$

와 같이 정의한다. 그러나 이와 같은 정의는 X가 주어질 때마다 극한의 존재성을 다루어야 하는 것과 같은 복잡성이 있으며, 이에 따라 대학원 과정의 확률론에서는 **측도론**(measure theory)에서 다루게 되는 **르베크 적분론**(Lebesque integration)의 이론을 도입하여 조건부확률을 새로이 정의하게 된다.

X가 이산확률변수일 때에는 고정된 x에 대하여 $P_Y(\cdot|X=x)$는 확률의 성질을 갖게 된다. 예를 들어, 사건 A_1, A_2, …가 서로 배반이면

$$\begin{aligned}P_Y(\cup_{i=1}^{\infty}A_i|X=x)&=\lim_{\Delta x\to 0}P_Y(\bigcup_{i=1}^{\infty}A_i|x-\Delta x<X\leq x)\\&=\lim_{\Delta x\to 0}\sum_{i=1}^{\infty}P_Y(A_i|x-\Delta x<X\leq x)\\&=\sum_{i=1}^{\infty}P_Y(A_i|X=x)\end{aligned}$$

와 같이 하여 $P_Y(\cdot|X=x)$가 가산가법성을 갖게 된다. 이와 같은 성질은 X가 연속확률변수일 때에도 성립하며, 따라서 다음의 정리가 성립되게 된다.

[정리 3.3.1]

임의의 고정된 X의 값 x에 대하여 다음이 성립한다.

1. 임의의 사건 A에 대하여 $P_Y(A|X=x)\geq 0$
2. Y의 치역 S_Y에 대하여 $P_Y(S_Y|X=x)=1$
3. A_1, A_2, …가 서로 배반이면 $P_Y(\cup_{i=1}^{\infty}A_i|X=x)=\sum_{i=1}^{\infty}P_Y(A_i|X=x)$

즉, $P_Y(\cdot|X=x)$는 확률이고, 이러한 의미에서 $P_Y(\cdot|X=x)$를 $X=x$일 때 Y의 **조건부분포**(conditional distribution)라고 부른다. 조건부분포도 크게 이산형과 연속형의 두 가지로 분류될 수 있다. Y가 이산형의 경우에는

$$f_{Y|X}(y|x)=P(Y=y|X=x) \tag{3.3.18}$$

로 정의되는 함수 $f_{Y|X}(\cdot|x)$를 $X=x$일 때 Y의 **조건부(확률)질량함수**(conditional probability mass function)라 한다. 또한, X일 때 Y에 관한 조건부확률이

$$P_Y((a, b]|X=x)=\int_a^b f_{Y|X}(y|x)dy \tag{3.3.19}$$

로 함수 $f_{Y|X}(\cdot|x)$의 적분으로 주어질 때, 함수 $f_{Y|X}(\cdot|x)$를 $X=x$일 때 Y의 **조건부(확률)밀도함수**(conditional probability density function)라고 부른다. $X=x$일 때 Y의 조건부분포에 대하여

$$F_{Y|X}(y|x)=P_Y((-\infty, y]|X=x) \tag{3.3.20}$$

로 정의된 함수 $F_{Y|X}(\cdot|X=x)$를 $X=x$일 때 Y의 조건부분포함수(conditional distribution function)라고 부른다. 한편, 이와 같은 조건부분포가 이산형일 때에는

$$f_{Y|X}(y|x)=F_{Y|X}(y|x)-F_{Y|X}(y-|x)$$

와 같이 하여 조건부질량함수를 조건부분포함수로부터 구할 수 있다. 또한, 연속형의 조건부분포의 경우에는 조건부밀도함수 $f_{Y|X}(\cdot|x)$가 연속인 점 y에 대하여

$$f_{Y|X}(y|x)=\frac{\partial}{\partial y}F_{Y|X}(y|x) \tag{3.3.21}$$

로 주어지게 된다.

일반적으로 조건부질량(밀도)함수를 결합질량(밀도)함수와 주변질량(밀도)함수로부터 구하는 방법에 대하여 생각해 보자. 확률변수 X, Y의 결합분포가 이산형일 경우에는 $X=x$일 때 Y의 조건부질량함수는

$$f_{Y|X}(y|x)=P(Y=y|X=x)=\frac{P(X=x, Y=y)}{P(X=x)}=\frac{f_{X,Y}(x, y)}{f_X(x)}$$

와 같이 구할 수 있다. 또한 X, Y의 결합분포가 연속형일 때에는

$$f_{Y|X}(y|x)=\frac{\partial}{\partial y}F_{Y|X}(y|x)=\frac{\partial}{\partial y}\lim_{\Delta x\to 0}P(Y\le y|x-\Delta x<X<x)$$

$$= \frac{\partial}{\partial y} \lim_{\Delta x \to 0} \frac{\int_{-\infty}^{y} \int_{x-\Delta x}^{x} f_{X,Y}(u, v)dudv}{f_X(x)\Delta x}$$

$$= \frac{\partial}{\partial y} \lim_{\Delta x \to 0} \frac{\int_{-\infty}^{y} f_{X,Y}(x, v)dv\Delta x}{f_X(x)\Delta x}$$

$$= \frac{f_{X,Y}(x, y)}{f_X(x)}$$

와 같이 하여

$$f_{Y|X}(y|x) = \frac{f_{X,Y}(x, y)}{f_X(x)} \tag{3.3.22}$$

로 구할 수 있으며, X, Y가 서로 독립이면 모든 x에 대하여 $f_{Y|X}(\cdot|x) = f_Y(\cdot)$가 성립한다. 조건부질량(밀도)함수에 관한 위의 식들은 결합분포가 이산형 또는 연속형인 경우 이외에도 성립한다. 예를 들어, 한 변수는 연속형이고 다른 한 변수는 이산형인 때에도 성립하는 것이다.

예 3.3.3 두 확률변수 X, Y가 각각의 평균과 분산이 μ_1, μ_2, σ_1^2, σ_2^2이고 상관계수가 ρ, $(|\rho| < 1)$인 이변량 정규분포를 따른다고 하자. 이 때, X의 주변분포는 평균이 μ_1, 분산이 σ_1^2인 정규분포를 따른다. 따라서, $X = x$일 때 Y의 조건부밀도함수는 다음과 같이 구해진다.

$$f_{Y|X}(y|x) = \frac{f_{X,Y}(x, y)}{f_X(x)}$$
$$= \frac{1}{\sqrt{2\pi(1-\rho^2)}\sigma_2} \exp\left[-\frac{1}{2(1-\rho^2)\sigma_2^2}\left\{y - \mu_2 - \rho\frac{\sigma_2}{\sigma_1}(x - \mu_1)\right\}^2\right]$$

즉, $X = x$일 때 Y의 조건부분포는 평균과 분산이 $\mu_2 + \rho\frac{\sigma_2}{\sigma_1}(x - \mu_1)$과 $(1-\rho^2)\sigma_2^2$으로 주어지는 정규분포이다. ■

3.3.2 조건부분포의 성질

앞 절에서는 $X = x$일 때 Y의 조건부분포 $P_Y(\cdot|X = x)$에 관하여 다루었다. 이제, 사건 B를 고정시킨 후 $(X = x)$를 조건으로 하는 조건부확률 $P_Y(B|X = x) = P(Y \in B|X = x)$를 x의 함수로서 생각해 보자. X가 이산변수인 경우,

$$\sum_{x \in A} P_Y(B|X = x)f_X(x) = \sum_{x \in A} P(Y \in B|X = x)P(X = x)$$
$$= \sum_{x \in A} P(Y \in B, X = x)$$

$$=P(X\in B,\ Y\in B)$$

가 성립한다. 이와 같은 성질은 X가 일반적인 경우에도 성립하며, 따라서 다음의 정리를 얻는다.

[정리 3.3.2]

임의의 A, B에 대하여

$$P(X\in A,\ Y\in B)=\int_A P_Y(B\mid X=x)\,dF_X(x) \qquad \textbf{(3.3.23)}$$

가 성립한다.

〔정리 3.3.2〕에서 사건 A가 실수 전체집합이라면 $P(X\in A,\ Y\in B)=P(Y\in B)$이므로,

$$P(Y\in B)=\int_{-\infty}^{\infty} P(Y\in B\mid X=x)\,dF_X(x)$$

인 **전확률법칙**을 다시 얻게 된다. 다음은 조건부확률의 매우 중요한 성질이다.

[정리 3.3.3]

1. $P(g(X,\ Y)\in A\mid X=x)=P(g(x,\ Y)\in A\mid X=x)$
2. X, Y가 서로 독립이면 $P(g(X,\ Y)\in A\mid X=x)=P(g(x,\ Y)\in A)$

〔정리 3.3.3〕을 이용하면 서로 독립인 확률변수들의 합의 분포를 각 주변분포를 이용하여 구하는 공식인 **포갬공식**(convolution formula)을 얻을 수 있다. 즉, 두 확률변수 X, Y가 서로 독립이면

$$\begin{aligned}P(X+Y\le z)&=\int_{-\infty}^{\infty} P(X+Y\le z\mid X=x)\,dF_X(x)\\&=\int_{-\infty}^{\infty} P(Y\le z-x)\,dF_X(x)\\&=\int_{-\infty}^{\infty} F_Y(z-x)\,dF_X(x)\end{aligned} \qquad \textbf{(3.3.24)}$$

가 성립한다. 이로부터 $(X,\ Y)$가 연속형일 때에는 $X+Y$의 밀도함수가

$$f_{X+Y}(z)=\int_{-\infty}^{\infty} f_Y(z-x)f_X(x)\,dx \qquad \textbf{(3.3.25)}$$

로 주어지고, (X, Y)가 이산형일 때에는 $X+Y$의 질량함수가

$$f_{X+Y}(z)=\sum_x f_Y(z-x)f_X(x) \tag{3.3.26}$$

로 주어진다. 즉, 각 주변질량(밀도)함수를 포개어서 생긴 함수는 서로 독립인 확률변수의 합의 질량(밀도)함수인 것이다. 두 밀도함수 f, g의 **포갬**(convolution)은 기호 $f*g$로 나타낸다. 즉,

$$f*g(z)=\int_{-\infty}^{\infty} f(z-y)g(y)dy=\int_{-\infty}^{\infty} g(z-x)f(x)dx \tag{3.3.27}$$

예 3.3.4 X, Y가 서로 독립이고 성공률이 p인 기하분포를 따른다면,

$$\begin{aligned}f_{X+Y}(k)=f_X*f_Y(k)&=\sum_{j=-\infty}^{\infty} f_Y(k-j)f_X(j)\\&=\sum_{j=1}^{k-1} f_Y(k-j)f_X(j)\\&=\sum_{j=1}^{k-1}(1-p)^{k-j-1}p(1-p)^{j-1}p\\&=\sum_{j=1}^{k-1}(1-p)^{k-2}p^2\\&=(k-1)(1-p)^{k-2}p^2,\ k\geq 2\end{aligned}$$

를 얻는다. 이를 확장하여 서로 독립이고 모두 성공률이 p인 기하분포를 따르는 확률변수 X_1, X_2, ⋯, X_n의 합 $X_1+X_2+\cdots+X_n$의 질량함수는

$$\binom{k-1}{n-1}(1-p)^{k-n}p^n,\ k=n, n+1, \cdots$$

로 얻어지게 되며, 따라서 서로 독립인 기하확률변수의 합은 음이항분포를 따름을 알 수 있다. ■

예 3.3.5 **(비상대기시스템)** 동일한 성능을 가진 두 엔진이 장착되어 있는 기계가 있다. 이 기계는 먼저 엔진에 의하여 작동되며 엔진 1의 기능이 정지될 때에는 즉시 엔진 2가 기능하여 이 기계가 작동된다. 이와 같은 모형을 **비상대기시스템**(standby system)이라 부른다. 이제 각 엔진이 기능을 다 할 때까지의 수명시간이 모두 모수가 λ인 지수분포를 따를 때, 이 기계의 수명은 어떤 분포를 따르는지 알아보자. 엔진 1과 엔진 2의 수명시간을 X, Y라 하면 이 기계의 수명은 $X+Y$이고, X, Y가 서로 독립이라면 다음의 결과를 얻는다.

$$f_{X+Y}(z)=\int_{-\infty}^{\infty} f_Y(z-x)f_X(x)dx=\int_0^z f_Y(z-x)f_X(x)dx$$

$$=\int_0^z \lambda e^{-\lambda(z-x)}\lambda e^{-\lambda x}dx=\int_0^z \lambda^2 e^{-\lambda z}dx$$
$$=\lambda^2 z e^{-\lambda z},\ z\geq 0$$

즉, 엔진의 수명이 모수가 λ인 지수분포를 따르고 비상대기엔진이 1대인 기계의 수명은 그 밀도함수가 $\lambda^2 z e^{-\lambda z}$, $z\geq 0$으로 주어진다. ■

일반적으로, X_1, X_2, …, X_n이 서로 독립이고 모두 모수가 λ인 지수분포를 따를 때, 합 $X_1+X_2+\cdots+X_n$의 밀도함수를 구하여 보면

$$\frac{\lambda^n z^{n-1} e^{-\lambda z}}{(n-1)!},\ z\geq 0$$

으로 얻게 되며, 이를 모수가 (n, λ)인 **에르랑분포**(Erlang distribution)라 부른다. 에르랑분포는 밀도함수가 다음과 같이 주어지는 분포에서 모수 α가 자연수인 특수한 경우이다.

$$\frac{\lambda^\alpha z^{\alpha-1} e^{-\lambda z}}{\Gamma(\alpha)},\ z\geq 0,\ \alpha\geq 0,\ \lambda\geq 0$$

이 분포를 모수가 $\{\alpha, \lambda\}$인 **감마분포**(gamma distribution)라 부르고 $Gam(\alpha, \lambda)$로 나타낸다. 〔그림 3.1〕은 $Gam(5, 5)$의 확률밀도함수를 그린 것이다.

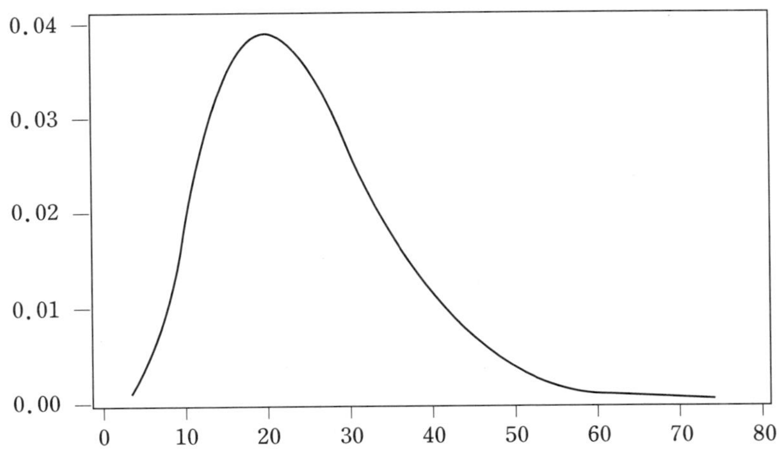

▌그림 3.1 ▌ 감마분포

예 3.3.6 서로 독립이고 모두 모수가 λ인 지수분포 Exp(λ)를 따르는 두 확률변수 X_1, X_2에 대하여 $Z=\dfrac{X_1}{X_1+X_2}$라 할 때, Z의 분포를 구하여 보자. Z, X_1, X_2의 밀도함수

를 각각 f_z, f_1, f_2라 놓으면, $0 \le z \le 1$일 때 $\Delta z \approx 0$이면

$$\begin{aligned} f_Z(z)\Delta z &\approx P\left(z < \frac{X_1}{X_1+X_2} \le z+\Delta z\right) \\ &= \int_0^\infty P\left(z < \frac{X_1}{X_1+s} \le z+\Delta z \mid X_2 = s\right) f_2(s)ds \\ &= \int_0^\infty P\left(z < \frac{X_1}{X_1+X_2} \le z+\Delta z \mid X_2 = s\right) f_2(s)ds \\ &= \int_0^\infty P\left(\frac{zs}{1-z} < X_1 \le \frac{(z+\Delta z)s}{1-z-\Delta z}\right) f_2(s)ds \end{aligned}$$

그런데, $\frac{(z+\Delta z)s}{1-z-\Delta z} - \frac{zs}{1-z} = \frac{s}{(1-z-\Delta z)(1-z)}\Delta z \approx \frac{s}{(1-z)^2}\Delta z$이므로

$$\begin{aligned} f_Z(z)\Delta z &= \int_0^\infty f_1\left(\frac{zs}{1-z}\right)\frac{s}{(1-z)^2}\Delta z f_2(s)ds \\ &= \int_0^\infty \lambda e^{-\frac{\lambda zs}{1-z}}\frac{s}{(1-z)^2}\Delta z \lambda e^{-\lambda s}ds \\ &= \int_0^\infty \lambda^2 \frac{s}{(1-z)^2} e^{-\frac{\lambda s}{1-z}} ds \Delta z \\ &= \Delta z,\ 0 \le z \le 1 \end{aligned}$$

이고, 따라서 $f_{Z(z)} = 1,\ 0 \le z \le 1$이다. 즉, $Z = \frac{X_1}{X_1+X_2}$은 구간 $[0, 1]$에서 균일분포를 따른다. ■

3.3.3 조건부기대값

조건부기대값을 논의할 때에는 언제나 $\int_{-\infty}^{\infty} |y| dF_{Y|X}(y|x) < \infty$를 가정한다. 이 가정하에서는 정적분 $\int_{-\infty}^{\infty} y dF_{Y|X}(y|x)$는 유한이며, 이를 $X=x$일 때 Y의 **조건부기대값**(conditional expectation) 또는 $X=x$일 때 Y의 조건부분포인 $P_Y(\cdot|X=x)$의 평균이라 하고, 기호로는 $E(Y|X=x)$로 나타낸다. 즉, 조건부분포가 연속형일 때에는

$$E(Y|X=x) = \int_{-\infty}^{\infty} y f_{Y|X}(y|x)dy \tag{3.3.28}$$

로 정의하며, 조건부분포가 이산형일 때에는

$$E(Y|X=x) = \sum_y y f_{Y|X}(y|x) \tag{3.3.29}$$

로 정의된다. 기대값과 마찬가지로 조건부기대값에 대하여 다음의 성질들이 성립한다.

1. $E(g(Y)\mid X=x)=\int_{-\infty}^{\infty} g(y)dF_{Y\mid X}(y\mid x)$
2. (단조성) $X \geq Y$이면 $E(X\mid Z=z) \geq E(Y\mid Z=z)$
3. (선형성) $E(aX+bY\mid Z=z)=aE(X\mid Z=z)+bE(Y\mid Z=z)$
4. X, Y가 서로 독립이면 $E(Y\mid X=x)=E(Y)$
5. $E(g(X, Y)\mid X=x)=E(g(x, Y)\mid X=x)$
6. $E(Y)=\int_{-\infty}^{\infty} E(Y\mid X=x)dF_X(x)$

조건부기대값의 계산은 조건부확률의 경우와 마찬가지로 X, Y가 서로 독립인 경우에 용이하게 될 수 있다. 다음의 정리는 이와 같은 경우에 매우 유용하다.

[정리 3.3.4]

두 확률변수 X, Y가 서로 독립이면 다음이 성립한다.

1. $E(g(X, Y)\mid X=x)=E(g(x, Y))$,
2. $E(u(X)v(Y)\mid X=x)=u(x)E(vY))$.

조건부기대값 $h(x)=E(Y\mid X=x)$는 x의 함수이므로 확률변수 $h(X)$를 생각할 수 있다. 이와 같이 정의되는 확률변수를 $h(X)=E(Y\mid X)$로 나타내고, 이 확률변수를 X가 주어질 때 Y의 **조건부기대값**이라 부른다. 즉, 조건부기대값 $E(Y\mid X)$는 확률변수이다. 다시 말하면, $E(Y\mid X)$는 $\{X=x\}$일 때 $h(x)=E(Y\mid X=x)$인 값을 취하는 확률변수인 것이다. 따라서, 다음 정리가 성립한다.

[정리 3.3.5]

확률변수 X, Y, Z에 대하여 다음이 성립한다.

1. (단조성) $X \geq Y$이면 $E(X\mid Z) \geq E(Y\mid Z)$
2. (선형성) $E(aX+bY\mid Z)=aE(X\mid Z)+bE(Y\mid Z)$, ($a, b$는 상수)
3. $E(Y)=E(E(Y\mid X))$

[정리 3.3.6]

두 확률변수 X, Y가 서로 독립이면 다음이 성립한다.

1. X, Y가 서로 독립이면 $E(Y|X)=E(Y)$
2. $E(u(X)v(Y)|X)=u(X)E(v(Y))$.

조건부기대값에서와 같이, **조건부분산**(conditional variance)은 조건부분포의 분산으로 정의한다. 즉, $X=x$일 때 Y의 조건부분산은

$$Var(Y|X=x)=E[(Y-E(Y|X=x))^2|X=x] \qquad \textbf{(3.3.30)}$$

이다. 분산과 마찬가지로 조건부분산의 계산은

$$Var(Y|X=x)=E(Y^2|X=x)-[E(Y|X=x)]^2 \qquad \textbf{(3.3.30)}$$

과 같이 할 수 있다. 조건부분산에 대하여 $h(x)=Var(Y|X=x)$로 정의된 함수 $h(x)$에 대하여 조건부기대값에서와 같이 확률변수로서의 조건부분산 $h(X)=Var(Y|X)$를 생각할 수 있다. 이와 관련하여 다음과 같은 정리가 성립한다.

[정리 3.3.7]

$$Var(Y)=E[Var(Y|X)]+Var[E(Y|X)] \qquad \textbf{(3.3.31)}$$

예 3.3.7 X, Y가 각각의 평균과 분산이 μ_1, μ_2, σ_1^2, σ_2^2이고 상관계수가 $\rho(|\rho|<1)$인 이변량정규분포(연습문제 23번 참조)를 따르는 경우 $X=x$일 때 Y의 조건부분포는 평균과 분산이 각각 $\mu_2+\rho\frac{\sigma_2}{\sigma_1}(x-\mu_1)$과 $(1-\rho^2)\sigma_2^2$으로 주어지는 정규분포이다. 따라서,

$$E(Y|X=x)=\mu_2+\rho\frac{\sigma_2}{\sigma_1}(x-\mu_1)$$

이고, $EE(Y|X)=E\left(\mu_2+\rho\frac{\sigma_2}{\sigma_1}(X-\mu_1)\right)=\mu_2=E(Y)$임을 알 수 있다. 또한, $Var(Y|X)=(1-\rho^2)\sigma_2^2$이므로, 다음의 등식이 성립한다.

$$\begin{aligned} &E[Var(Y|X)]+Var[E(Y|X)] \\ &\qquad =E[(1-\rho^2)\sigma_2^2]+Var\left[\mu_2+\rho\frac{\sigma_2}{\sigma_1}(X-\mu_1)\right] \end{aligned}$$

$$=(1-\rho^2)\sigma_2^2+\left(\rho\frac{\sigma_2}{\sigma_1}\right)^2\sigma_1^2$$
$$=\sigma_2^2=Var(Y)$$ ■

연습문제

1 다음 지표함수에 관한 성질을 증명하라.

(1) $I_{A\cap B}=I_A\cdot I_B$

(2) $I_{A\cup B}=I_A+I_B-I_{A\cap B}$

(3) $I_{A\triangle B}=|I_A-I_B|=I_A+I_B \bmod(2)$

(4) $I_{A\cap B}=\min\{I_A, I_B\}$

(5) $I_{A\cup B}=\max\{I_A, I_B\}$

(6) $I_{\bigcap_{m=1}^{\infty}\bigcup_{n=m}^{\infty}A_n}=\lim sup_{n\to\infty}I_{A_n}$

(7) $I_{\bigcup_{m=1}^{\infty}\bigcap_{n=m}^{\infty}A_n}=\lim inf_{n\to\infty}I_{A_n}$

2 X가 확률변수일 때, 다음을 증명하라.

(1) $\lim_{n\to\infty}P(X>n)=0$

(2) $X\geq 0$이고 $E(X)<\infty$이면 $\lim_{n\to\infty}nP(X>n)=0$

3 X는 연속확률변수이며, 분포함수가 $F(x)$이다. X의 함수로 정의되는 두 확률변수 $Y=F(X)$, $Z=1-F(X)$에 대하여 다음 질문에 답하라.

(1) F가 **순증가**(strictly increasing)일 때, Y와 Z는 모두 균일분포 $U(0, 1)$을 따름을 보여라.

(2) F가 순증가이지 않아도, Y와 Z는 균일분포 $U(0, 1)$을 따름을 보여라.

(3) U가 구간 $(0, 1)$에서의 균일분포를 따를 때, F가 순증가이면 $V=F^{-1}(U)$로 주어지는 확률변수 V의 분포함수는 F이다.

4 **(표본추출)** 1부터 N까지 번호가 매겨져 있고, i번 카드에는 상금이 A_i원이 배정되어 있는 복권 N매 가운데 n매를 랜덤하게 구입한다. E_i를 복권번호, i를 구입하는 사건, I_i를 그 사건의 지표함수라 하자.

(1) $P(E_i)=\dfrac{n}{N}$임을 보여라.

(2) B가 구입한 복권에 대한 상금이라면, B를 I_i와 A_i로 나타내라.

(3) $A=A_1+A_2+\cdots+A_N$이라 할 때, $E\left(\frac{B}{n}\right)=\frac{A}{N}$임을 보여라.

5 **(정규분포)** 밀도함수가

$$f(x)=\frac{1}{\sigma\sqrt{2\pi}}e^{-(x-\mu)^2/2\sigma^2},\ -\infty<x<\infty,\ -\infty<\mu<\infty,\ \sigma>0$$

인 분포를 모수가 μ, σ인 **정규분포**(normal distribution)라 부른다. X가 표준정규분포를 따르고 $Y=\mu+\sigma X$일 때, Y는 위의 정규분포를 따름을 보여라.

6 확률변수 X가 모수 $\lambda>0$인 지수분포를 따른다. 자연수 k에 대하여, 다음 물음에 답하라.

(1) $E(X^k)$를 구하라.

(2) $[E(X)]^k$를 구하고, $E(X^k)$와 비교하라.

7 $E(X^2)$이 유한이면 $E(X)$도 유한임을 보여라.

8 $E(X)$는 유한이지만 $E(X^2)$은 무한인 예를 들라.

9 n개의 공을 n개의 상자에 막스웰-볼츠만 통계량의 법칙에 따라 넣을 때, 다음을 구하라.

(1) 첫 번째 상자에 들어간 공의 개수의 기대값

(2) 빈 상자수의 기대값

10 앞의 연습문제에서 보즈-아인슈타인 통계량의 법칙에 따라 공을 넣는 경우를 생각하여 답하라.

11 밀도함수가 다음과 같이 주어지는 분포를 모수가 λ인 **양측지수분포**(bilateral exponential distribution)라 부른다.

$$f(x)=\frac{\lambda}{2}e^{-\lambda|x|},\ -\infty<x<\infty,\ \lambda>0$$

X가 위의 분포를 따를 때, X의 기대값과 분산을 구하라.

12 밀도함수 다음과 같이 주어지는 분포를 모수가 $(\mu,\ \sigma)$인 **코시분포**(Cauchy distribution)라 부른다.

$$f(x)=\frac{1}{\pi\sigma}\frac{1}{1+(x-\mu)^2/\sigma^2},\ -\infty<x<\infty,\ \sigma>0$$

X가 위의 분포를 따를 때, X의 기대값을 조사하라.

13 확률변수 X, Y가 $E(X^2)<\infty$, $E(Y^2)<\infty$일 때, 다음 부등식을 증명하라.

(1) **(민코프스키의 부등식)** : $E[(X+Y)^2]^{\frac{1}{2}}\le E(X^2)^{\frac{1}{2}}+E(Y^2)^{\frac{1}{2}}$

(2) **(코시-슈바르츠의 부등식)** : $(E|XY|)^2\le E(X^2)E(Y^2)$

14 **(재고문제)** 한 상점에서 판매하는 어떤 상품의 수요되는 양을 연속확률변수 $X(\ge 0)$, 구입하는 양을 z, 이 상품의 구입단가를 r, 판매단가를 $s(s>r)$라 할 때, 다음 물음에 답하라.

(1) 판매에 따른 이윤을 Y라 할 때, Y를 X, z, r, s로 나타내라.

(2) X가 구간 $(0,\ a)$에서의 균일분포를 따를 때, 주어진 r, s에 대하여 Y의 기대값, 즉 평균이윤을 최대로 하는 z를 구하라.

(3) 위의 해에 대한 타당성을 설명하라.

15 분산이 유한인 확률변수 X에 대하여 $E(X-a)^2$을 최소로 하는 a를 구하라.

16 기대값이 유한인 확률변수 X에 대하여 $E(|X-a|)$를 최소로 하는 a를 구하라.

17 확률벡터 $(X,\ Y)$의 결합밀도함수를 f라 하자. 모든 x, y에 대하여 $f(x,\ y)=g(x)h(y)$인 두 함수 g, h가 존재하면 X, Y가 서로 독립임을 보이고, 역도 성립함을 보여라.

18 X, Y의 결합밀도함수가 $f(x,\ y)=\frac{1}{2}(1+x)e^{-(x+y)}$, $x,\ y>0$일 때,

(1) X, Y는 서로 독립인가?

(2) X, Y의 주변밀도함수를 구하라.

19 X, Y의 결합밀도함수가 $f(x,\ y)=\frac{1}{2}e^{-x}$, $x>0$, $-x<y<x$일 때,

(1) X, Y는 서로 독립인가?

(2) X, Y의 주변밀도함수를 구하라.

20 서로 독립이고 구간 $(0,\ 1)$에서 균일분포를 따르는 확률변수 U, V에 대하여

$X=\min\{U, V\}$, $Y=\max\{U, V\}$라 할 때, $Y-X$의 기대값과 분산을 구하라.

21 서로 독립이고 구간 (0, 1)에서 균일분포를 따르는 확률변수 $U_1, \cdots, U_n$에 대하여 $X=\min\{U_1, \cdots, U_n\}$, $Y=\max\{U_1, \cdots, U_n\}$이라 할 때, $Y-X$의 기대값과 분산을 구하라.

22 U는 구간 (0, 1)에서 균일분포를 따른다. $X=\sin 2\pi U$, $Y=\cos 2\pi U$일 때, $Var(X+Y)=Var(X)+Var(Y)$임을 보여라. X와 Y는 서로 독립인가?

23 **(이변량정규분포)** $-\infty<x, y<\infty$, $-\infty<\mu_1, \mu_2<\infty$, $\sigma_1, \sigma_2>0$, $|\rho|<1$일 때, 결합 밀도함수가 다음과 같은 분포를 모수가 $\mu_1, \mu_2, \sigma_1^2, \sigma_2^2, \rho$인 **정칙이변량정규분포**(nonsingular bivariate normal distribution)라고 부른다.

$$f(x, y)=\frac{1}{2\pi\sigma_1\sigma_2\sqrt{1-\rho^2}}\exp\left\{-\frac{1}{2(1-\rho^2)}Q(x, y)\right\}$$

여기서 $Q(x, y)=\left(\frac{x-\mu_1}{\sigma_1}\right)^2-2\rho\left(\frac{x-\mu_1}{\sigma_1}\right)\left(\frac{y-\mu_2}{\sigma_2}\right)+\left(\frac{y-\mu_2}{\sigma_2}\right)^2$이다.

X_1, X_2가 이변량정규분포를 따를 때,

(1) X_1, X_2의 상관계수를 구하라.

(2) X_1, X_2의 상관계수가 0이면 X_1, X_2는 서로 독립임을 보여라.

24 **(분산-공분산행렬)** 확률벡터는 행벡터보다는 열벡터의 꼴로 흔히 나타낸다. $X=(X_1, \cdots, X_p)'$에서 X_i의 기대값이 유한일 때 원소가 $\mu_i=E(X_i)$인 열벡터 μ를 X의 **평균벡터**(mean vector)라 부르고, X_i의 분산이 유한일 때 (i, j)번째 원소가 $\sigma_{ij}=Cov(X_i, X_j)$인 p차원 행렬 Σ를 X의 **분산-공분산행렬**(variance-covariance matrix)이라 부른다.

(1) Σ는 대칭행렬임을 보여라.

(2) Σ는 양의 준정부호(positive semidefinite)}임을 보여라.

(3) $AA=\Sigma$인 행렬 A가 존재함을 보여라. (A를 $\Sigma^{1/2}$로 나타낸다)

(4) 원소가 상수인 벡터 $a=(a_1, \cdots, a_p)$와 $p\times p$행렬 $B=(b_{ij})$에 대하여 **어핀변환**(affine transformation)으로 얻어지는 확률벡터 $a+BX$의 평균벡터와 분산-공분산행렬을 구하라.

25 **(다변량정규분포)** Σ가 대칭, 양의 정부호행렬(positive definite matrix)일 때, 밀도함수가

$$f(x_1, \cdots, x_p)=\frac{1}{(2\pi)^{p/2}|\Sigma|^{1/2}}e^{-\frac{1}{2}(x-\mu)'\Sigma^{-1}(x-\mu)}, \quad -\infty<x_i<\infty,\ i=1, \cdots, p$$

인 분포를 평균벡터가 μ, 분산-공분산행렬이 Σ인 정칙 p변량정규분포라 부른다.

(1) $X_1, \cdots, X_p$가 다변량정규분포를 따를 때, 변환 $Y=\Sigma^{-\frac{1}{2}}(X-\mu)$에 의한 확률벡터 Y를 이루는 확률변수 $Y_1, \cdots, Y_p$는 서로 독립이고, 표준정규분포를 따름을 보여라.

(2) p개의 확률변수 $Y_1, \cdots, Y_p$는 서로 독립이고, 표준정규분포를 따르는 확률변수들이다. $Y=(Y_1, \cdots, Y_p)$일 때, 변환 $X=\mu+\Sigma^{1/2}Y$는 위의 분포를 따름을 보여라.

26 X, Y의 결합밀도함수가

$$f(x, y)=\frac{\Gamma(\alpha+\beta+\mathrm{r})}{\Gamma(\alpha)\Gamma(\beta)\Gamma(r)}x^{\alpha-1}y^{\beta-1}(1-x-y)^{r-1},\ x>0,\ y>0,\ x+y\leq 1$$

일 때, X와 Y의 상관계수는 $-\sqrt{\alpha\beta/(\alpha+r)(\beta+r)}$임을 보여라.

27 X, Y는 서로 독립이고, 각각 평균 μ, ν와 분산 σ^2, τ^2을 갖는 확률변수이다. $V=X+Y$, $W=X-Y$일 때, V와 W의 상관계수를 구하라.

28 N_1, N_2는 서로 독립이고, 각각 성공률이 p_1, p_2인 기하분포를 따르는 확률변수이다. 다음 물음에 답하라.

(1) 확률 $P(N_1<N_2)$를 구하라.

(2) $\dfrac{N_1}{N_1+N_2}$의 분포를 구하라.

(3) $\min(N_1, N_2)$의 분포를 구하라.

29 X_1, X_2가 서로 독립이고, 각각 모수가 λ_1, λ_2인 지수분포를 따른다.

(1) 확률 $P(X_1<X_2)$를 구하라.

(2) $\dfrac{X_1}{X_1+X_2}$의 분포를 구하라.

(3) $\min(X_1, X_2)$의 분포를 구하라.

30 X_1, X_2는 서로 독립이고, 각각 모수가 (α, λ), (β, λ)인 감마분포를 따른다.

(1) $P(X_1 < X_2)$를 구하라.

(2) α, β가 자연수일 때, 위 확률을 해석하라.

(3) $\dfrac{X_1}{X_1+X_2}$의 분포를 구하라.

31 서로 독립인 두 확률변수 X_1, X_2에 대하여 다음을 증명하라.

(1) X_i가 $Bin(n_i, p)$를 따르면, X_1+X_2는 $Bin(n_1+n_2, p)$를 따른다.

(2) X_i가 $Neg(r_i, p)$를 따르면 X_1+X_2는 $Neg(r_1+r_2, p)$를 따른다.

(3) X_i가 $Poi(\lambda_i)$를 따르면, X_1+X_2는 $Poi(\lambda_1+\lambda_2)$를 따른다.

(4) X_i가 $Gam(\alpha_i, \lambda)$를 따르면, X_1+X_2는 $Gam(\alpha_1+\alpha_2, \lambda)$를 따른다.

32 확률벡터 $(X_1, \cdots, X_k)$의 각 성분은 서로 독립이고, 각각 $Poi(\lambda_i)$를 따른다. $X_1+\cdots+X_k=n$일 때, X_i, $i=1, \cdots, k$의 조건부분포는 시행횟수가 n이고, 셀확률이 $\dfrac{\lambda_i}{\lambda_1+\cdots+\lambda_k}$, $i=1, \cdots, k$인 다항분포임을 보여라.

33 확률벡터 $(X_1, \cdots, X_k)$의 각 성분은 서로 독립이고, 모두 기하분포 $Geo(p)$, $0<p<1$, 인 기하분포를 따른다. $X_1+\cdots+X_k=n$인 조건이 주어져 있을 때, X_1, X_1+X_2, $X_1+X_2+\cdots+X_{k-1}$의 조건부분포는 $\{1, 2, \cdots, n-1\}$에서 $k-1$개의 값을 비복원추출하여 크기순으로 나열한 **순서통계량**(order statistic)의 분포와 같다.

34 X는 $Gam(\alpha, \lambda)$를 따르고 $X=x$일 때, Y의 조건부분포는 $Gam(\alpha, x)$이다. Y의 밀도함수를 구하라.

35 X_1, X_2는 서로 독립이며, 각각 $Bin(n_1, p)$, $Bin(n_2, p)$를 따른다. 조건부기대값 $E(X_1 | X_1+X_2=n)$을 구하라.

36 X는 모수가 (α, λ)인 감마분포를 따르고 $X=x$일 때, Y는 모수가 x인 포아송분포를 따른다. Y의 기대값과 분산을 구하라.

37 성공률이 알려지지 않은 베르누이시행을 독립반복시행할 때, 성공률은 흔히 균일분포 $U(0, 1)$을 따른다고 가정한다.

(1) n번 시행에서 성공이 k번 나올 확률을 구하라.

(2) 처음 n번이 성공일 때, $n+1$번째도 성공이 나올 조건부확률을 구하라.

(3) n번 시행에서 k번의 성공이 나왔을 때, 처음 m번 시행에서는 l번의 성공이, 나중 $n-m$번의 시행에서는 $k-l$번의 성공이 나왔을 조건부확률을 구하라.

38 X_1, X_2는 서로 독립이며, 표준정규분포를 따른다.

(1) $X_1=x$일 때, X_1+X_2의 조건부분포를 구하라.

(2) $X_1+X_2=z$일 때, X_1의 조건부분포를 구하라.

39 확률벡터 $(X_1, \cdots, X_p)'$과 확률변수 E는 서로 독립이다. 상수 α, β_1, $\cdots$, β_p와 양수 σ에 대하여

$$Y=\alpha+\beta_1 X_1+\cdots+\beta_p X_p+\sigma E$$

라 하자. E가 표준정규분포를 따를 때, 다음 물음에 답하라.

(1) $X_1=x_1, \cdots, X_p=x_p$일 때, Y의 조건부분포를 구하라.

(2) 확률벡터 $(X_1, \cdots, X_p)$의 평균이 영벡터이고, 분산-공분산행렬이 $\Sigma=(\sigma_{ij})$, $\sigma_{ij}=E(X_iX_j)$, $i, j=1, \cdots, p$일 때, Y와 $\alpha+\beta_1 X_1+\cdots+\beta_p X_p$의 상관계수를 구하라.

40 $X_1, \cdots, X_n$은 서로 독립이며, 동일한 분포를 따른다. $S_n=X_1+\cdots+X_n$이라고 하면 $E(X_1|S_n)=\dfrac{S_n}{n}$임을 보여라.

41 X_1, X_2, X_3는 서로 독립이고, 구간 $[0, 1]$에서 균일분포를 따르는 확률변수들이다. Y_1, Y_2, Y_3는 이들의 순서통계량이라 하자.

(1) $Y_2=y$일 때, Y_1, Y_3의 조건부결합분포를 구하라.

(2) $Y_2=y$일 때, Y_1, Y_3는 (조건부)독립인가?

42 $X_1, \cdots, X_n$은 서로 독립이며, 동일한 확률밀도함수 f를 갖는다. $Y=\min\{X_1, \cdots, X_n\}$, $Z=\max\{X_1, \cdots, X_n\}$이라고 하자. $Y=y$일 때, Z의 조건부밀도함수를 구하라.

43 $X_1, \cdots, X_n$은 서로 독립이며, 동일한 밀도함수 f를 갖는다. $Y_1, \cdots, Y_n$은 $X_1, \cdots, X_n$의 순서통계량이다.

(1) $Y_1=y_1$, $Y_n=y_n$일 때, $Y_2, \cdots, Y_{n-1}$의 조건부결합밀도함수를 구하라.

(2) $Y_2=y_2, \cdots, Y_{n-1}=y_{n-1}$일 때, Y_1, Y_n의 조건부결합밀도함수를 구하라.

(3) $Y_2=y_2, \cdots, Y_{n-1}=y_{n-1}$일 때, Y_1, Y_n은 (조건부)독립인가?

44 n차원 확률벡터 $(X_1, \cdots, X_n)$의 결합밀도함수가 다음과 같다.

$$f(x_1, \cdots, x_n)=\frac{\Gamma(\alpha_1+\cdots+\alpha_{n+1})}{\Gamma(\alpha_1)\cdots\Gamma(\alpha_{n+1})}x_1^{\alpha-1}\cdots x_1^{\alpha_n-1}(1-x_1-\cdots-x_n)^{\alpha_{n+1}-1}$$

여기서 $x_i>0$, $i=1, \cdots, n$, $x_1+\cdots+x_n<1$, $\alpha_i>0$, $i=1, \cdots, n+1$이다. 이 분포를 모수가 $\alpha_1, \cdots, \alpha_{n+1}$인 변량 **디리클레분포**(Dirichlet distribution)라고 부른다.

(1) X_k의 주변분포를 구하라.

(2) $Y_1<\cdots<Y_n$을 균일분포 $U(0, 1)$에서의 크기 n인 순서통계량이라 하자. 임의의 $1\le j_1<j_2<\cdots<j_k\le n$에 대하여 $Y_{j_1}, \cdots, Y_{J_k}$의 결합분포는 디리클레분포임을 보여라.

45 X, Y는 서로 독립이고, 모두 성공률이 p인 기하분포를 따른다. $Z=X+Y$라 할 때, 다음 물음에 답하라.

(1) $Z=z$일 때, X의 조건부분포를 구하라.

(2) $Var(X)=E[Var(X|Z)]+Var[E(X|Z)]$ 임을 확인하라.

46 X, Y는 서로 독립이고, 모두 모수가 λ인 지수분포를 따른다. $Z=X+Y$라 할 때, 다음 물음에 답하라.

(1) $Z=z$일 때, X의 조건부분포를 구하라.

(2) $Var(X)=E[Var(X|Z)]+Var[E(X|Z)]$ 임을 확인하라.

47 다음 등식을 증명하라.

$$Var(X)=Var[E(X|Y)]+E(E[Var(X|Y, Z)|Y]) \\ +E(Var[E(X|Y, Z)|Z])$$

48 X는 모수가 λ인 지수분포를 따른다.

(1) $X>x$일 때, X의 조건부분포를 구하라.

(2) $E(X|X>x)$와 $Var(X|X>x)$를 구하라.

제 4 장 확률변수의 열

4.1 *i.i.d.* 열

무한 회의 베르누이 독립반복시행을 행할 때, n번째 시행에서 성공이 나오는 사건의 지표함수를 X_n이라 하면 **확률변수열**(sequence of random variables)$\{X_n,\ n=1,\ 2,\ \cdots\}$을 생각할 수 있다. 일반적으로 모든 n에 대하여 $X_1,\ \cdots,\ X_n$이 서로 독립일 때, 확률변수열 $\{X_n,\ n=1,\ 2,\ \cdots\}$을 **독립확률변수열**(sequence of independent random variables)이라 부르고, 독립확률변수열에서 X_n의 분포가 모든 n에 대하여 동일한 경우 이를 ***i.i.d.***(independent and identically distributed)**열**이라 부른다. *i.i.d.*열 $\{X_n\}$이란 어느 시행을 독립반복시행할 때, 매 시행에서 동일한 현상에 대한 관측을 하여 얻어지는 확률변수열이라 생각하면 된다. 특히, 베르누이 독립반복시행에서 n번째 시행에서의 성공의 지표함수들을 *i.i.d.* 베르누이열이라 부른다. *i.i.d.*열에 대하여는 흥미로운 성질들이 많이 있다.

예 4.1.1 $\{X_n\}$이 *i.i.d.*열이면 임의의 k와 n에 대하여 $(X_1,\ X_2,\ \cdots,\ X_k)$의 분포는 $(X_{n+1},\ X_{n+2},\ \cdots,\ X_{n+k})$의 분포와 동일하다. 이와 같은 성질을 **시불변성**(time-invariance) 또는 **정상성**(stationarity)이라 부른다. 따라서, $S_n=X_1+X_2+\cdots+X_n$이라 하면 $S_{n+k}-S_n$과 S_k는 같은 분포를 따른다. ■

예 4.1.2 $\{X_n,\ n=1,\ 2,\ \cdots\}$이 *i.i.d.* 열일 때, 1부터 n까지 자연수의 임의의 순열 $(i_1,\ i_2,\ \cdots,\ i_n)$에 대하여 $(X_{i_1},\ X_{i_2},\ \cdots,\ X_{i_n})$, $(X_1,\ X_2,\ \cdots,\ X_n)$은 동일한 분포를 따른다. 이 성질을 **교환가능성**(exchangeability)이라 부른다. $(X_n,\ X_{n-1},\ \cdots,\ X_1)$은 $(X_1,\ X_2,\ \cdots,\ X_n)$과 동일한 분포를 따르며, 이러한 성질을 **후진가능성**(time-reversibility)이라 부른다. 후진가능성으로부터, S_n-S_{n-k}는 S_k와 같은 분포를 따름을 알 수 있다. ■

4.2 정지시간

음이 아닌 정수값만을 취하는 확률변수를 경우에 따라 **랜덤시간**(random time)이라고 부르고, 흔히 N으로 나타낸다. 또한, $P(N=\infty)>0$인 경우에는 N을 **확장된 랜덤시간**(extended random time)이라 부른다. 특히, 사건$(N=n)$의 발생여부가 주어진 확률변수열$\{X_n,\ n=0,\ 1,\ \cdots\}$에서 $X_0,\ \cdots,\ X_n$만의 관측을 통하여 판단될 수 있을 때, N을 확률변수열$\{X_n,\ n\geq 0\}$에 의한 **정지시간**(stopping time)이라 부르고, $P(N=\infty)>0$이면 **확장된 정지시간**(extended stopping time)이라 부른다. 이는 사건 $\{N=n\}$이 주어진 확률변수의 열 $\{X_n,\ n$

$\geq 0\}$가운데 X_0, X_1, $\cdots$, X_n에 관한 사건만으로 표현됨을 말한다.

예 4.2.1 $\{X_n,\ n\geq 1\}$이 *i.i.d.* 베르누이열일 때, $S_n = X_1 + \cdots + X_n$에 의하여 $N = \min\{n \geq 1 : S_n = 1\}$로 정의되는 확률변수 N은 기하분포를 따른다. 이 때, $\{N=n\}=\{S_1=0,\ S_2=0,\ \cdots,\ S_{n-1}=0,\ S_n=1\}=\{X_1=0,\ \cdots,\ X_{n-1}=0,\ X_n=1\}$이므로 N은 *i.i.d.* 베르누이열 $\{X_n,\ n\geq 1\}$에 의한 정지시간이다. ■

$\{X \leq n\} = \cup_{k=1}^{n}\{N=k\}$이므로 N이 정지시간이면 사건 $\{X \leq n\}$도 X_1, $\cdots$, X_n에 관한 사건만으로 표현된다. *i.i.d.* 확률변수열을 분석하기 위하여 정지시간의 성질을 아는 것이 매우 중요하다. 몇 가지 성질들을 예를 들어 알아보자.

예 4.2.2 **(시불변성)** X_1, X_2, $\cdots$은 성공률이 $p(0<p<1)$인 *i.i.d.* 베르누이열이다. $N=\min\{n : S_n=1\}$이라 하면 N은 성공률이 p인 기하분포를 따른다. $(X_{N+1},\ X_{N+2},\ \cdots,\ X_{N+k})$, $(X_1,\ X_2,\ \cdots,\ X_k)$는 앞의 예에서 다루었던 성질에서와 같이 동일한 분포를 따른다. 즉, 정지시간 N 이후의 베르누이열은 원래의 베르누이열과 확률적으로 동일하다. 따라서, $S_{N+k}-S_N$과 S_k는 서로 독립이고, 동일한 분포를 따른다. ■

예 4.2.3 **(비기억성)** 〔예 4.2.2〕에서 $P(N>k)=(1-p)^k$이므로 임의의 자연수 m, n에 대하여

$$\begin{aligned} P(N>m+n \mid N>m) &= \frac{P(N>m+n)}{P(N>m)} = \frac{(1-p)^{m+n}}{(1-p)^m} \\ &= (1-p)^n \\ &= P(N>n) \end{aligned}$$

이 성립한다. 즉, m번째 시행까지 성공이 나오지 않은 경우, 그 때부터의 성공이 나올 때까지의 시행횟수의 분포는 베르누이 독립반복시행을 처음부터 새로이 다시 시작할 때 성공이 나올 때까지의 시행횟수의 분포와 같다. 이를 기하분포의 **비기억성**(memoryless property)이라 부르며, 이러한 성질을 가지는 이산분포는 기하분포뿐이다. 비기억성으로부터 $P(N=k \mid N>1)=P(N+1=k)$이므로

$$\begin{aligned} E(N \mid X_1=0) = E(N \mid N>1) &= \sum_{k=2}^{\infty} kP(N=k \mid N>1) \\ &= \sum_{k=2}^{\infty} kP(N+1=k) = \sum_{k=1}^{\infty}(k+1)P(N=k) \\ &= 1+E(N) \end{aligned}$$

임을 알 수 있다. 일반적으로 임의의 자연수 m에 대하여

$$E(N \mid N>m)=E(m+N)=m+E(N)$$

이 성립한다. ■

예 4.2.4 〔예 4.2.2〕의 *i.i.d.* 베르누이열에서 N의 기대값은 $\frac{1}{p}$이다. N의 기대값을 조건부기대값의 성질을 이용하여 구하는 방법에 대하여 생각해 보자. $X_1=1$일 때, N의 조건부 확률은 $P(N=1 \mid X_1=1)=1$이다. 따라서 $E(N \mid X_1=1)=1$, $E(N \mid X_1=0)=E(N+1)=E(N)+1$을 이용하면

$$\begin{aligned} E(N) &= E(E(N \mid X_1)) \\ &= E(N \mid X_1=1)P(X_1=1)+E(N \mid X_1=0)P(X_1=0) \\ &= 1\times p+(E(N)+1)\times(1-p) \\ &= (1-p)E(N)+1 \end{aligned}$$

이므로 $E(N)=\frac{1}{p}$을 얻게 된다. ■

예 4.2.5 $\{X_n,\ n\geq 1\}$이 *i.i.d.* 베르누이열이다. $S_n=X_1+\cdots+X_n$이라 하고, $R_1=\min\{n\geq 1 : S_n=1\}$, $R_2=min\{n : S_n=2\}$를 정의하자. 이 때,

$$\{R_2=n\}=\text{U}_{j=1}^{n-1}\{X_1=0, \cdots, X_j=1, X_{j+1}=0, \cdots, X_n=1\}$$

이므로 R_2도 정지시간이다.

$$\begin{aligned} P(R_1=j,\ R_2-R_1=k) &= P(R_1=j,\ R_2=j+k) \\ &= P(X_i=0,\ i\leq j-1,\ X_j=1,\ X_{j+l}=0,\ l\leq k-1,\ X_{j+k}=1) \\ &= P(X_i=0,\ 1\leq i<j,\ X_j=1)P(X_{j+l}=0,\ 1\leq l<k,\ X_{j+k}=1) \\ &= P(X_i=0,\ 1\leq i<j,\ X_j=1)P(X_l=0,\ 1\leq l<k,\ X_k=1) \\ &= P(R_1=j)P(R_1=k) \end{aligned}$$

이므로 R_1, R_2-R_1은 *i.i.d.* 기하확률변수가 된다. 두 확률벡터 $(X_1, \cdots, X_{R_1})$, $(X_{R_1+1}, \cdots, X_{R_2})$도 서로 독립이고, 동일한 분포를 따른다. 따라서, S_{R_1}, $S_{R_2}-S_{R_1}$도 서로 독립이고, 동일한 분포를 따른다. ■

예 4.2.6 일반적으로 $\{X_n,\ n\geq 1\}$이 *i.i.d.* 베르누이열일 때,

$$N_1=\min\{n\geq 1 : S_n=1\}$$

$$N_2 = \min\{n \geq 1 : S_{N_1+n} - S_{N_1} = 1\}$$
$$\cdots$$
$$N_k = \min\{n \geq 1 : S_{N_1+\cdots+N_{k-1}+n} - S_{N_1+\cdots+N_{k-1}} = 1\}$$

과 같이 정의하면 $R_k = N_1 + N_2 + \cdots + N_k$는 k번째 성공이 나올 때까지의 시행횟수를 나타내는 정지시간이다. 〔예 4.2.5〕에서와 같이 N_1, N_2, …는 서로 독립이고, 모두 동일한 기하분포를 따르게 된다. 따라서, R_k는 음이항분포를 따른다. ■

4.3 갱신사건

독립반복시행을 행할 때, 얼마만큼의 시행을 행하였더라도 그 결과에 관계없이 시행된 이후의 부분은 새로운 무한 회의 독립반복시행과 확률적으로 같다. 이와 같은 성질에 근거하여 무한 회의 반복시행에서 한 현상이 일어날 때, 이후의 시행이 무한 회의 반복시행을 원 상태에서 다시 시작하는 것과 같은 경우 그 현상을 **갱신사건**(renewal event)이라 부르고, 갱신이 일어나는 시행번호를 **갱신시간**(renewal time), 최초의 갱신시간을 **첫 갱신시간**(first renewal time)이라 부른다. 따라서, 갱신이 한 번 일어난 후부터 다음 갱신이 일어나는 시간까지의 간격시간은 서로 독립이고, 동일한 분포를 따르게 된다.

예 4.3.1 베르누이 독립반복시행에서 성공이 일어나는 사건을 생각하면 성공이 일어날 때마다 그 이후의 시행은 원래의 베르누이 독립반복시행과 같으므로 성공이 일어나는 현상은 갱신사건이다. 따라서 k번째 성공이 나오는 시행번호를 R_k라 하고 $N_1 = R_1$, $N_k = R_k - R_{k-1}$, $k = 2, 3, \cdots$이라 하면 N_k는 $(k-1)$번째 성공이 나오는 시간부터 k번째 성공이 나오는 시간까지의 간격이다. 이 때, 간격 N_k는 서로 독립이고, 모두 성공률이 p인 기하분포를 따르게 된다. ■

예 4.3.2 제2장에서 다루어진 베르누이 독립반복시행에서 성공과 실패의 누적횟수가 같게 되는 현상은 갱신사건이며, 첫 귀환시간은 첫 갱신시간이다. ■

예 4.3.3 베르누이 독립반복시행에서 성공에 이어 실패가 일어나는 현상은 갱신사건이다. ■

예 4.3.4 **(기록갱신)** 베르누이 독립반복시행에서 성공의 누적횟수와 실패의 누적횟수의 차를 기록할 때 그 기록이 갱신되는 현상을 알아보자. 즉, 출발점이 원점인 임의보행 $S_0=0$, $S_n=S_0+X_1+\cdots+X_n$, $n=1, 2, \cdots$에서 S_n은 n번째 시행의 결과까지 성공의 누적횟수와 실패의 누적횟수의 차이다. 기록갱신이 m번째 시행에서 일어나는 사건은 $S_m>S_0$, $S_m>S_1$, $\cdots$, $S_m>S_{m-1}$이 일어나는 사건이고, 시행번호 $m+n$에서 다시 기록갱신이 일어나는 사건은 $S_{m+n}>S_m$, $\cdots$, $S_{m+n}>S_{m+n-1}$이 일어나는 사건이다. 그런데, $S_{m+k}-S_m=X_{m+1}+\cdots+X_{m+k}$이고, X_1, X_2, $\cdots$의 분포는 X_m, X_{m+1}, $\cdots$의 분포와 같으므로 기록갱신이 일어나는 현상은 갱신사건이다. ■

4.4 파산문제

갑, 을 두 사람이 어떤 게임을 독립 반복 시행한다. 매 게임에서 갑이 이길 확률은 $p(0<p<1)$이고, 을이 이길 확률은 $q=1-p$라고 하자. 또한, 매 게임에서 지는 사람은 이기는 사람에게 1원의 상금을 준다. 갑과 을이 각각 a원, b원을 갖고 게임을 시작하고, 두 사람 중에서 어느 한 사람이라도 가진 돈이 모두 없어지면 게임은 중단된다. (1) 갑이 가진 돈이 모두 없어질 확률, (2) 을이 가진 돈이 모두 없어질 확률, (3) (갑 또는 을이 가진 돈이 모두 없어져) 게임이 언젠가는 끝날(중단될) 확률을 구하여 보자.

먼저, 이와 같은 게임에서 표본공간은 $\Omega=\{\omega=(\omega_1, \omega_2, \cdots):\omega_k=s \text{ 또는 } f\}$임에 다시 한번 유의하자. 여기서, ω_k는 k번째 게임의 결과를 나타내고, s는 갑, f는 을이 이기는 결과를 나타낸다. A_k를 k번째 시행에서 갑이 이기는 사건, B_k를 k번째 시행에서 을이 이기는 사건이라 하고,

$$X_k=I_{A_k}-I_{B_k}$$

라 놓으면 X_k는 k번째 게임에서 갑이 받는 상금을 나타내며, 따라서 X_k들의 부분합 $X_1+X_2+\cdots+X_n$은 처음 n번 게임을 시행한 결과 갑이 받은 상금이다. 이제, 이 문제를 점화식으로 풀기 위하여 갑이 처음에 갖고 있는 돈의 금액을 S_0라 하면 $S_n=S_0+X_1+X_2+\cdots+X_n$은 첫 n번 게임을 한 후 갑에게 남아 있는 자산을 나타내는 임의보행이다. 임의의 정수 c에 대하여

$$M_c=\min\{n\geq 1 : S_n=c\}$$

를 생각하고 E, F, M를 $E=\{M_0<M_{a+b}\}$, $F=\{M_{a+b}<M_0\}$, $M=\min\{M_0, M_{a+b}\}$라 하자. 이와 같은 기호로 위의 확률을 나타내면 다음과 같다.

(1) 갑이 가진 돈이 모두 없어질 확률$=P(E\mid S_0=a)$

(2) 을이 가진 돈이 모두 없어질 확률$=P(F|S_0=a)$

(3) 게임이 끝날 확률$=P(M<\infty|S_0=a)$

이제, 갑과 을이 각각 i원, $(a+b-i)$원을 가지고 게임을 시작할 때, 갑이 가진 돈이 모두 없어질 확률을 u_i라고 하면 $u_i=P(E|S_0=i)$이다. 첫 번째 시합에서의 결과에 따른 전확률법칙을 사용하면

$$\begin{aligned}u_i&=P(E|S_0=i)\\&=P(E|X_1=1,\ S_0=i)P(X_1=1|S_0=i)\\&\quad+P(E|X_1=-1,\ S_0=i)P(X_1=-1|S_0=i)\\&=P(E|X_1=1,\ S_0=i)p+P(E|X_1=-1,\ S_0=i)q\end{aligned}$$

가 성립한다. 그런데, 첫 번째 시합에서 갑이 이기면 두 번째 시합부터 갑과 을이 각각 $(a+i+1)$원, $(b-i-1)$원을 가지고 시합을 새로이 시작하는 것과 같으므로,

$$P(E|X_1=1,\ S_0=i)=P(E|S_0=i+1)=u_{i+1}$$

이고, 마찬가지로

$$P(E|X_1=-1,\ S_0=i)=P(E|S_0=i-1)=u_{i-1}$$

이 된다.

즉, u_i들 사이에 점화식 $u_i=pu_{i+1}+qu_{i-1}$, $i=1,\ 2,\ \cdots,\ a+b-1$이 성립하고, 이 때의 경계값은 $u_0=1$, $u_{a+b}=0$으로 주어진다. 따라서,

$$u_{i+1}-u_i=(q/p)(u_i-u_{i-1})$$

을 얻게 되고, 이를 정리하면 다음 식이 성립한다.

$$u_i-u_{i-1}=(q/p)^{i-1}(u_1-u_0),\ i=1,\ 2,\ \cdots,\ a+b$$

그러므로

$$\begin{aligned}u_i-u_0&=\left\{1+\left(\frac{q}{p}\right)+\left(\frac{q}{p}\right)^2+\cdots+\left(\frac{q}{p}\right)^{i-1}\right\}(u_1-u_0)\\&=\begin{cases}\dfrac{1-(q/p)^i}{1-(q/p)}(u_1-u_0), & p\neq q\\(i+a)(u_1-u_0), & p=q\end{cases}\end{aligned}$$

임을 알 수 있다. 따라서,

$$u_a - u_0 = (u_{a+b} - u_0) \times \frac{u_a - u_0}{u_{a+b} - u_0}$$

를 이용하면

$$u_a - u_0 = \begin{cases} (u_{a+b} - u_0) \times \dfrac{1-(q/p)^a}{1-(q/p)^{b+a}}, & p \neq q \\ (u_{a+b} - u_0) \times \dfrac{a}{b+a}, & p = q \end{cases}$$

를 얻는다. 여기에 초기조건 $u_0 = 1$, $u_{a+b} = 0$을 이용하면 갑과 을이 각각 a원, b원을 가지고 시합을 시작하여 최종적으로 갑이 가진 돈이 없어질 확률은

$$u_a = \begin{cases} \dfrac{(q/p)^a - (q/p)^{a+b}}{1-(q/p)^{a+b}}, & p \neq q \\ \dfrac{b}{a+b}, & p = q \end{cases}$$

로 주어진다.

을이 가진 돈이 모두 없어질 확률은 대칭성을 이용하여 구할 수 있다. 즉, 앞에서 a와 b, p와 q를 서로 바꾸면 구하는 확률을 얻게 된다. 따라서, 구하는 확률을 v_b라고 하면

$$v_b = \begin{cases} \dfrac{(p/q)^b - (p/q)^{a+b}}{1-(p/q)^{a+b}}, & p \neq q \\ \dfrac{a}{a+b}, & p = q \end{cases}$$

로 주어진다. 이를 $\dfrac{q}{p}$의 함수로 나타내면

$$v_b = \begin{cases} \dfrac{1-(q/p)^a}{1-(q/p)^{a+b}}, & p \neq q \\ \dfrac{a}{a+b}, & p = q \end{cases}$$

가 된다.

위의 해에서 $u_a + v_b = 1$임을 알 수 있다. 즉, 게임을 계속할 때 갑, 을 중 한 사람이 가진 돈을 모두 잃게 될 확률, 즉 이 게임이 끝날 확률 $P(M < \infty)$는 1이다. 따라서, $M = \min\{M_0, M_{a+b}\}$는 확률변수이다. 즉, M_0, M_{a+b}가 동시에 ∞일 확률은 0이다. 실제로 $p = 1/2$이면 M_0, M_{a+b}는 모두 확률변수이며, $p > 1/2$이면 M_{a+b}는 확률변수이지만 M_0는 확장된 확률변수가 된다. 마찬가지로, $p < 1/2$이면 M_0는 확률변수이지만 M_{a+b}는 확장된 확률변수이다.

이제, 게임이 끝날 때까지 걸리는 시간(게임횟수) M의 기대값을 구해 보자. 갑이 i원을 가지고 게임을 시작할 때의 기대값 $E(M|S_0=i)$를 e_i라 하면

$$\begin{aligned} E(M|S_0=i) &= E(M|S_0=i,\ X_1=1))p+E(M|S_0=i,\ X_1=-1)q \\ &= (1+E(M|S_0=i+1))p+(1+E(M|S_0=i-1))q \\ &= E(M|S_0=i+1)p+E(M|S_0=i-1)q+1 \end{aligned}$$

이므로, 점화식 $e_i=pe_{i+1}+qe_{i-1}+1$을 얻으며, 경계값은 $e_0=e_{a+b}=0$이다. 먼저, $p=1/2$일 때, 점화식 $e_i=\frac{1}{2}e_{i+1}+\frac{1}{2}e_{i-1}+1$을 정리하면

$$\begin{aligned} e_{i+1}-e_i &= e_i-e_{i-1}-2 \\ e_i-e_{i-1} &= e_1-2(i-1) \end{aligned}$$

따라서,

$$\begin{aligned} e_i &= e_0+\sum_{j=1}^{i}\{e_1-2(j-1)\} \\ &= (e_1+2)i-i(i+1) \\ &= (e_1+1-i)i \end{aligned}$$

초기조건 $e_{a+b}=0$을 사용하면 $e_1=b+a-1$이므로 $e_i=(a+b-i)i,\ i=1,\ 2,\ \cdots,\ a+b-1$이다. 따라서, 게임횟수의 기대값은 $e_a=ab$로 주어진다. $p\neq 1/2$일 때에는 점화식 $p(e_{i+1}-e_i)=q(e_i-e_{i-1})-1$을 정리하면

$$\begin{aligned} \left(e_{i+1}-e_i+\frac{1}{p-q}\right) &= \frac{q}{p}\left(e_i-e_{i-1}+\frac{1}{p-q}\right) \\ e_{i+1}-e_i &= \left(\frac{q}{p}\right)^i\left(e_1-e_0+\frac{1}{p-q}\right)-\frac{1}{p-q} \end{aligned}$$

을 얻는다. 따라서, $e_0=0$를 대입하여 정리하면

$$\begin{aligned} e_i &= e_0+\sum_{j=1}^{i}\left[\left(\frac{q}{p}\right)^{j-1}\left(e_1-e_0+\frac{1}{p-q}\right)-\frac{1}{p-q}\right] \\ &= \frac{1-\left(\frac{q}{p}\right)^i}{1-\frac{q}{p}}\left(e_1+\frac{1}{p-q}\right)-\left(\frac{1}{p-q}\right)i \end{aligned}$$

가 되므로, $i=a+b$, $e_{a+b}=0$을 대입하면

$$e_1=-\frac{1}{p-q}+\frac{a+b}{p\left(1-\left(\frac{q}{p}\right)^{a+b}\right)}$$

$$e_i=\left(\frac{a+b}{p-q}\right)\left(\frac{1-\left(\frac{q}{p}\right)^i}{1-\left(\frac{q}{p}\right)^{a+b}}\right)-\left(\frac{1}{p-q}\right)i$$

가 된다. 따라서, $p \neq q$일 때, 구하는 기대값은

$$e_a=\left(\frac{a+b}{p-q}\right)\left(\frac{1-\left(\frac{q}{p}\right)^a}{1-\left(\frac{q}{p}\right)^{a+b}}\right)-\left(\frac{1}{p-q}\right)a$$

이다.

4.5 왈트의 등식

$\{X_n,\ n=1,\ 2,\ \cdots\}$이 *i.i.d.* 열이고, N은 자연수만을 취하는 확률변수로서 N과 $\{X_n\}$은 서로 독립이라고 하자. 이 때, $S_N=X_1+X_2+\cdots+X_N$으로 정의되는 **랜덤합**(random sum) S_N의 기대값을 구하여 보자. 물론 X_1과 N의 기대값은 유한이라고 가정한다. $N=n$일 때 S_N의 조건부기대값을 계산하면 $\{X_1,\ X_2,\ \cdots\}$과 N은 서로 독립이므로

$$E(S_N|N=n)=E(S_n|N=n)=E(S_n)=nE(X_1)$$

임을 알 수 있다. 따라서,

$$E(S_N)=E[E(S_N|N)]=E[NE(X_1)]=E(N)E(X_1)$$

을 얻는다.

기대값에 관한 등식 $E(S_N)=E(N)E(X_1)$이 성립하기 위하여 $\{X_1,\ X_2,\ \cdots\}$과 N이 독립일 필요는 없다. 특히, N이 $\{X_1,\ X_2,\ \cdots\}$의 정지시간일 때 위의 등식을 **왈트의 등식**(Wald's identity)이라 부른다. 왈트의 등식은 *i.i.d.* 열의 합뿐 아니라 제5장에서 간략히 소개되는 마팅게일(martingale)에 대하여도 성립한다.

[정리 4.5.1] 왈트의 등식

$\{X_n,\ n=1,\ 2,\ \cdots\}$이 *i.i.d.* 열이고 N이 정지시간일 때, $E(|X_1|)<\infty$, $E(N)<\infty$이면 $E(S_N)=E(N)E(X_1)$이 성립한다.

증명▶▶ 증명의 간결성을 위하여 X_i가 정수값만을 취하는 이산형 확률변수인 경우에 대해서만 증명하기로 한다.

$$
\begin{aligned}
E(S_N) &= \sum_{n=1}^{\infty} E(S_n | N=n) P(N=n) \\
&= \sum_{n=1}^{\infty} \sum_{j=1}^{n} E(X_j | N=n) P(N=n) \\
&= \sum_{j=1}^{\infty} \sum_{n=j}^{\infty} \sum_{k} k P(X_j=k | N=n) P(N=n) \\
&= \sum_{k} \sum_{j=1}^{\infty} \sum_{n=j}^{\infty} k P(X_j=k | N=n) P(N=n) \\
&= \sum_{k} \sum_{j=1}^{\infty} \sum_{n=j}^{\infty} k P(X_j=k, N=n) \\
&= \sum_{k} \sum_{j=1}^{\infty} k P(X_j=k, N \geq j) \\
&= \sum_{k} \sum_{j=1}^{\infty} k P(X_j=k) P(N \geq j) \\
&= \sum_{k} k P(X_1=k) \sum_{j=1}^{\infty} P(N \geq j) \\
&= E(N) E(X_1)
\end{aligned}
$$

■

위의 증명에서 $\{N \geq j\} = \{N < j\}^C$이고, 사건 $\{N < j\} = \{N \leq j-1\}$은 사건 $\{X_j = k\}$와 서로 독립이므로 $P(X_j=k, N \geq j) = P(X_j=k)P(N \geq j)$임과, 또한 기대값의 성질에서 다룬 등식 $E(N) = \sum_{j=1}^{\infty} P(N \geq j)$를 사용하였다. 참고로 이 정리의 가정 $E|X_1| < \infty$, $E(N) < \infty$는 합의 순서를 바꿀 수 있도록 하는 조건임을 밝힌다.

예 4.5.1 확률변수열 $X_1, X_2, \cdots$이 성공률이 p인 *i.i.d.* 베르누이열이고 $S_n = X_1 + \cdots + X_n$일 때, $N = \min\{n : S_n = 1\}$이라 하자. 정지시간 N은 $X_1, X_2, \cdots$에 의하여 그 값이 결정되므로 N과 $X_1, X_2, \cdots$은 독립이 아니다. $S_N = 1$이므로 $E(N) < \infty$인 가정 아래 왈트의 등식을 구하면 $1 = E(S_N) = E(N)E(X_1) = E(N) \cdot p$가 성립한다. 따라서, $E(N) = 1/p$임을 알 수 있다. ■

예 4.5.2 출발점이 $S_0 = 0$이고 $S_n = S_0 + X_1 + \cdots + X_n$, $n = 1, 2, \cdots$인 단순임의보행에서 $N = \min\{n : S_n = 1\}$로 정의되는 정지시간 N에 대하여 $P(N < \infty) = 1$이 성립함은 이미 다루었다. 그러나 이 경우에 정의에 의하여 $S_N = 1$이고 $E(X_1) = 0$이므로, 왈트의 등식

$E(S_N)=E(N)E(X_1)$은 성립할 수 없다. 따라서, $E(N)=\infty$임을 알 수 있다. ■

예 4.5.3 **(파산문제)** $p=1/2$인 경우의 파산문제에서 갑의 파산확률을 $E(M)<\infty$인 가정 아래 왈트의 등식을 이용하여 구하여 보자. $S_0=0$, $S_n=S_0+X_1+\cdots+X_n$이라 놓으면, S_M은 $-a$ 또는 b를 택하는 확률변수이므로, 기대값을 구하면

$$\begin{aligned} E(S_M) &= -a \cdot P(S_M=-a)+b \cdot P(S_M=b) \\ &= -a \cdot P(S_M=-a)+b[1-P(S_M=-a)] \\ &= -(a+b)P(S_M=-a)+b \end{aligned}$$

가 된다. $E(X_1)=0$이므로 왈트의 등식 $-(a+b)P(S_M=-a)+b=0$을 풀면

$$P(S_M=-a)=\frac{b}{a+b}$$

를 얻는다. ■

4.6 확률변수열에 관한 극한개념

불확실한 현상을 보다 자세히 들여다보면 무수히 많은 미세하고 불확실한 현상들이 내재하고 있다. 예를 들어, 한 물체는 수많은 입자들로 구성되어 있으며, 주어진 한 영상화면은 **픽셀**(pixel)이라고 불리는 미세한 조각들이 모여 이루는 것이라고 생각하여 분석한다. 카지노의 주인은 수많은 손님들의 게임의 결과에 관심이 있으며, 한 국가의 정책은 어느 특정한 개인이 아니라 국민 전체의 소득향상을 위하여 개발되는 것이다. 그렇다면 과학기술자나 카지노의 주인 그리고 국가의 정책기관에서는 불확실성을 띠고 있는 수많은 개체들의 모임에 대하여 어떠한 방법으로 무엇을 근거로 대처해야 할 것인가? 이러한 질문에 답하기 위하여 다시 수많은 불확실성이 함께 작용한다면 그로부터 전체에 대하여 어떠한 규칙을 발견할 수 있을 것인가? 라는 질문에 도달하게 되며, 이에 관한 연구의 결과 가운데 확률론의 역사상 가장 중요한 것이 **대수의 법칙**(law of large numbers 또는 law of averages)과 **중심극한법칙**(central limit law)이라고 불리는 정리이다. 이러한 뜻에서 대수의 법칙과 중심극한법칙은 개체가 전체를 이루는 데 따르는 규칙, 즉 불확실성들이 따르는 질서이자 법칙인 것이다. 대수의 법칙과 중심극한법칙의 뜻을 이해하려면 확률변수열에 관련된 극한개념을 이해하여야 한다. 확률변수열에 관한 극한의 개념에는 여러 가지가 있으나, 여기서는 본 내용과 관련되는 확률1수렴, 확률수렴, 분포수렴의 세 가지에 대하여 다루기로 한다.

4.6.1 확률1수렴

주어진 확률변수열 $\{X_n\}$과 확률변수 X에 대하여 다음의 등식이 성립할 때, 확률변수열 $\{X_n\}$은 확률변수 X로 **확률1수렴**(convergence with probability one 또는 almost sure convergence)한다고 말한다.

$$P(\lim_{n\to\infty}|X_n-X|=0)=1 \tag{4.6.1}$$

확률1수렴은 뒤에서 다루어질 확률수렴 또는 분포수렴과는 그 개념이 매우 다르다. 즉, 확률수렴과 분포수렴의 경우 X_n 하나에만 관계되는 사건의 확률을 구한 후 극한을 취하는 데 반하여, 확률1수렴에서 다루어지는 사건

$$A=\{\lim_{n\to\infty}|X_n-X|=0\}$$

은 관계되는 확률변수가 유한 개를 제외한 모든 것이 된다. 따라서, 확률1수렴은 확률의 연속성과 밀접한 관계를 갖고 있다. 즉, 사건 A의 여사건 A^C를 B라 하면 $B=\overline{\lim_{n\to\infty}}|X_n-X|>0$이고,

$$B=\cup_{k=1}^{\infty}B_k,\ B_k=\left\{\omega:\overline{\lim_{n\to\infty}}|X_n(\omega)-X(\omega)|>\frac{1}{k}\right\}$$

로 나타낼 수 있다. 모든 k에 대하여 $P(B_k)=0$이면 $P(B)\le\sum_{k=1}^{\infty}P(B_k)=0$이므로 $P(B)=0$이다. 즉, $P(\lim_{n\to\infty}|X_n-X|=0)=1$이 성립한다.

모든 k에 대하여 $P(B_k)=0$이 되는 충분조건을 알아보자. $\lim sup_{n\to\infty}$의 정의에 의하여 사건 B_k가 일어난다는 것은 사건 $B_{n,k}=\{|X_n-X|>1/k\}$가 무한히 많은 n에 대하여 일어나는 것과 같으므로

$$B_k=\cap_{m=1}^{\infty}\cup_{n=m}^{\infty}B_{n,k}$$

이고, 확률의 연속성과 가산반가법성에 의하여

$$P(B_k)=P(\lim_{m\to\infty}\cup_{n=m}^{\infty}B_{n,k})=\lim_{m\to\infty}P(\cup_{n=m}^{\infty}B_{n,k})\le\lim_{m\to\infty}\sum_{n=m}^{\infty}P(B_{n,k})$$

이므로, 다음 정리가 성립한다.

[정리 4.6.1]

임의의 k에 대하여 $\sum_{n=1}^{\infty}P(|X_n-X|>\frac{1}{k})<\infty$이면 다음 등식이 성립한다.

$$P(\lim_{n\to\infty}|X_n-X|=0)=1$$

4.6.2 확률수렴

확률변수열 $\{X_n\}$과 확률변수 X에 대하여 다음의 등식이 성립할 때, $\{X_n\}$은 X로 **확률수렴**(convergence in probability)한다고 말한다.

$$\text{임의의 } \varepsilon>0\text{에 대하여, } \lim_{n\to\infty} P(|X_n - X| \geq \varepsilon) = 0 \qquad \textbf{(4.6.2)}$$

예 4.6.1 X_n이 동일한 분포를 따르는 확률변수일 때, $Z_n = \dfrac{X_n}{\sqrt{n}}$이면 Z_n은 $n\to\infty$일 때 0으로 확률수렴하게 된다. 즉, 임의의 상수 $\varepsilon>0$에 대하여

$$\begin{aligned}\overline{\lim_{n\to\infty}} P(|Z_n| \geq \varepsilon) &= \overline{\lim_{n\to\infty}} P(|X_n| \geq \varepsilon\sqrt{n}) \\ &= \lim_{n\to\infty} P(|X_1| \geq \varepsilon\sqrt{n}) \\ &= P(\cap_{n=1}^{\infty} |X_1| \geq \sqrt{n}) \\ &= P(\phi) \\ &= 0\end{aligned}$$

위의 예에서, 만일 X_n의 평균이 μ, 분산이 $\sigma^2<\infty$이라면, Z_n의 평균과 분산은 각각 $\dfrac{\mu}{\sqrt{n}}$, $\dfrac{\sigma^2}{n}$이므로 모두 0으로 수렴하며, 따라서 Z_n은 점차로 0에 밀집되는 분포를 따르게 되는 것이다. 다음은 이와 관련하여 유용하게 사용되는 정리이다. ■

[정리 4.6.2] 체비체프의 부등식

임의의 양수 ε에 대하여

$$P(|X - E(X)| \geq \varepsilon) \leq \frac{1}{\varepsilon^2} Var(X) \qquad \textbf{(4.6.3)}$$

가 성립한다.

체비체프의 부등식은 절대부등식으로, 극한과 관련된 증명에 많이 사용된다.

예 4.6.2 X_n을 성공률이 $p_n = \dfrac{\lambda}{n}$인 베르누이 확률변수라고 하자. $E(X_n) = \dfrac{\lambda}{n}$, $Var(X_n) = \dfrac{\lambda}{n}\left(1 - \dfrac{\lambda}{n}\right)$이므로 모두 0으로 수렴한다. 따라서, 임의의 양수 ε에 대하여 n이 충분히 크면

$$P(|X_n| \ge \varepsilon) \le P\left(|X_n - \frac{\lambda}{n}| \ge \frac{\varepsilon}{2}\right)$$

이라 놓을 수 있다. 따라서 체비체프의 부등식을 쓰면

$$P(|X_n| \ge \varepsilon) \le \frac{\lambda}{n}\left(1-\frac{\lambda}{n}\right)/\frac{\varepsilon^2}{4}$$

이므로 X_n은 0으로 확률수렴한다.

4.6.3 분포수렴

임의의 두 실수 a, $b(a<b)$에 대하여

$$\lim_{n\to\infty} P(a<X_n \le b) = \int_a^b f(x)dx \qquad \textbf{(4.6.4)}$$

가 성립하는 밀도함수 f가 존재할 때, 확률변수열 X_n은 f가 밀도함수인 (연속)분포로 **분포수렴**(convergence in distribution)한다고 말한다.

임의의 정수 j에 대하여 $\lim_{n\to\infty} P(X_n=j)=f(j)$인 정수집합에서의 질량함수 f가 존재하면 확률변수열 X_1, X_2, …은 f가 질량함수인 정수집합에서의 (이산)분포로 분포수렴한다고 말한다.

예 4.6.3 확률변수 X_n이 성공률이 $p_n=\frac{\lambda}{n}$인 기하분포에 따를 때, $Y_n=\frac{X_n}{n}$에 대하여 생각하자. $P(X_n>k)=\left(1-\frac{\lambda}{n}\right)^k$, $k=0, 1, 2, \cdots$이므로, 임의의 $t>0$에 대하여

$$\lim_{n\to\infty} P(Y_n>t) = \lim_{n\to\infty}\left(1-\frac{\lambda}{n}\right)^{tn} = e^{-\lambda t}$$

가 성립한다. 따라서, $\frac{X_n}{n}$은 지수분포 $\mathrm{Exp}(\lambda)$로 분포수렴한다. ■

예 4.6.4 표본공간 $S_n=\left\{0, \frac{1}{n}, \frac{2}{n}, \cdots, \frac{n-1}{n}, 1\right\}$에서의 등확률모형은 균일분포 $U(0, 1)$로 분포수렴한다. S_n의 원소가 구간 $(a, b)\subset(0, 1)$에 놓이는 확률을 $P_n(a, b)$라 하면

$$n\to\infty\text{일 때, } P_n(a, b) = \frac{1}{n+1}\left|\{k : a<k/n<b\}\right| \to b-a$$

가 성립한다. ■

예 4.6.5 확률변수열 X_1, X_2, $\cdots$이 $P(X_i=1)=P(X_i=-1)=\frac{1}{2}$인 *i.i.d.* 열이고 $S_n=X_1+\cdots+X_n$일 때, 드모와브르-라플라스의 정리는 $S_n/\sqrt{n}$이 표준정규분포로 분포수렴함을 말해 준다. ■

예 4.6.6 $\frac{M}{N}$을 일정값 p로 놓으면 $N\to\infty$일 때 초기하분포 $H(n;N, M)$은 성공률이 p인 이항분포 $Bin(n, p)$로 분포수렴한다. 즉,

$$n\to\infty\text{일 때, } \frac{\binom{M}{k}\binom{N-M}{n-k}}{\binom{N}{n}}\to\binom{n}{k}p^k(1-p)^{n-k}$$

가 성립한다. ■

예 4.6.7 임의의 $n(n=1, 2, \cdots)$에 대하여, $X_1^{(n)}$, $X_2^{(n)}$, $\cdots$이 성공률이 $\frac{\lambda}{n}$인 *i.i.d.* 베르누이열일 때, $\sum_{i=1}^{n}X_i^{(n)}$은 평균이 λ인 포아송분포로 분포수렴하게 된다. ■

4.7 대수의 법칙

X_1, X_2, $\cdots$이 성공률이 p인 *i.i.d.* 베르누이열이면, 이들의 표본평균 S_n/n은 n번의 시행에서 나타난 성공의 상대도수를 나타낸다. 20세기 초에 프랑스의 수학자 보렐(Borel)은 정수론(number theory)과 관련하여

$$P\left(\lim_{n\to\infty}\frac{S_n}{n}=p\right)=1 \tag{4.7.5}$$

이 성립함을 처음으로 증명하였다. 이를 베르누이시행에 대한 **대수의 법칙**(law of large numbers)이라 부른다. 즉, 무한 회의 베르누이 독립반복시행에서 성공이 나타나는 상대도수는 항상(확률 1로) 성공률 p로 수렴한다는 뜻이다. 이와 같이 대수의 법칙은 확률을 상대도수의 극한으로 인식하는 경험적 지식을 이론으로서 뒷받침해 주며, 이에 따라 확률의 이론과 실제가 서로 부합되게 되었다.

다음은 서로 독립이고 동일한 분포를 따르는 확률변수들에 대한 가장 일반적인 대수의 법칙이다.

[정리 4.7.1] 콜모고로프의 대수의 법칙

X_1, X_2, ⋯이 기대값이 유한인 *i.i.d.* 열이면,

$$P\left(\lim_{n\to\infty}\frac{S_n}{n}=\mu\right)=1 \tag{4.7.6}$$

이 성립한다. 여기서, μ는 X_i의 기대값을 나타낸다.

4.8 중심극한정리

주어진 확률변수열 X_1, X_2, ⋯, X_n에 대하여 이들의 합 S_n 또는 표본평균 $\overline{X_n}$의 확률분포를 구하는 것은 매우 중요하다. 그러나 특별한 경우를 제외하고는 S_n의 분포를 정확히 구하는 것은 지극히 어려울 뿐만 아니라, 정확히 분포를 안다고 하여도 n이 큰 경우에 S_n에 관한 확률의 근사식은 반드시 필요하게 된다. 따라서, 이러한 문제들을 해결하기 위한 노력이 많은 수학자들에 의하여 이루어져 왔으며, 드모아브르와 라플라스가 베르누이 독립시행에 대한 중심극한정리(central limit theorem)를 증명한 것이 그 첫 결실이었다. 특히 X_1, X_2, ⋯, X_n이 서로 독립인 경우에는 20세기 중반에 들어 프랑스의 레비(Paul Levy), 러시아의 콜모고로프(Andrei Kolmogorov)등에 의하여 완벽한 답이 얻어졌다. 중심극한정리 중에서 가장 널리 알려져 있는 정리가 다음에 소개되어 있다. 일반적으로 중심극한정리의 엄밀한 증명을 위하여 복소함수(complex-valued function)를 이용하는 푸리에 변환(Fourier transform)법을 도입하여야 하며, 이러한 수준의 증명은 여기서는 다루지 않는다.

[정리 4.8.1] 중심극한정리

X_1, X_2, ⋯이 평균이 μ, 분산이 σ^2으로 유한인 *i.i.d.* 열이면, 모든 실수 x에 대하여 다음이 성립한다.

$$\lim_{n\to\infty}P\left(\frac{S_n-n\mu}{\sigma\sqrt{n}}\le x\right)=\Phi(x) \tag{4.8.7}$$

여기서, $\Phi(\cdot)$는 표준정규분포의 분포함수를 나타낸다.

〔정리 4.8.1〕의 의미는 *i.i.d.* 확률변수열의 부분합 S_n을 표준화하여 얻은 $(S_n-n\mu)/\sigma\sqrt{n}$는 표준정규분포로 분포수렴한다는 뜻이다. 다음 그림은 균일분포 $U(0,\ 1)$에서 30개씩 표본

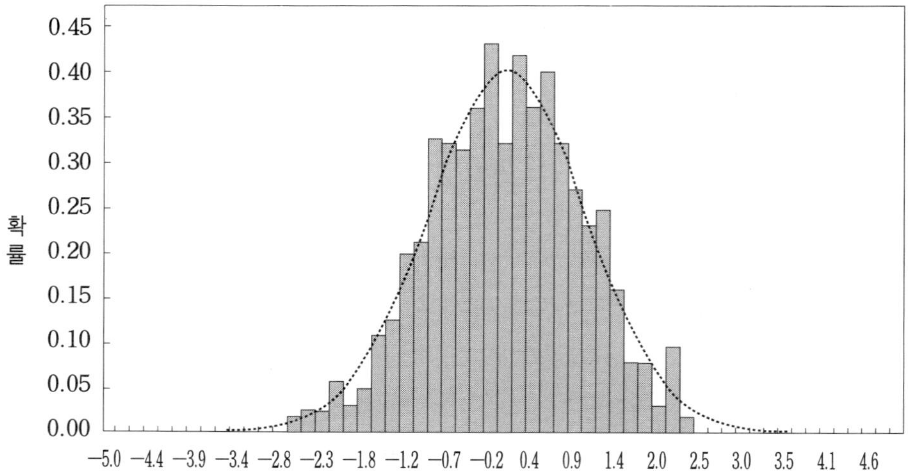

▌그림 4.1▐ 표본평균의 정규분포 근사

을 뽑아 표본평균을 구하는 작업을 1000회 실시하여 $(S_n - n\mu)/\sigma\sqrt{n}$로 분포를 구한 것이다. 그림의 곡선은 표준정규분포 $N(0, 1)$의 밀도함수이며, 표준 정규분포로 근사됨을 알 수 있다.

예 4.8.1 우리나라의 21세 남자의 키는 대체로 정규분포를 따른다고 알려져 있다. 이러한 사실은 21세까지의 시간을 n개의 미세한 시간의 구간으로 구분하고 각 구간에서의 키의 성장을 X_k라 하면 k번째 구간까지의 키 S_k는 $S_{k+1} = S_k + X_{k+1}$에 의하여 구하여진다. 이 때, 각 구간에서의 성장이 독립이면 21세에서의 키 $S_n = S_0 + X_1 + X_2 + \cdots + X_n$은 중심극한정리에 의하여 근사적으로 정규분포를 따르게 되는 것이다. ■

예 4.8.2 어느 집단의 소득의 분포에 관하여 논의해 보자. 한 개인의 소득은 지극히 많은 작은 요인에 의하여 영향을 받아 결정된다고 하자. 이제 소득에 영향을 주는 요인이 n개 있고 각 요인에 대하여 그 영향의 크기는 영향을 받는 시점에서의 개인의 소득에 따라 다르다면 k개의 요인에 의하여 생긴 소득을 S_k라 할 때, $S_{k+1} = S_k + X_{k+1} g(S_k)$의 모형을 생각할 수 있다. 여기서, X_k는 k번째 요인의 단위소득에 대한 영향의 크기를 나타낸다. 따라서, 근사식

$$X_1 + X_2 + \cdots + X_n = \sum_{k=0}^{n-1} \frac{S_{k+1} - S_k}{g(S_k)} \sim \int_{S_0}^{S_n} \frac{1}{g(t)} dt$$

가 성립한다. 특히, $g(t) = t$인 경우(소득에 비례하여 영향을 받는 경우) 소득에 로그를 취한 $\log S_n$은 중심극한정리에 의하여 근사적으로 정규분포를 따르게 된다. 이와 같이 $\log X$가 정규분포를 따를 때, 확률변수 X는 **대수정규분포**(log-normal distribution)를 따른다고 말한다. ■

연습문제

1 $X_1, X_2, \cdots$은 베르누이 확률변수열이다. 다음을 증명하라.

(1) $N=\min\{n : X_n=1\}$일 때, $\{N<\infty\}=\cup_{n=1}^{\infty}\{X_n=1\}$

(2) $M=\max\{n : X_n=1\}$일 때, $\{M<\infty\}=\cup_{k=1}^{\infty}\cap_{n=k}^{\infty}\{X_n=0\}$

2 **(첫 귀환시간)** $S_n=S_0+X_1+\cdots+X_n$, $n=1, 2, \cdots$이 $p=1/2$이고 초기 출발점이 $S_0=0$인 단순임의보행일 때, 다음을 증명하라.

(1) $1\le r\le n$일 때,

$$\begin{aligned}P(S_1>0, \cdots, S_{2n-1}>0, S_{2n}=2r)&\\&=P(S_1>0, S_{2n}=2r)-P(S_1>0, S_{2n}=-2r)\\&=\frac{1}{2}\{P(S_{2n-1}=2r-1)-P(S_{2n-1}=2r+1)\}\end{aligned}$$

(2) $P(S_1>0, \cdots, S_{2n-1}>0, S_{2n}>0)=\binom{2n-1}{n}\left(\frac{1}{2}\right)^{2n}$

(3) $P(S_1\neq0, \cdots, S_{2n-1}\neq0, S_{2n}\neq0)=\binom{2n-1}{n}\left(\frac{1}{2}\right)^{2n-1}$

(4) $P(S_1\neq0, \cdots, S_{2n-1}\neq0, S_{2n}\neq0)=P(S_{2n}=0)$

(5) $P(S_1\neq0, \cdots, S_{2n-1}\neq0, S_{2n}=0)=P(S_{2n-2}=0)-P(S_{2n}=0)$

(6) $P(S_1\neq0, \cdots, S_{2n-1}\neq0, S_{2n}=0)=\frac{1}{2n-1}P(S_{2n}=0)$

(7) $\sum_{n=1}^{\infty}P(S_1\neq0, \cdots, S_{2n-1}\neq0, S_{2n}=0)=1$

3 **(이산아크사인분포)** $S_0=0$, $S_k=S_0+X_1+\cdots+X_k$, $k=1, 2, \cdots$인 단순임의보행에서 주어진 n에 대하여, $N_n=\max\{k\le n : S_{2k}=0\}$으로 정의되는 랜덤시간 N_n을 원점으로의 **마지막 귀환시간**(last visit time before and including n)이라 부른다.

$$P(N_n=k)=P(S_{2k}=0)P(S_{2n-2k}=0),\ k=1, 2, \cdots, n$$

임을 보여라. 여기서 N_n의 분포를 이산아크사인분포(discrete arcsine distribution)라 부른다.

4 주사위를 던져 나오는 눈의 역수를 성공률로 하는 베르누이 독립반복시행을 행할 때, $\{X_n\}$을 n번째 시행에서 성공이 나오는 사건의 지표함수를 나타내는 베르누이 확률변수

라 하자.

(1) X_n은 동일한 분포를 따름을 보여라.

(2) $\{X_n\}$은 교환가능임을 보여라.

(3) $\{X_n\}$은 서로 양의 상관관계에 있음을 보여라.

5 $\{X_n, n=1, 2, \cdots\}$이 *i.i.d.* 열이고, N은 자연수만을 취하는 확률변수로서 N과 $\{X_n\}$은 서로 독립이다. X_1과 N의 분산이 유한일 때,

$$Var(S_N)=E(N)Var(X_1)+Var(N)\{E(X_1)\}^2$$

임을 보여라.

6 N이 성공률이 p인 기하분포를 따를 때, 조건부기대값 $E(N \mid N \le m)$을 구하라.

7 파산문제에서 다음 물음에 답하라.

(1) 갑과 을이 각각 a, b원을 가지고 게임을 할 때, 갑이 질 확률 $u_{a,b}$에 대하여, $\lim_{b \to \infty} u_{a,b}$를 구하라.

(2) 갑과 을이 각각 a, b원을 가지고 게임에 임할 때와 갑과 을이 각각 $2a$, $2b$원을 가지고 게임에 임할 때, 갑이 질 확률을 비교하라.

(3) 갑이 a원을 가지고 무한자본을 갖고 있는 을과 게임을 할 때, M을 게임이 끝날 때까지의 시행횟수라 하자.

가. 확률 $P(M=a+k)$를 구하라.

나. $\sum_{k=0}^{\infty} P(M=a+k)=1$인지 알아보라.

8 다음 **마코프의 부등식**(Markov's inequality)을 증명하라.

$$X \ge 0\text{이면, 임의의 } \varepsilon>0\text{에 대하여 } P(X \le \varepsilon) \le \frac{E(X)}{\varepsilon}$$

9 $f(x)=\begin{cases} p, & x=\varepsilon(>0) \\ 1-p, & x=0 \end{cases}$ 일 때, 마코프의 부등식은 등식이 됨을 보여라.

10 $X_1, X_2, \cdots, X_n$들은 서로 독립이며, 동일한 분포함수 F를 갖는다. 만일, 모든 $a<b$에 대하여 $F(b)=1$, $F(a)<1$인 b가 존재한다면, $n \to \infty$일 때 $\max(X_1, \cdots, X_n)$은 b로 확률수렴함을 보여라.

11 동일한 확률공간에서 정의된 두 확률변수 X_n과 Y_n에 대하여 X_n은 X로, Y_n은 Y로 확률수렴한다.

(1) X_n+Y_n은 $X+Y$에 확률수렴함을 보여라.

(2) X_nY_n은 XY로 확률수렴함을 보여라.

12 위의 문제를 확률1수렴으로 하여 증명하라.

13 g는 수직선상의 연속함수이다. X_n이 X로 확률수렴하면 $g(X_n)$은 $g(X)$에 확률수렴함을 보여라. 또, X_n이 X로 확률1수렴하면 $g(X_n)$은 $g(X)$에 확률1수렴함을 보여라.

14 $X_1, \cdots, X_n$은 서로 독립이며 평균이 μ, 분산이 $\sigma^2<\infty$인 정규분포를 따른다. 통계량 $\hat{\sigma}_n^2=\frac{1}{n}\sum_{i=1}^{n}(X_i-\overline{X}_n)^2$은 σ^2으로 확률수렴함을 보여라.

15 $X_1, \cdots, X_n$은 서로 독립이고 동일한 분포를 따르며, 기대값이 무한대이고 음이 아닌 확률변수의 열이다. 다음 물음에 답하라.

(1) 임의의 상수 a에 대하여 $P(\overline{X}_n \geq a)$가 1에 수렴한다는 의미에서 $\overline{X}_n$가 무한대에 확률수렴함을 보여라.

(2) 임의의 상수 a에 대하여 $P(\lim_n \overline{X}_n \geq a)=1$임을 보이고, 이로부터 $\overline{X}_n$은 무한대로 확률1발산함을 보여라.

16 한 수를 반올림할 때 생기는 오차가 구간 $(-0.5,\ 0.5)$에서 균일분포를 따른다고 할 때, 12개의 수를 반올림하여 더할 때 생기는 오차의 절대값이 1보다 작을 확률의 근사값을 중심극한정리를 써서 구하라.

17 $X_1, \cdots, X_n$은 서로 독립이며, X_k는 $\sqrt{k}$를 모수로 갖는 포아송분포를 따른다. $\overline{X_n}$의 확률수렴에 대하여 설명하라.

18 **(대수의 약법칙)** $X_1, X_2, \cdots$이 기대값이 μ로 유한인 *i.i.d.* 열이면

$$\text{임의의 } \varepsilon>0\text{에 대하여 } P\left(\left|\frac{S_n}{n}-\mu\right|<\varepsilon\right)=1$$

이 성립할 때, **대수의 약법칙**(weak law of large numbers)을 만족한다고 한다. 즉, 대수의 약법칙이란 $X_1, X_2, \cdots, X_n$의 표본평균 $\frac{S_n}{n}$이 X_i의 기대값인 μ로 확률수렴하는

것을 말한다. 대수의 약법칙과의 구별을 위하여 대수의 법칙을 **대수의 강법칙**(strong law of large numbers)이라고도 부른다.

(1) 대수의 약법칙을 대수의 강법칙으로부터 유도하라.

(2) X_i의 분산이 유한이라는 가정 아래 대수의 약법칙을 중심극한정리로부터 유도하라.

19 임의의 $\varepsilon>0$과 자연수 k에 대하여, 다음 부등식이 성립함을 보여라.

$$P(|X|\geq\varepsilon)\leq\varepsilon^{-k}E(|X|^k)$$

20 $X_1, X_2, \cdots$이 성공률이 p인 *i.i.d.* 베르누이열일 때, $E[S_n-np)^4]\leq n^2$임을 보여라.

21 베르누이 독립시행에 대한 대수의 법칙을 증명하라.

22 분산이 유한인 *i.i.d.* 열에 대한 대수의 약법칙을 체비체프의 부등식을 써서 증명하라.

23 **(아크사인분포)** 단순임의보행에서 이산아크사인분포를 따르는 마지막 귀환시간 N_n에 대하여 다음을 보여라.

$$n\to\infty\text{일 때, } P(N_n\leq xn)\to\int_0^x\frac{1}{\pi\sqrt{u(1-u)}}du,\ 0<x<1$$

즉, $\frac{N_n}{n}$은 아크사인분포로 분포수렴한다.

제 5 장 마코프사슬모형

5.1 종속시행

5.1.1 확률과정이란?

지금까지는 주사위를 던지는 실험이나 모집단으로부터 표본을 복원추출하는 *i.i.d.* 확률실험과 같이 주로 무한 독립시행에서 나타나는 현상을 다루었다. 그러나 일 평균기온자료나 경제지수와 같이 현실에서는 시간적으로나 공간적으로 이웃하는 변수끼리 서로 독립이 아닌 시행이 대부분이다. 즉, **종속시행**(dependent trials)에 기인하는 경우가 많으며, 따라서 현대 확률론은 주로 종속시행에 대한 연구를 통하여 이론과 응용이 발전되어 왔다.

무한 회의 시행에서 n번째 시행에서의 수치적 결과를 X_n이라 하자. 이와 같이 얻어지는 확률변수들의 모임 $\{X_n,\ n \in N\}$을 무한 회의 시행을 통해서 얻어지는 **확률과정**(stochastic process)이라 부른다. 예를 들어, *i.i.d.* 열은 확률과정이므로 *i.i.d.* 과정이라고도 부른다. 여기서 n은 시간의 의미로 해석하면 편리하며, 집합 N은 주로 $N=0,\ 1,\ 2,\ \cdots$인 경우를 많이 다루게 되지만, $N=\{\cdots,\ -2,\ -1,\ 0,\ 1,\ 2,\ \cdots\}$인 경우도 있다. 전자의 경우, X_0는 첫 시행을 행하기 전의 초기상태(initial state)를 뜻하는 것으로 이해하면 되며, 후자의 경우에는 시행이 과거로부터 계속 행하여져 온 것으로 해석하면 된다.

확률과정 $\{X_n,\ n \in N\}$에서 X_n들이 취하는 값을 **상태**(state), 상태들의 전체모임을 **상태공간**(state space)이라 부르며, S로 표기한다. 한편, 표본공간의 한 원소 $\omega \in \Omega$를 고정시키고 이에 대응되는 확률과정의 관측치 $\{X_n(\omega),\ n \in N\}$를 생각하면 시간 n의 함수가 되며, 이를 그 ω에 대응되는 표본경로(sample path) 또는 경로(path), 자취라 부른다.

5.1.2 시불변과정

$\{X_n,\ n \geq 0\}$이 *i.i.d.* 과정이면, 임의의 자연수 k를 초기시간으로 하는 과정 $\{X_k,\ X_{k+1},\ \cdots\}$은 분포가 원래의 과정과 같다. 이와 같은 성질을 가지는 확률과정을 **시불변과정** 또는 **정상과정**(stationary process)이라고 부른다. 확률과정의 **시불변성**(time-invariance)이란, 시간의 기준점을 바꾸더라도 분포는 변하지 않는 성질을 의미한다.

예 5.1.1 *i.i.d.* 과정은 시불변과정의 극단적인 예이다. 한편, $X_n = X,\ n \geq 0$으로 주어지는 과정 $\{X_n,\ n \geq 0\}$은 *i.i.d.* 과정에 대조되는 다른 극단적인 시불변과정이다. ■

위의 예에서 시불변과정을 이루는 확률변수들은 모두 동일한 분포를 따르며, 이는 시불변과정이 지니는 하나의 성질이다. 기대값이 유한인 시불변과정에서의 가장 중요한 문제는 **표본평균이 기대값으로 확률1수렴을 하는지**의 여부이다. 이러한 문제는 열역학 등의 분야에서 꾸준히 제기되어 왔으며, 표본평균 $\frac{1}{n}\sum_{k=0}^{n-1}X_k$는 시평균(time average), 기대값 $E(X_1)$은 위상평균(phase average)이라고도 불리우며, 1931년 미국의 수학자 버코프(G. Birkhoff)에 의하여 해결되었다. 버코프는 "기대값이 유한인 시불변과정이 **에르고드성**(ergodicity)을 만족하면 시평균은 위상평균으로 확률1수렴한다"라는 **에르고드 정리**(ergodic theorem)를 발표하였다. 여기서 에르고드성이란 다음에 다루게 될 마코프사슬에서의 기약성과 동일한 뜻으로 상태공간에 있는 모든 원소들이 서로 도달가능하다는 개념이며, 이는 과정을 이루는 확률변수들 사이의 **점근독립성**(asymptotic independence)이라 해석될 수 있는 성질이다. 시불변과정이 독립과정이면, *i.i.d.* 과정이 된다. 또한, 독립성은 에르고드성보다 더 강한 조건이므로 에르고드 정리는 대수의 법칙의 일반화된 정리이다. 에르고드 이론(ergodic theory)은 현대 수학에서 중요한 연구분야를 이루고 있다.

5. 1. 3 공분산불변과정

이차적률이 유한인 과정에서, 임의의 n과 h에 대하여 X_{n+h}와 X_n의 공분산 $Cov(X_{n+h}, X_n)$이 h만의 함수로 나타나는 확률과정을 **광의의 시불변과정**(stationary process in wide sense), **약정상과정**(weakly stationary process), **공분산불변과정**(covariance stationary process) 등으로 부른다. 공분산은 분포의 특성이므로 이차적률이 유한이면 시불변과정은 공분산불변과정이 된다. 그러나 그 역은 성립되지 않는다. 이러한 의미에서 시불변과정을 **협의의 시불변과정**(stationary process in strict sense)이라고도 한다.

예 5.1.2 상관이 없고(uncorrelated) 모두 기대값이 0, 분산이 σ^2인 두 확률변수 A, B에 대하여 $X_n = Acos(n\lambda) + Bsin(n\lambda)$, $n = \cdots, -1, 0, 1, \cdots$, $0 \le \lambda \le 2\pi$이면,

$$\begin{aligned} Cov(X_m, X_n) &= E(X_m X_n) \\ &= E[A^2\cos(m\lambda)\cos(n\lambda) + B^2\sin(m\lambda)\sin(n\lambda)] \\ &= \sigma^2[\cos(m\lambda)\cos(n\lambda) + \sin(m\lambda)\sin(n\lambda)] \\ &= \sigma^2\cos((m-n)\lambda) \end{aligned}$$

이므로 과정 $\{X_n = A\cos(n\lambda) + B\sin(n\lambda),\ n = \cdots, -1, 0, 1, \cdots\}$은 공분산불변과정이다. ■

공분산불변과정은 주로 경제학, 경영학에서 나타나는 경제, 경영지표에 대한 모형으로 많이 쓰이며, 또한 전기, 전자, 통신공학에서의 **신호처리**(signal processing) 등에서 중요한 도구로 사용되고 있다. 그 이유로는 기하학적인 분석이 가능하여 **사영기법**(projection method)에 의한 **예측**(prediction)과 **보간**(interpolation)이 가능하다는 점과, 공분산불변과정에 대한 스펙트럴 분석(spectral analysis)이 가능하다는 점을 들 수 있다.

5.1.4 마팅게일

확률과정에서 각 확률변수의 기대값이 유한인 과정 $\{X_n, n=0, 1, \cdots\}$이

$$E(X_{n+1} | X_0, X_1, \cdots, X_n) = X_n \tag{5.1.1}$$

을 만족할 때, 이 과정을 **마팅게일**(martingale)이라 한다.

예 5.1.3 $Y_0=0$이고 $Y_1, Y_2, \cdots$은 $E(Y_i)=0$, $i=1, 2, \cdots$인 독립과정이다. 이 때, $X_n=Y_0+Y_1+\cdots+Y_n$으로 정의되는 확률과정 $\{X_n, n\geq 0\}$은 마팅게일이 된다. 즉,

$$\begin{aligned} E(X_{n+1} | X_0, X_1, \cdots, X_n) &= E(X_{n+1}-X_n+X_n | X_0, X_1, \cdots, X_n) \\ &= X_n + E(Y_{n+1} | Y_0, \cdots, Y_n) \\ &= X_n + E(Y_{n+1}) \\ &= X_n \end{aligned}$$

이므로 $\{X_n, n\geq 0\}$은 마팅게일이다. ■

예 5.1.4 [예 5.1.3]을 좀 더 일반화하여 보자. 확률과정 $\{Y_1, Y_2, \cdots\}$이 $E(Y_i)=0$, $i=1, 2, \cdots$인 독립과정일 때,

$$S_0=0, \ S_{n+1}=S_n+Y_{n+1}g_n(Y_1, \cdots, Y_n)$$

으로 정의되는 과정 $\{S_n, n\geq 0\}$은 마팅게일이다. 이 모형은 주식투자에 관한 모형으로 해석될 수 있다. Y_n을 n번째 투자에서의 단위주식당 이익(또는 손실)이라 하고 $g_n(\cdot, \cdots, \cdot)$을 $n+1$번째 투자시의 구매주식수라 하면 S_n은 n번의 투자를 한 직후의 투자자의 이익의(또는 손실) 합이 된다. 여기서, g_n이 $Y_1, \cdots, Y_n$의 함수인 것은 $n+1$번째의 투자시에는 그 전까지의 주가의 동향에 관한 정보를 이용하여 투자액을 결정한다는 뜻이다. ■

마팅게일은 그 응용의 범위가 매우 넓다. 특히 최근에 들어 금융분야에서 선물(futures) 또는

선택(option)거래에서의 **가격결정**(valuation)에 대한 모형으로 중요하게 쓰이고 있다.

5. 1. 5 마코프과정

임의의 x_0, x_1, $\cdots$, x_n과 집합 A에 대하여,

$$P(X_{n+1}\in A\mid X_0=x_0,\ X_1=x_1,\ \cdots,\ X_n=x_n)=P(X_{n+1}\in A\mid X_n=x_n) \quad \textbf{(5.1.2)}$$

이 성립할 때 확률과정 $\{X_n,\ n\geq 0\}$을 **마코프과정**(Markov process)이라 부르며, 이 성질을 **마코프성질**(Markov property)이라 한다. 마코프성질이란 "과거와 현재에 관한 정보가 주어질 때 미래에 관한 조건부분포는 현재의 정보에만 의존하며, 과거의 정보와는 무관하다"는 것이다.

예 5.1.5 확률과정 $\{X_n,\ n\geq 0\}$이 독립과정이면

$$\begin{aligned}P(X_{n+1}\in A\mid X_0=x_0,\ \cdots,\ X_n=x_n)&=P(X_{n+1}\in A)\\&=P(X_{n+1}\in A\mid X_n=x_n)\end{aligned}$$

이므로 마코프과정이다. ■

예 5.1.6 확률과정 $\{X_n,\ n\geq 0\}$이 독립과정일 때, $S_n=X_0+X_1+\cdots+X_n$으로 주어지는 부분합 과정 $\{S_n,\ n\geq 0\}$은

$$\begin{aligned}P(S_{n+1}\in A\mid S_0=s_0,\ S_1=s_1,\ \cdots,\ S_n=s_n)&\\=P(X_{n+1}+s_n\in A\mid S_0=s_0,\ S_1=s_1,\ \cdots,\ S_n=s_n)&\\=P(X_{n+1}+s_n\in A)&\\=P(X_{n+1}+s_n\in A\mid S_n=s_n)&\\=P(S_{n+1}\in A\mid S_n=s_n)&\end{aligned}$$

이 성립하므로 마코프과정이다. ■

예 5.1.7 **(1차 자기회귀모형)** ε_k, $k=0,\ 1,\ 2,\ \cdots$이 *i.i.d.* 과정인 **백색잡음과정**(white noise process)이고, 확률변수 X_k가

$$X_0=\varepsilon_0,\ X_k=\rho X_{k-1}+\varepsilon_k,\ k=1,\ 2,\ \cdots$$

으로 주어지는 확률과정 $\{X_n,\ n\geq 0\}$을 **1차 자기회귀과정**(first order autoregressive process)이라 부른다. 여기서 ρ는 상수이다. 이 때, X_n은 다음과 같이 백색잡음만으로 나타낼 수 있다.

$$\begin{aligned} X_n &= \rho X_{n-1} + \varepsilon_n \\ &= \rho(\rho X_{n-2} + \varepsilon_{n-1}) + \varepsilon_n \\ &= \rho^2 X_{n-2} + \rho\varepsilon_{n-1} + \varepsilon_n \\ &\vdots \\ &= \sum_{i=0}^{n} \rho^{n-1} \varepsilon_i \end{aligned}$$

따라서, 1차 자기회귀과정은 마코프과정이다. ■

일반적으로 ε_k, $k=0, 1, 2, \cdots$이 백색잡음을 나타내는 *i.i.d.* 과정이고, 확률변수 X_k가

$$X_0 = \varepsilon_0,\ X_k = \rho_1 X_{k-1} + \cdots + \rho_p X_{k-p} + \varepsilon_k,\ k=1, 2, \cdots$$

으로 주어지는 과정 $\{X_n, n \geq 0\}$을 ***p*차 자기회귀과정**이라 부른다. p차 자기회귀과정에 대하여는 등식

$$\begin{aligned} &P(X_{n+1} \in A \mid X_0 = x_0, X_1 = x_1, \cdots, X_n = x_n) \\ &\qquad = P(X_{n+1} \in A \mid X_{n-p+1} = x_{n-p+1}, \cdots, X_n = x_n) \end{aligned}$$

이 성립하며, 따라서 $p \geq 2$이면 마코프과정이 아니다. 그러나 이 경우에도 차원을 높여 생기는 p차원 벡터과정 $\{(X_{n+p-1}, \cdots, X_n), n \geq 0\}$은 마코프과정이 된다.

마코프과정을 다루기 위하여 조건부확률로부터 얻어지는 함수

$$P(x, n; A) = P(X_{n+1} \in A \mid X_n = x)$$

가 중요한 역할을 한다. 이와 같이 정의된 확률밀도(질량)함수를 **추이확률함수**(transition probability function) 또는 **추이확률**(transition probability)이라 부른다. 특히, 마코프과정의 추이확률함수가 임의의 n에 대하여

$$p(x, n; A) = p(x, 0; A)$$

를 만족할 때, 이를 **정상추이확률함수**(stationary transition probability function)라고 부르고, 간단히 $p(x, A)$로 나타낸다. 또한, 정상추이확률함수를 갖는 마코프과정을 **동질의 마코프과정**(homogeneous Markov process)이라고 부른다.

5.2 마코프사슬

5. 2. 1 마코프사슬의 정의와 예

상태공간이 이산형(주로 정수 집합)인 마코프과정을 **마코프사슬**(Markov chain)이라 부른다. 따라서, 마코프사슬에서의 마코프성질은

$$P(X_{n+1} \in A \mid X_n = i_n,\ X_{n-1} = i_{n-1},\ \cdots,\ X_0 = i_0) = P(X_{n+1} \in A \mid X_n = i_n)$$

이 임의의 상태 $i_0, \cdots, i_{n-1}, i_n$과 임의의 집합 A 그리고 임의의 자연수 n에 대하여 성립함을 말한다. 위의 식에서 나타난 조건부확률을 "시점 n에서 i_n을 출발한 과정이 시점 $n+1$에서는 집합 A에 도달하는 확률"이라고 해석한다. 마코프사슬의 경우 다루게 되는 추이확률은

$$p(i, n; A) = P(X_{n+1} \in A \mid X_n = i)$$

이며, 정상추이확률을 갖는 마코프사슬에서는 추이확률이 n에 관계없으므로 이를 간략히 $p(i, A)$로 나타낸다. 특히, $A = \{j\}$인 경우의 추이확률을 p_{ij}로 나타낸다. 앞으로 별도의 언급이 없는 한, 정상추이확률을 갖는 마코프사슬(동질의 마코프사슬)만을 다루기로 한다.

p_{ij}를 원소로 갖는 행렬을 P로 나타내고, 이 행렬 P를 **추이확률행렬**(transition probability matrix) 또는 **추이행렬**(transition matrix)이라 부른다. 추이행렬의 임의의 원소 p_{ij}는 다음의 성질을 갖는다.

1. 임의의 $i, j \in S$에 대하여 $0 \le p_{ij} \le 1$
2. 임의의 $i \in S$에 대하여 $\sum_{j \in S} p_{ij} = 1$

예 5.2.1 $P(X_n = i) = p_i (i = 0, 1, 2, \cdots)$인 독립과정 $\{X_n, n = 0, 1, 2, \cdots\}$은 추이확률이 $p_{ij} = P(X_{n+1} = j \mid X_n = i) = p_j$인 마코프사슬이다. 따라서, 추이확률행렬은

$$P = \begin{matrix} & \begin{matrix} 0 & 1 & 2 & \cdots \end{matrix} \\ \begin{matrix} 0 \\ 1 \\ \vdots \end{matrix} & \begin{pmatrix} p_0 & p_1 & p_2 & \cdots \\ p_0 & p_1 & p_2 & \cdots \\ \vdots & \vdots & \vdots & \end{pmatrix} \end{matrix}$$

로 주어진다. ■

예 5.2.2 **(임의보행)** $Y_n, n = 1, 2, \cdots$이 *i.i.d.* 과정일 때, $S_0 = x$, $S_n = S_0 + Y_1 + \cdots +$

$Y_n(n=0, 1, 2, \cdots)$으로 정의되는 확률과정 $\{S_n, n\geq 0\}$을 x에서 출발하는 **임의보행**(random walk)이라고 부른다.

특히, Y_n, $n=1, 2, \cdots$이 $P(Y_n=1)=p$, $P(Y_n=-1)=q$, $p+q=1$이면, i가 자연수일 때 $S_0=i$, $S_n=S_0+Y_1+\cdots+Y_n$, $(n=0, 1, 2, \cdots)$은 상태공간이 모든 정수의 집합이고 추이확률이

$$p_{ij}=P(S_{n+1}=j|S_n=i)=\begin{cases} p, & j=i+1 \\ q, & j=i-1 \end{cases}$$

인 마코프사슬이며, 이를 **베르누이 임의보행**(Bernoulli random walk)이라 부르고, 대칭적으로 $p=q=1/2$로 주어지는 경우에는 단순임의보행(simple random walk)이라 한다. ■

예 5.2.3 **(출생과 사망사슬)** 상태공간이 0 이상의 모든 정수의 집합이며, 추이확률이 다음과 같이 주어진다.

$$p_{ij}=P(X_{n+1}=j|X_n=i)=\begin{cases} p_i, & j=i+1 \\ q_i, & j=i-1 \\ r_i, & j=i,\ i\geq 1 \end{cases}$$

여기서 $p_i+q_i+r_i=1$, $p_{01}=p_0$, $p_{00}=r_0$, $p_0+r_0=1$인 마코프사슬을 **출생과 사망사슬**(birth and death chain)이라고 부른다. ■

예 5.2.4 **(파산문제)** 갑의 초기자산을 $Y_0=a$, i번째 게임에서 갑이 얻는 수입을 Y_i로 나타내면 $X_n=Y_0+Y_1+\cdots+Y_n$은 n번 게임 직후의 갑의 자산이다. 또한, $X_n=0$ 또는 $X_n=a+b$이면 게임은 더 이상 계속되지 않으므로 상태공간은 $S=\{0, 1, \cdots, a+b\}$이며, $p_{0,0}=p_{a+b,a+b}=1$로 주어진다. 즉, 추이행렬은

$$P=\begin{array}{c} \\ 0 \\ \vdots \\ a-1 \\ a \\ a+1 \\ \vdots \\ a+b \end{array}\begin{array}{c} \begin{array}{cccccccccc} 0 & 1 & \cdots & a-1 & a & a+1 & \cdots & a+b-1 & a+b \end{array} \\ \begin{pmatrix} 1 & 0 & \cdots & 0 & 0 & 0 & \cdots & 0 & 0 \\ \vdots & \vdots & \vdots & \vdots & \vdots & \vdots & & & \\ 0 & 0 & \cdots & 0 & p & 0 & \cdots & & 0 \\ 0 & 0 & \cdots & q & 0 & p & & & 0 \\ 0 & 0 & \cdots & 0 & q & 0 & & & 0 \\ \vdots & \vdots & \vdots & \vdots & \vdots & \vdots & & & \\ 0 & 0 & \cdots & 0 & 0 & 0 & \cdots & 0 & 1 \end{pmatrix} \end{array}$$

이다. ■

$p_{k,k}=1$인 상태 k를 **흡수상태**(absorbing state)라 부른다. 예를 들어, 파산문제에서 상태 0, $a+b$는 흡수상태이다. 또한, 파산문제에서 상태 0, $a+b$는 상태공간의 경계이다. 이제, 상태 1에서의 추이확률이

$$p_{1,1}=\delta q,\ p_{1,0}=(1-\delta)q,\ 0\le\delta\le 1$$

로 주어지는 경우를 생각해 보자. $\delta=0$이면 이 모형은 원래의 파산문제가 되며, 이 경우 경계 0을 **흡수장벽**(absorbing barrier)이라 부른다. 이에 반하여 $\delta=1$일 때, 0을 **반사장벽**(reflecting barrier)이라 부른다. 끝으로 $0<\delta<1$인 경우 경계 0을 **탄성장벽**(elastic barrier)이라 부른다. 을의 너그러움에 의하여 갑의 파산 즉시 언제나 갑이 을로부터 1원씩을 받는 경우 경계 0은 반사장벽이 되는 것이다.

초기상태가 i_0일 때, 마코프사슬에 관한 확률은 추이확률만을 이용하여 다음과 같이 구할 수 있다.

$$\begin{aligned}
&P(X_1=i_1,\ \cdots,\ X_n=i_n \mid X_0=i_0)\\
&=P(X_n=i_n \mid X_j=i_j,\ j=0,\ \cdots,\ n-1)P(X_j=i_j,\ j=1,\ \cdots,\ n-1 \mid X_0=i_0)\\
&=P(X_n=i_n \mid X_{n-1}=i_{n-1})P(X_j=i_j,\ j=1,\ \cdots,\ n-1 \mid X_0=i_0)\\
&=P_{i_{n-1},i_n}\cdot P(X_j=i_j,\ j=1,\ \cdots,\ n-1 \mid X_0=i_0)\\
&=p_{i_{n-1},i_n}\cdot p_{i_{n-2},i_{n-1}}\cdot P(X_j=i_j,\ j=1,\ \cdots,\ n-2 \mid X_0=i_0)\\
&\ \vdots\\
&=p_{i_{n-1},i_n}p_{i_{n-2},i_{n-1}}\cdots p_{i_0,i_1}\\
&=p_{i_0,i_1}p_{i_1,i_2}\cdots p_{i_{n-1},i_n}
\end{aligned}$$

즉, 초기상태가 i_0인 사슬에서 $i_0\to i_1\to i_2\to\cdots\to i_n$으로 움직이는 확률을 구할 때, 각 추이확률을 곱하여 구하면 된다.

5. 2. 2 차프만-콜모고로프의 방정식과 마코프사슬의 모형설정

차프만-콜모고로프의 방정식

상태 i에서 출발한 마코프사슬이 n시간 후에 상태 j에 도달할 확률을 i에서 j로의 **n-단계 추이확률**(n-step transition probability)이라 부르고, $p_{ij}^{(n)}$으로 표기한다. 즉, $p_{ij}^{(n)}=P(X_{m+n}=j \mid X_m=i)$이다. 따라서, 앞서 소개된 추이확률은 1-단계 추이확률이며, $p_{ij}=p_{ij}^{(1)}$가 된다. n-단계 추이확률 $p_{ij}^{(n)}$을 원소로 갖는 행렬은 $P^{(n)}$으로 표기하고, 이를 n-단계 추이(확률)행렬이라 부른다.

$$p_{ij}^{(0)}=P(X_m=j|X_m=i)=\begin{cases}1, & j=i\\0, & j\neq i\end{cases}$$

이므로 $P^{(0)}$는 단위행렬(identity matrix) I이다. $n-$단계 추이행렬에 대하여는 다음 정리가 성립한다.

[정리 5.2.1] 차프만-콜모고로프의 방정식

임의의 정수 m과 $n(m, n\geq 0)$에 대하여 다음의 등식이 성립한다. 이를 **차프만-콜모고로프의 방정식**(Chapman-Kolmogorov's equations)이라 부른다.

$$P^{(m+n)}=P^{(m)}\cdot P^{(n)} \tag{5.2.3}$$

증명▶▶ 전확률법칙을 적용하면

$$\begin{aligned}p_{ij}^{(m+n)}&=P(X_{m+n}=j|X_0=i)\\&=\sum_{k\in S}P(X_{m+n}=j, X_m=k|X_0=i)\\&=\sum_{k\in S}P(X_{m+n}=j|X_m=k, X_0=i)P(X_m=k|X_0=i)\\&=\sum_{k\in S}P(X_{m+n}=j|X_m=k)P(X_m=k|X_0=i)\\&=\sum_{k\in S}p_{kj}^{(n)}p_{ik}^{(m)}\end{aligned}$$

■

위의 정리로부터 $P^{(n)}=P^{(n-1)}P=\cdots=P^n$이므로 $n-$단계 추이행렬은 $1-$단계 추이행렬을 제곱하여 얻어진다. 즉, 모든 단계의 추이확률은 $1-$단계 추이확률로부터 얻어질 수 있다.

마코프사슬의 모형설정

마코프사슬의 모형설정에 대한 이해를 쉽게 하기 위하여 세 개의 확률변수 X, Y, Z에 의한 모형설정을 알아보자. 이 세 확률변수에 의한 모형설정이란 확률벡터 (X, Y, Z)의 치역 S와 S에서의 결합분포 $P_{(X,Y,Z)}$를 설정하는 것을 뜻한다. 그러나 결합분포를 한 번에 결정하는 것은 용이하지 않을 수 있으며, 따라서 단계적인 방법으로 결합분포를 결정하는 방법도 흔히 쓰이게 된다. 즉,

1. 먼저, X의 분포 P_X를 결정하고,
2. 다음으로, X가 주어질 때 Y의 조건부분포 $P_{Y|X}$를 결정하고,

3. 끝으로, X, Y가 주어질 때 Z의 조건부분포 $P_{Z|Y,X}$를 결정해 주면

(X, Y, Z)의 결합분포를 세울 수 있다.

만일 위의 X, Y, Z가, 쓰여진 순서에 의하여 마코프성질을 갖는다면 조건부분포 $P_{Z|Y,X}$는 Y만이 주어지는 조건분분포 $P_{Z|Y}$와 같다. 또한, 두 조건부분포 $P_{Y|X}$, $P_{Z|Y}$가 동일하다면 결합분포 $P_{(X,Y,Z)}$는 P_X와 $P_{Y|X}$만에 의하여 결정된다. 이와 같은 논리는 마코프사슬에 그대로 적용된다.

마코프사슬 $\{X_n,\ n\geq 0\}$에서 X_0의 분포를 마코프사슬의 **초기분포**(initial distribution)라 부르고, X_0가 택하는 상태를 **초기상태**(initial state)라 부른다. 따라서, **마코프사슬의 결합분포는 추이확률과 초기분포에 의하여 결정**된다. 즉, $P(X_0=i)=p_i$로 초기분포를 나타내면, 임의의 n, i_0, i_1, $\cdots$, i_n에 대하여

$$\begin{aligned}&P(X_0=i_0,\ X_1=i_1,\ \cdots,\ X_n=i_n)\\&\quad=P(X_j=i_j,\ j=1,\ \cdots,\ n\,|\,X_0=i_0)P(X_0=i_0)\\&\quad=p_{i_0}\,p_{i_0,i_1}\,p_{i_1,i_2}\cdots p_{i_{n-1},i_n}\end{aligned}$$

이 된다. 따라서, 마코프사슬의 모형은 추이확률과 초기분포에 의하여 설정되는 것이다.

또한, X_n과 X_0의 분포를

$$\pi_i^{(n)}=P(X_n=i),\ \pi_i^{(0)}=P(X_0=i)$$

라 놓고 행벡터를 사용하여

$$\pi^{(n)}=(\pi_i^{(n)},\ i\in S),\ \pi^{(0)}=(\pi_i^{(0)},\ i\in S)$$

라 놓으면, X_n의 주변분포는 초기분포와 n-단계 추이확률로부터

$$\pi^{(n)}=\pi^{(0)}P^{(n)}$$

으로 구하여진다.

5.2.3 상태공간의 분할

마코프사슬에 관한 중요한 문제는 시불변성이다. 즉, 마코프사슬이 비록 처음에는 시불변성을 갖지 못하더라도 시간이 충분히 흐른 후에 궁극적으로는 시불변과정으로 수렴하게 되는지의 여부가 중요한 문제가 된다. 또 하나의 중요한 문제는 시불변과정으로 수렴된 마코프사슬의 에르고드성에 관한 문제이다. 이에 관련하여 나타나는 개념이 상태공간의 분할이다.

$p_{ij}^{(n)}>0$인 음이 아닌 정수 n이 존재할 때, 상태 j는 상태 i로부터 **도달가능**(accessible)이라

하고, $i \rightarrow j$로 표기한다. 또한 $i \rightarrow j$이고 $j \rightarrow i$인 경우 두 상태 i, j는 **서로도달가능**(each accessible to the other)이라 하고, $i \leftrightarrow j$로 표기한다. 모든 상태 i에 대하여 $p_{ij}^{(0)}=1$이므로 모든 상태는 자신과 서로도달가능하며, 또한 정의에 의하여 i와 j가 서로도달가능이면 j와 i도 서로도달가능이다. 다음은 상태공간에서 **이항관계**(binary relation)인 $\leftrightarrow$는 **동치관계**(equivalence relation)임을 말해 주는 정리이다.

[정리 5.2.2]

이항관계 $\leftrightarrow$는 다음의 세 가지 성질을 만족한다.

1. (반사성) 모든 상태 i에 대하여, $i \leftrightarrow i$
2. (대칭성) 모든 상태 i, j에 대하여 $i \leftrightarrow j$이면, $j \leftrightarrow i$
3. (추이성) 모든 상태 i, j, k에 대하여 $i \leftrightarrow j$이고 $j \leftrightarrow k$이면, $i \leftrightarrow k$

증명▶▶ 추이성만을 증명하면 충분하다. 즉, $i \neq j$, $j \neq k$인 경우 $i \rightarrow j$, $j \rightarrow k$이면 $i \rightarrow k$임을 보이면 충분할 것이다. 가정으로부터 $p_{ij}^{(m)}>0$, $p_{jk}^{(n)}>0$이 되는 자연수 m과 n이 존재하므로 차프만-콜모고로프의 방정식을 사용하면

$$p_{ik}^{(m+n)}=\sum_{l \in S} p_{il}^{(m)} p_{lk}^{(n)} \geq p_{ij}^{(m)} p_{jk}^{(n)}>0$$

을 얻는다. 즉 $i \leftrightarrow k$가 성립한다. ■

동치관계 $\leftrightarrow$는 상태공간을 동치류(equivalence class)로 분할한다. 즉, 서로 배반이며, 합하여 전체 상태공간이 되는 집합들이 존재하며, 한 집합 내에서의 상태들끼리만 서로도달가능인 성질을 갖는다. 만일 동치관계 $\leftrightarrow$에 의한 분할이 오직 상태공간 S로만 이루어지는 경우를 생각하여 보자. 이는 모든 상태들이 상호 도달가능인 것과 같음을 뜻한다. 이와 같은 마코프사슬을 **약분불능**(irreducible)이라고 하고, 그렇지 않은 마코프사슬은 **약분가능**(reducible)하다고 한다.

예 5.2.5 추이행렬이

$$P=\begin{array}{c} \\ 0 \\ 1 \\ 2 \\ 3 \end{array}\begin{array}{c} \begin{array}{cccc} 0 & 1 & 2 & 3 \end{array} \\ \begin{pmatrix} 1/2 & 1/2 & 0 & 0 \\ 1/3 & 0 & 2/3 & 0 \\ 0 & 0 & 0 & 1 \\ 0 & 0 & 1 & 0 \end{pmatrix} \end{array}$$

로 주어지는 경우, 상태공간 $S=\{0, 1, 2, 3\}$은 동치관계 $\leftrightarrow$에 의하여 $A_1=\{0, 1\}$, $A_2=\{2, 3\}$으로 이루어지는 분할 $\{A_1, A_2\}$가 존재하므로 약분가능하다. ■

주어진 상태 i에 대하여, $p_{ii}^{(n)}>0$인 자연수 n들의 최대공약수를 상태 i의 **주기**(period)라 부르고, $d(i)$로 나타낸다.

예 5.2.6 $p_{00}^{(1)}>0$이므로 $d(0)=1$임을 알 수 있다. 또한 모든 자연수 k에 대하여 $p_{22}^{(2k)}=p_{33}^{(2k)}=1$, $p_{22}^{(2k-1)}=p_{33}^{(2k-1)}=0$이므로 $d(2)=d(3)=2$가 된다. ■

위의 예에서의 상태 0과 같이 $d(i)=1$인 상태를 **비주기적 상태**(aperiodic state)라 부르며, 또한 모든 자연수 n에 대하여 $p_{ii}^{(n)}=0$이면 $d(i)=\infty$로 정의한다. 다음의 정리는 한 동치류내의 모든 상태들은 동일한 주기를 갖고 있음을 말해 준다.

[정리 5.2.3]

$$i \leftrightarrow j\text{이면 } d(i)=d(j)$$

증명▶▶ $i=j$인 경우는 당연하므로 $i\neq j$라 하자. $i \leftrightarrow j$이므로 $p_{ij}^{(m)}>0$, $p_{ji}^{(n)}>0$인 자연수 m과 n이 존재한다. 따라서, $p_{ii}^{(m+n)}>0$, $p_{jj}^{(n+m)}>0$이므로 $d(i)<\infty$, $d(j)<\infty$이다. $p_{ii}^{(s)}>0$인 임의의 자연수 s를 생각하면 주기의 정의에 의하여 s는 $d(i)$의 배수이며, 또한

$$p_{jj}^{(n+m)}\geq p_{ji}^{(n)}p_{ij}^{(m)}>0$$
$$p_{jj}^{(n+s+m)}\geq p_{ji}^{(n)}p_{ii}^{(s)}p_{ij}^{(m)}>0$$

이므로 $n+m$과 $n+s+m$은 $d(j)$의 배수이며, 따라서 $d(j)$는 s의 약수이다. $d(i)$는 이와 같은 s의 최대공약수이므로 $d(j)\leq d(i)$가 성립한다. 마찬가지 방법으로 $d(i)\leq d(j)$가 성립하므로 $d(i)=d(j)$이다. ■

5.3 재귀성

5.3.1 마코프사슬의 비기억성과 상태의 재귀성

상태 i에서 출발하는 마코프사슬은 동질의 마코프성질에 의하여 다시 상태 i로 되돌아올 때마다, 그 시점까지의 결과와는 독립적으로 상태 i에서 출발하는 원래의 마코프사슬과 같은 분포를 따르는 사슬이 된다. 이를 식으로 표현하면

$$P(X_{m+n}\in A \mid X_m=i, \cdots, X_1=j, X_0=i)=P(X_n\in A \mid X_0=i)$$

이다. 이를 동질인 마코프사슬의 **비기억성**(memoryless property) 또는 **재출발성질**(restarting property)이라 부른다. 이 성질은 마코프사슬을 이해하는 데 매우 중요하다.

상태 i에서 출발한 마코프사슬이 언젠가는 다시 상태 i로 되돌아오는 확률을 f_{ii}라 하자. 마코프사슬의 비기억성에 의하여 이 사슬이 상태 i에 되돌아올 때마다 다시 상태 i에 되돌아올 확률은 f_{ii}, 되돌아오지 않을 확률은 $1-f_{ii}$이다. 따라서, 마코프사슬이 상태 i를 방문하는 횟수를 R_i라 하면

$$P(R_i=n \mid X_0=i)=f_{ii}^n(1-f_{ii}),\ n=0, 1, 2, \cdots$$

이고, 이로부터

$$\begin{aligned} P(R_i<\infty \mid X_0=i) &= \sum_{n=0}^{\infty} P(R_i=n \mid X_0=i) \\ &= \sum_{n=0}^{\infty} f_{ii}^n(1-f_{ii}) \\ &= \begin{cases} 1, & f_{ii}<1 \\ 0, & f_{ii}=1 \end{cases} \end{aligned}$$

이 성립한다. 즉, $f_{ii}<1$이면 상태 i를 출발하는 마코프사슬은 상태 i에 유한 번만 다시 방문한 후 다시는 i에 되돌아오지 않으며, $f_{ii}=1$이면 상태 i를 출발하는 마코프사슬은 상태 i에 무한 번 다시 되돌아오게 된다. 이와 같은 의미에서 $f_{ii}<1$인 상태를 **일시적**(transient), $f_{ii}=1$인 상태를 **재귀적**(recurrent)이라 부른다.

5.3.2 재귀성조건

앞 절에서의 내용을 요약하면 상태의 일시성과 재귀성을 판별할 수 있는 기준을 다음과 같이 정리할 수 있다.

[정리 5.3.1]

1. 상태 i가 일시적이면 $P(R_i<\infty \mid X_0=i)=1$
2. 상태 i가 재귀적이면 $P(R_i=\infty \mid X_0=i)=1$
3. 모든 상태는 반드시 일시적 또는 재귀적이어야 하므로 위의 역도 성립한다.

사건열 $A_1, A_2, \cdots$에 대하여 $B_1=A_1$, $B_n=A_n-\cup_{k=1}^{n-1}A_k$, $n=2, 3, 4, \cdots$이라 하면 사건 B_n들은 서로 배반이며, $\cup_{n=1}^{\infty}A_n=\cup_{n=1}^{\infty}B_n$이다. 이제, $A_n=\{X_n=i\}$라 놓으면

$$B_1=\{X_1=i\},\ B_n=\{X_n=i,\ X_{n-1}\neq i,\ \cdots,\ X_1\neq i\},\ n=2, 3, \cdots$$

이고, 따라서 사건 B_n, $n=1, 2, \cdots$은 초기상태를 떠난 마코프사슬이 n시간만에 처음으로 상태 i에 도달하게 되는 사건이다. 따라서, $n\geq 1$일 때,

$$f_{ii}^{(n)}=P(B_n \mid X_0=i)$$

이라 놓으면

$$\begin{aligned} f_{ii}&=P(\cup_{n=1}^{\infty}\{X_n=i\} \mid X_0=i) \\ &=P(\cup_{n=1}^{\infty}A_n \mid X_0=i) \\ &=P(\cup_{n=1}^{\infty}B_n \mid X_0=i) \\ &=\sum_{n=1}^{\infty}P(B_n \mid X_0=i) \\ &=\sum_{n=1}^{\infty}f_{ii}^{(n)} \end{aligned}$$

임을 알 수 있다.

예 5.3.1 〔예 5.2.5〕에서 $f_{00}^{(1)}=\dfrac{1}{2}$, $f_{00}^{(2)}=\dfrac{1}{2}\cdot\dfrac{1}{3}$, $f_{00}^{(n)}=0\,(n\geq 3)$이므로 $f_{00}=f_{00}^{(1)}+f_{00}^{(2)}=\dfrac{4}{6}$를 얻는다. 따라서, 상태 0은 일시상태(transient state)이다. 그러나, $f_{22}^{(1)}=0$, $f_{22}^{(2)}=1$, $f_{22}^{(n)}=0\,(n\geq 3)$이므로 $f_{22}=1$. 따라서, 상태 2는 재귀상태(recurrent state)이다. ■

일반적으로 확률 f_{ii}를 구하여 상태 i의 재귀성 또는 일시성을 알아보는 것은 쉽지 않다. 그러나 상태 i를 방문하는 횟수 R_i의 기대값의 성질을 이용하면 상태 i의 재귀성 또는 일시성을 편리하게 판단할 수 있는 기준을 구할 수 있다. 즉, 상태 i가 재귀적이면 $E(R_i \mid X_0=i)=\infty$이고, 상태 i가 일시적이면 R_i는 $P(R_i=n \mid X_0=i)=f_{ii}^{n}(1-f_{ii})$인 확률변수이므로

$$E(R_i | X_0=i)=\sum_{n=1}^{\infty} nf_{ii}^n(1-f_{ii})=\frac{f_{ii}}{1-f_{ii}}<\infty$$

이다. 그런데 $\{X_k=i\}$의 지표함수를 $I(X_k=i)$라 놓아 $R_i=\sum_{k=1}^{\infty} I(X_k=i)$로 표현하면

$$\begin{aligned} E(R_i | X_0=i) &= E\left(\sum_{k=1}^{\infty} I(X_k=i) | X_0=i\right) \\ &= \sum_{k=1}^{\infty} E(I(X_k=i) | X_0=i) \\ &= \sum_{k=1}^{\infty} P(X_k=i | X_0=i) \\ &= \sum_{k=1}^{\infty} p_{ii}^{(k)} \end{aligned}$$

가 성립한다. 따라서, 상태 i가 재귀적이면 $\sum_{n=1}^{\infty} p_{ii}^{(n)}=\infty$이고, 상태 i가 일시적이면 $\sum_{n=1}^{\infty} p_{ii}^{(n)}<\infty$임을 알 수 있다. 모든 상태는 일시적 또는 재귀적이어야 하므로 다음 정리를 얻는다.

[정리 5.3.2]

1. $\sum_{n=1}^{\infty} p_{ii}^{(n)}<\infty$이면 상태 i는 일시적이고, 그 역도 성립한다.
2. $\sum_{n=1}^{\infty} p_{ii}^{(n)}=\infty$이면 상태 i는 재귀적이고, 그 역도 성립한다.

예 5.3.2 **(임의보행)** 임의보행에서 상태 0의 재귀성 여부를 알아 보자. 모든 $n \geq 0$에 대하여 $p_{00}^{(2n+1)}=0$, $p_{00}^{(2n)}=\binom{2n}{n}p^n q^n$으로 주어진다. **스털링의 공식**으로부터 $n \to \infty$이면

$$\binom{2n}{n} \sim \frac{\sqrt{2\pi}(2n)^{2n+\frac{1}{2}}e^{-2n}}{(\sqrt{2\pi}n^{n+\frac{1}{2}}e^{-n})^2}$$

이므로

$$p_{00}^{(2n)} \sim \frac{1}{\sqrt{\pi n}}(4pq)^n$$

을 얻는다. 여기서 $p \neq 1/2$이면 $4pq<1$이므로, 상태 0은 단순임의보행에서만 재귀적임을 알 수 있다. ■

예 5.3.3 **(이차원 임의보행)** 이차원 임의보행이란 평면에서의 상태 (i, j)로부터 단위시간에 상하좌우로 단위좌표만을 옮겨 갈 수 있는 마코프사슬을 말한다. 각 방향의 추이확률이 모두 1/4인 이차원 단순임의보행인 경우 원점 (0, 0)을 상태 0으로 놓아 원점에서 출발한 임

의보행이 n시간 후에 다시 원점에 놓이게 될 확률을 $p_{00}^{(n)}$으로 나타내면

$$p_{00}^{(2n+1)}=0,\ p_{00}^{(2n)}=\sum_{i+j=n}\frac{(2n)!}{i!i!j!j!}\left(\frac{1}{4}\right)^{2n}$$

을 얻는다. 여기서 $p_{00}^{(2n)}$의 분자와 분모에 각각 $(n!)^2$을 곱하고, 스털링공식을 이용하면

$$p_{00}^{(2n)}=\binom{2n}{n}\left(\frac{1}{4}\right)^{2n}\sum_{i=0}^{n}\binom{n}{i}\binom{n}{n-i}=\left\{\binom{2n}{n}\left(\frac{1}{4}\right)^{n}\right\}^2\sim\frac{1}{\pi n}$$

을 얻으며, 따라서 $\sum_{n=1}^{\infty}p_{00}^{(n)}=\infty$이다. 즉, 원점 (0, 0)은 재귀상태이다. ■

예 5.3.4 **(삼차원 임의보행)** 삼차원 단순임의보행에서 원점 (0, 0, 0)의 재귀성 여부를 알아보자. 원점에서 출발한 임의보행이 $2n$시간 후에 다시 원점에 놓여 있기 위하여 상과 하, 좌와 우, 전과 후의 이동의 수가 같아야 하므로,

$$p_{00}^{(2n)}=\sum_{i+j+k=n}\frac{(2n)!}{(i!j!k!)^2}\left(\frac{1}{6}\right)^{2n}$$

을 얻는다. $p_{00}^{(2n)}$의 분자와 분모에 $(n!)^2$을 곱하여 주고, 다항공식에 의한 등식

$$\sum_{i+j+k=n}\binom{n}{i,\ j,\ k}\left(\frac{1}{3}\right)^{n}=1$$

을 이용하면, 부등식

$$\begin{aligned}p_{00}^{(2n)}&=\frac{1}{2^{2n}}\binom{2n}{n}\sum_{i+j+k=n}\left\{\binom{n}{i,\ j,\ k}\left(\frac{1}{3}\right)^{n}\right\}^2\\&\le\max_{i+j+k=n}\binom{n}{i,\ j,\ k}\frac{1}{2^{2n}}\binom{2n}{n}\frac{1}{3^n}\end{aligned}$$

을 얻는다. 여기에서, $\binom{n}{i,\ j,\ k}$는 $i=j=k$가 $\frac{n}{3}$ 이하의 최대정수 $\left[\frac{n}{3}\right]$일 때 최대이므로, 스털링공식을 이용하여

$$\begin{aligned}\max_{i+j+k=n}\binom{n}{i,\ j,\ k}\frac{1}{2^{2n}}\binom{2n}{n}\frac{1}{3^n}&\sim\frac{n!}{\left(\left[\frac{n}{3}\right]!\right)^3 2^{2n}3^n}\binom{2n}{n}\\&\sim\frac{1}{2}\left(\frac{3}{\pi n}\right)^{3/2}\end{aligned}$$

임을 알 수 있다. 따라서, $\sum_{n=1}^{\infty}p_{00}^{(n)}<\infty$이고, 원점은 일시상태가 된다. ■

5. 3. 3 귀환시간

마코프사슬이 상태 j에 도달하는 **첫 방문시간**(first visit time)을 N_j라 하자. 즉,

$$N_j=\min\{n\geq 1 : X_n=j\}$$

특히 마코프사슬이 상태 i에서 출발하는 경우 N_i를 상태 i로 되돌아오는 **첫 귀환시간**(first return time)이라고 부른다. 따라서,

$$f_{ii}^{(n)}=P(N_i=n\mid X_0=i),\ f_{ii}=P(N_i<\infty\mid X_0=i)$$

이며, 재귀상태의 첫 귀환시간은 확률변수이지만, 일시적 상태의 첫 귀환시간은 확장된 확률변수이다.

마코프사슬이 재귀상태 i에서 출발하는 경우 그 사슬은 상태 i에 무한 번 되돌아오게 된다. 이제, $N_i^{(1)}=N_i$라 하고 $N_i^{(k)}$, $k=2, 3, \cdots$을 상태 i에 k번째 되돌아오는 시간과 $k-1$번째 되돌아오는 시간 사이의 간격이라 하자. 따라서, $N_i^{(1)}+\cdots+N_i^{(k)}$는 상태 i에 k번째 되돌아오는 시간이다. 마코프사슬의 재출발성질에 의하여 다음 정리를 얻는다.

[정리 5.3.3]

마코프사슬이 재귀상태 i에서 출발할 때, $\{N_i^{(k)},\ k\geq 1\}$은 *i.i.d.* 확률변수이다. 이 때, $P(N_i^{(1)}=n\mid X_0=i)=f_{ii}^{(n)}$이다.

상태 i의 첫 귀환시간에 대한 기대값을 μ_i라 하면 $\mu_i=E(N_i\mid X_0=i)$이고, 상태 i가 일시상태이면 $\mu_i=\infty$임을 알 수 있다. 그런데, 상태 i가 재귀적일 경우에는 $\mu_i<\infty$ 또는 $\mu_i=\infty$가 모두 가능하며, 따라서 $\mu_i<\infty$인 재귀상태를 **양의 재귀상태**(positively recurrent state), $\mu_i=\infty$인 재귀상태를 **영의 재귀상태**(null-recurrent state)라 부른다.

예 5.3.5 상태공간이 $S=\{0, 1\}$이고, 추이행렬이 다음과 같이 주어지는 마코프사슬에서 재귀상태를 살펴보자.

$$P=\begin{pmatrix} \frac{1}{2} & \frac{1}{2} \\ \frac{1}{4} & \frac{3}{4} \end{pmatrix}$$

추이행렬에서 보면, $f_{00}^{(1)}=\frac{1}{2}$, $f_{00}^{(n)}=\frac{1}{2}\left(\frac{3}{4}\right)^{n-2}\frac{1}{4}$, $n=2, 3, \cdots$이므로

$\mu_0=1\cdot\frac{1}{2}+\sum_{n=2}^{\infty}n\frac{1}{2}\left(\frac{3}{4}\right)^{n-2}\frac{1}{4}=3$이고, $f_{11}^{(1)}=\frac{3}{4}$, $f_{11}^{(n)}=\frac{1}{4}\cdot\left(\frac{1}{2}\right)^{n-1}$, $n=2, 3, \cdots$이므로,

$\mu_1=1\cdot\frac{3}{4}+\sum_{n=2}^{\infty}n\frac{1}{4}\left(\frac{1}{2}\right)^{n-1}=\frac{3}{2}$이 된다. 즉, 상태 0과 상태 1은 모두 양의 재귀상태이다. ■

예 5.3.6 **(임의보행)** 1차원 단순임의보행에서는 모든 상태가 재귀적이다. 이제 원점에서 출발한 단순임의보행이 처음으로 원점으로 되돌아오는 시간의 기대값 μ_0를 구하여 보자.

$$\begin{aligned} f_{00}^{(2n)} &= P(X_{2n}=0, X_{2n-1}\neq 0, \cdots, X_1\neq 0 \mid X_0=0) \\ &= \binom{2n}{n}\left(\frac{1}{4}\right)^n \frac{1}{2n-1} \\ &\approx \frac{1}{(2n-1)\sqrt{\pi n}} \end{aligned}$$

이므로 $\mu_0=\sum_{n=1}^{\infty}nf_{00}^{(n)}=\sum_{n=1}^{\infty}2nf_{00}^{(2n)}=\infty$이다. 즉, 원점은 영의 재귀상태이다. ■

5.3.4 상태공간의 구조

상태들 사이의 도달가능성에 의하여 상태공간이 동치류들로 분할됨은 이미 앞에서 살펴보았다. 이제, 한 상태의 재귀성이 그 상태를 포함하는 동치류 내의 모든 상태의 재귀성을 결정하는지를 알아보자. 이는 상태공간의 구조를 파악하는 데 큰 도움을 준다.

[정리 5.3.4]

상태 i가 재귀상태이고 $i\rightarrow j$이면, 다음이 성립한다.

1. $f_{ij}=1$
2. $f_{ji}=1$
3. 상태 j도 재귀적이다.

증명▶▶ (1) 상태 i를 출발한 마코프사슬이 i로 되돌아가기 전에 j에 도달하는 확률을 p라 하자. 만일 $p=0$이라면 마코프사슬은 j에 도달하기 전에 반드시 i에 되돌아가게 된다. 이는 마코프사슬의 비기억성으로부터 $i\rightarrow j$의 가정에 어긋나게 되며, 따라서 $p>0$이어야 한다. 이제, i에서 출발하여 i로 되돌아올 때마다 j를 거치면 성공, 그렇지 않으면 실패라 하면 마코프사슬의 비기억성에 의하여 이러한 시행은 독립적으로 행하여지고, 매 시행에서의 성공률은 동일한 $p>0$이므로 이 사슬이 한없이 진행될 때 성공은 적어도 한 번

반드시 일어난다. 따라서, $f_{ij}=1$이다.

(2) 상태 i를 출발한 마코프사슬이 상태 i에 되돌아가기 전에 상태 j에 도달하고, 그 이후에도 계속 상태 i에 되돌아가지 않을 확률은 $p(1-f_{ji})$이며, 이는 상태 i를 출발한 후 다시는 상태 i에 되돌아가지 않을 확률 $1-f_{ii}$보다는 크지 않다. 즉, $1-f_{ii} \geq p(1-f_{ji})$가 성립하며, $f_{ii}=1$이므로 $f_{ji}=1$을 얻는다.

(3) $f_{ji}=f_{ij}=1$이므로 상태 j에서 출발하는 사슬은 언젠가는 반드시 상태 j에 도달하고, 이 사슬은 다시 상태 j에 반드시 도달하므로 상태 j는 재귀적이다. ■

[따름정리 5.3.5]

$i \leftrightarrow j$이면 i와 j는 동시에 재귀적이거나, 동시에 일시적이다.

예 5.3.7 **(단순임의보행)** 단순임의보행의 경우 1차원과 2차원에서는 원점이 재귀적이고, 3차원에서는 일시적이다. 1, 2, 3차원의 모든 경우, 단순임의보행은 약분불능이므로 다른 모든 상태도 1, 2차원에서는 재귀적이며, 3차원에서는 일시적이다. ■

재귀성과 마찬가지로 양의 재귀성도 같은 동치류 내의 모든 상태들이 공유하는 성질이다. 즉, 서로 도달가능한 재귀상태 i, j는 동시에 영의 재귀적이거나, 동시에 양의 재귀적이다. 따라서, 1차원 단순임의보행의 경우 모든 상태가 영의 재귀적이다. 이에 관한 증명은 다음 절에서 다루어진다.

상태들의 모임 A에 대하여 $p(i, A)=\sum_{j \in A} p_{ij}$라 하자. 모든 $i \in A$에 대하여 $p(i, A)=1$인 집합 A를 **닫혀 있다**(closed)고 부른다. A가 닫혀 있으면 모든 n에 대하여 $p^{(n)}(1, A)=P(X_n \in A \mid X_0=i)=1$이므로 A에서 출발하는 마코프사슬은 언제나 A에 머물게 된다. 상태공간이 서로 배반인 두 개 이상의 닫힌 집합을 포함하지 않을 때, 마코프사슬을 **분해불가능**(indecomposable)이라고 부른다.

예 5.3.8 서로 배반인 두 닫혀 있는 집합 A_1, A_2가 있으면 임의의 $i \in A_1$, $j \in A_2$에 대하여 i와 j는 어느 방향으로도 도달가능하지 않다. 따라서, 임의의 두 상태 i, j에 대하여 $i \rightarrow j$ 또는 $j \rightarrow i$가 성립하는 마코프사슬은 분해불가능이다. ■

이제 지금까지 다룬 내용들을 사용하여 상태공간의 구조에 대하여 살펴보자. 우선, $p \neq 1/2$인 임의보행과 같이 모든 상태가 일시적인 마코프사슬이 있다. 한편, 재귀상태가 존재하는 경우(상태 i_1이라 하자.) 그 상태 i_1으로부터 도달가능한 상태들의 집합을 C_1이라 하면 C_1의 모든 원소들은 서로 도달가능하며, 재귀적이다. C_1이 i_1만을 포함하는 경우, 상태 i_1은 흡수상태가 되는 것이다. 상태공간이 재귀상태들의 모임 C_1과 이 재귀상태들에 도달가능한 일시상태들로만 이루어져 있는 경우, 이 사슬은 분해불가능한 사슬이다. 만일 C_1에 속하지 않는 재귀상태가 존재하면(상태 i_2라 하자), i_2로부터 도달가능한 상태들의 집합 C_2는 그 안의 모든 원소들이 서로 도달가능하며, 역시 모두 재귀적이다. 물론 C_1과 C_2는 서로 배반이다. 이와 같은 과정을 계속하면 상태공간은 일반적으로 서로 도달가능한 재귀상태들의 집합으로서 서로 배반인 C_1, C_2, …들과, 이들을 둘러싸고 있는 일시상태들로서 상태공간은 이루어져 있는 것이다.

5.4 마코프사슬의 극한

5. 4. 1 점근 시불변성

주어진 마코프사슬 $\{X_n,\ n\geq 0\}$이 궁극적으로는 시불변성을 갖게 될 것인지, 그리고 이와 같은 궁극적인 시불변 마코프사슬이 에르고드성을 만족하는지의 여부는 매우 중요하다. 따라서, 이 절에서는 마코프사슬이 시불변성을 갖는 마코프사슬로 분포수렴을 하는지와 이 때 극한에서 나타나는 시불변사슬이 에르고드과정인지를 판단하는 기준을 알아보고, 이 때 나타나는 여러 성질들을 다룬다. 주어진 마코프사슬에 대하여 이 사슬이 시불변과정으로 분포수렴하는 성질을 마코프사슬의 **점근안정성**(asymptotic stability) 또는 간단히 **안정성**(stability)이라 부르며, 이 때 극한에서 나타나는 시불변 마코프사슬의 분포를 **극한안정상태분포**(limiting steady state distribution 또는 long run steady state distribution)라 부른다. 이제, 안정성을 위한 조건을 알아보기 위하여 먼저 다음을 가정해 보자. 논의의 편리성을 위하여 상태공간이 음이 아닌 정수들의 집합인 경우를 다룬다.

(안정성 가정) 임의의 i, j에 대하여, 극한 $\lim_{n\to\infty} p_{ij}^{(n)}=\pi_j$가 초기상태 i에 무관하게 존재하고, 이 때 극한 $\pi=(\pi_i,\ i\in S)$는 분포를 이룬다. 즉, $\sum_{j\in S}\pi_j=1$이다.

위의 가정에서 나타나는 분포 π에 대하여 알아보자. 행렬 M의 i번째 행벡터를 $M(i)$로 나타내면, 위의 가정하에서는

$$\pi=\lim_{n\to\infty} P^{(n)}(i)=\lim_{n\to\infty}(P^{(n-1)}P)(i)=\pi P$$

즉,

$$\pi=\pi P,$$
$$\pi 1'=1,\ \pi_j \geq 0,\ j\in S$$

인 성질을 갖고 있다. 여기서, $1'$은 행벡터 $1=(\cdots, 1, \cdots)$의 전치벡터인 열벡터이다. $\pi=\pi P$는 π의 추이행렬 P에 대한 **불변성**(invariance)을 말하며, $\pi 1'=1$, $\pi_j\geq 0(j\in S)$는 π가 상태공간에서 확률분포를 이루고 있음을 뜻한다. 따라서 이러한 성질을 만족하는 π를 P에 대한 **불변분포**(invariant distribution)라고도 부른다.

$$\pi_i^{(n)}=P(X_n=i),\ \pi_i^{(0)}=P(X_0=i)$$

를 원소로 하는 벡터

$$\pi^{(n)}=(\pi_i^{(n)},\ i\in S),\ \pi^{(0)}=(\pi_i^{(0)},\ i\in S)$$

에 대하여 $\pi^{(n)}=\pi^{(0)}P^{(n)}$이므로 초기분포 $\pi^{(0)}$가 P에 관하여 불변이면

$$\pi^{(n)}=\pi^{(0)}P^{(n)}=\pi^{(0)}PP^{(n-1)}=\pi^{(0)}P^{(n-1)}=\cdots=\pi^{(0)}P=\pi^{(0)}$$

즉, X_n의 분포는 모든 n에 대하여 동일하며, 그 분포는 X_0의 분포인 초기분포 $\pi^{(0)}$와 같다. 이와 같은 성질은 $(X_n, X_{n+1}, \cdots, X_{n+k})$에 대하여도 성립한다. 즉, 초기분포가 불변분포이면 $(X_n, X_{n+1}, \cdots, X_{n+k})$는 $(X_0, X_1, \cdots, X_k)$와 동일한 분포를 따르게 되며, 따라서 마코프사슬은 시불변과정이 된다. 이와 같은 이유에서 주어진 마코프사슬의 초기분포가 추이행렬 P의 불변분포일 때, 그 초기분포를 **정상초기분포**(stationary initial distribution)라 부른다.

이제 마코프사슬의 분포수렴에 관하여 알아보자. $\pi^{(n)}=\pi^{(0)}P^{(n)}$이므로

$$\lim_{n\to\infty}\pi^{(n)}=\lim_{n\to\infty}\pi^{(0)}P^{(n)}=\pi$$

가 성립한다. 즉, X_n은 그 분포가 π로 수렴하며, 이에 따라 마코프사슬은 궁극적으로 초기분포가 π인 시불변과정으로 수렴함을 알 수 있다. 이와 같은 배경에서, 위의 (가정)을 **점근안정성가정** 또는 간단히 **안정성가정**(stability assumption)이라 부른다. 또한, 가정에서 나오는 극한 π를 **축소된 의미에서의 극한안정상태분포**라고도 부른다.

예 5.4.1 상태공간이 $S=\{0, 1\}$이고, 추이행렬이

$$P=\begin{pmatrix}\frac{1}{2} & \frac{1}{2}\\ \frac{1}{4} & \frac{3}{4}\end{pmatrix}$$

으로 주어지는 마코프사슬에서 $P^{(n)}$을 계산하여 보면

$$P=\begin{pmatrix} \frac{6}{16} & \frac{10}{16} \\ \frac{5}{16} & \frac{11}{16} \end{pmatrix},\quad P^2=\begin{pmatrix} \frac{22}{64} & \frac{42}{64} \\ \frac{21}{64} & \frac{43}{64} \end{pmatrix},\quad P^3=\begin{pmatrix} \frac{86}{256} & \frac{170}{256} \\ \frac{85}{256} & \frac{171}{256} \end{pmatrix},\quad \cdots\cdots$$

을 얻으며, 이로부터

$$\lim_{n\to\infty} P^{(n)}=\begin{pmatrix} \frac{1}{3} & \frac{2}{3} \\ \frac{1}{3} & \frac{2}{3} \end{pmatrix}$$

임을 알 수 있다. 즉, 초기상태에 관계없이

$$\lim_{n\to\infty} p_{i0}^{(n)}=\frac{1}{3},\ \lim_{n\to\infty} p_{i1}^{(n)}=\frac{2}{3}$$

가 되어 이 사슬은 안정성가정을 만족하고 있다.

이 때, $\pi=(\pi_0,\ \pi_1)=\left(\frac{1}{3},\ \frac{2}{3}\right)$는 다음 연립방정식의 해이다.

$$\begin{cases} \pi_0=\frac{1}{2}\pi_0+\frac{1}{4}\pi_1 \\ \pi_1=\frac{1}{4}\pi_0+\frac{3}{4}\pi_1 \\ 1=\pi_0+\pi_1 \end{cases}$$

■

5. 4. 2 극한정리

이제 안정성가정이 성립하려면 마코프사슬의 구조에 어떠한 조건들이 고려되어야 하는지를 추이행렬이 2×2행렬인 경우를 통하여 알아보자. 먼저 추이행렬이

$$P=\begin{pmatrix} 1 & 0 \\ 0 & 1 \end{pmatrix}$$

로 주어지는 마코프사슬에서는 $\lim P^{(n)}=P$이므로

$$\lim p_{00}^{(n)}=1,\ \lim p_{10}^{(n)}=0$$

과 같이 $p_{ij}^{(n)}$의 극한값이 초기상태 i에 따라 다름을 알 수 있다. 이러한 예는 서로 배반인 동치류로 약분가능한 사슬의 극단적인 경우이다. 한편 추이행렬이

$$P=\begin{pmatrix} 0 & 1 \\ 1 & 0 \end{pmatrix}$$

과 같이 주어지는 주기적 마코프사슬에 대하여는 $P^{(2n)}=I$, $P^{(2n-1)}=P$이므로 $p_{ij}^{(n)}$의 극한은 존재하지 않게 된다. 따라서, 마코프사슬이 안정적이기 위하여 **약분불가능**(irreducible)이어야 하며, 상태들은 **비주기적**(aperiodic)이어야 함을 알 수 있다. 한편, 마코프사슬의 점근안정성은 불변분포의 존재성과도 밀접한 관계를 갖고 있다.

[정리 5.4.1]

마코프사슬이 약분되어 있고 비주기적일 때, 불변확률분포

$$\pi=\pi P$$
$$\pi 1'=1,\ \pi_j \geq 0 (j \in S) \tag{5.4.4}$$

인 π가 존재하면 다음이 성립한다.

1. 사슬은 재귀적이다.
2. 모든 i, j에 대하여 $\lim_n p_{ij}^{(n)}=\pi_j$가 성립한다.
3. 모든 i에 대하여 $\pi_i>0$이다.
4. π는 유일한 불변확률분포이다.
5. 불변확률분포를 초기분포로하는 시불변 마코프사슬은 에르고드성을 만족한다.

증명▶▶ (1) 마코프사슬이 재귀적이 아니면 모든 i, j에 대하여 $\lim_n p_{ij}^{(n)}=0$이 성립한다. 그런데 불변확률분포는 모든 n에 대하여 $\pi_j=\sum_i \pi_i p_{ij}^{(n)}$이 성립하므로 양변에 극한을 취하면 봐이어스트라스의 M-test에 의하여

$$\pi_j=\lim_n \sum_i \pi_i p_{ij}^{(n)}=\sum_i \pi_i \lim_n p_{ij}^{(n)}=0,\ j\in S$$

가 되어 $\sum_i \pi_i=1$에 모순된다.

(2) 주어진 마코프사슬 $\{X_n,\ n\geq 0\}$과 서로 독립이고, 동일한 추이확률 p_{ij}를 갖는 가상의 마코프사슬 $\{Y_n,\ n\geq 0\}$을 생각하자. 이 가상의 사슬을 **결합된 사슬**(coupled chain)이라 부르고, 이러한 사슬을 도입하여 원래의 사슬을 이해하는 방법을 **결합기법**(coupling method)이라 한다. 이와 같이 두 사슬을 결합한 2차원 과정 $\{(X_n,\ Y_n),\ n\geq 0\}$은 약분되고, 비주기적이며, 재귀적인 2차원 마코프사슬이다. 따라서, $N=\min\{n\geq 1 : X_n=Y_n\}$이라 놓으면 모든 i, j에 대하여 $P(N<\infty \mid (X_0,\ Y_0)=(i,\ j))=1$이므로 $P(N<\infty)=1$이다. 이제, 두 사슬의 초기분포가 $P(X_0=i)=1$, $P(Y_0=i)=\pi_i$로 주어진다고 가정하고, 새로운 과정 $\{Z_n,\ Z_n\geq 0\}$을 다음과 같이 정의하자.

$$Z_n=X_n,\ n\leq N$$

$$Z_n = Y_n,\ n > N$$

이와 같이 정의된 새로운 과정은 과정 $\{X_n,\ n \geq 0\}$과 동일한 분포를 따르므로, 따라서

$$\begin{aligned} P(Z_n = j) &= P(Z_n = j,\ n \leq N) + P(Z_n = j,\ n > N) \\ &= P(X_n = j,\ n \leq N) + P(Y_n = j,\ n > N) \\ &= P(X_n = j,\ n \leq N) + P(Y_n = j) - P(Y_n = j,\ n \leq N) \end{aligned}$$

이 된다. 따라서,

$$P(Z_n = j) - P(Y_n = j) \leq P(X_n = j,\ n \leq N) \leq P(n \leq N)$$

이고, 마찬가지로 $P(Y_n = j) - P(Z_n = j) \leq P(n \leq N)$을 얻는다. 따라서,

$$|P(Z_n = j) - P(Y_n = j)| \leq P(N \geq n)$$

이 된다. 그런데, 재귀성에 의하여 $\lim_n P(N \geq n) = 0$이고

$$P(Z_n = j) = P(X_n = j) = p_{ij}^{(n)},\ P(Y_n = j) = \pi_j$$

이므로 $\lim_n p_{ij}^{(n)} = \pi_j$가 성립한다.

(3) π는 분포를 이루므로 $\pi_i > 0$인 상태 i가 존재한다. 그런데 사슬이 약분되어 있으므로 임의의 j에 대하여 $p_{ij}^{(r)} > 0$, $p_{ji}^{(s)} > 0$인 자연수 r, s가 존재한다. 따라서, 부등식

$$p_{jj}^{(s+n+r)} \geq p_{ji}^{(s)} p_{ii}^{(n)} p_{ij}^{(r)}$$

에서 $\lim_n p_{ii}^{(n)} = \pi_i > 0$이고, $\lim_n p_{jj}^{(n)} = \pi_j$이므로 $\pi_j > 0$이다.

(4) 불변확률분포의 유일성 증명은 연습문제로 남긴다.

(5) 에르고드성의 증명은 이 책의 수준을 벗어나므로 생략한다. ■

다음의 정리는 불변확률분포의 존재성에 관한 정리이다.

[정리 5.4.2]

약분된 마코프사슬에 대하여 다음이 성립한다.

1. 모든 상태가 양의 재귀적이면 불변확률분포가 존재한다. 이 때, 불변확률분포는

$\pi_i = \dfrac{1}{\mu_i}$ 로 주어진다.

2. 모든 상태가 영의 재귀적일 때, 또는 모든 상태가 일시적이면 $\lim_n p_{ij}^{(n)} = 0$이 성립한다. 따라서, 불변확률분포가 존재하지 않는다.

증명▶▶ 이 정리의 엄밀한 증명은 이 책의 수준을 벗어나므로, 여기서는 증명의 개요만을 기술한다.

(1) $N_i^{(k)}$, $k=1, 2, \cdots$을 상태 i를 방문하는 시간들 사이의 연속되는 간격시간이라 하면 상태 i에서 출발하는 마코프사슬에 대하여 이들은 $i.i.d.$ 분포를 따른다. 또한 양의 재귀성에 의하여 $E(N_i^{(1)} | X_0 = i) = \mu_i < \infty$이므로 대수의 법칙에 의하여

$$P\left(\frac{1}{n}(N_i^{(1)} + \cdots + N_i^{(n)}) \to \mu_i | X_0 = i\right) = 1$$

이 성립하고, 따라서

$$P\left(n(N_i^{(1)} + \cdots + N_i^{(n)})^{-1} \to \frac{1}{\mu_i} | X_0 = i\right) = 1$$

이 성립한다.

그런데, 상태 i에서 출발하는 마코프사슬에서 $\dfrac{n}{N_i^{(1)} + \cdots + N_i^{(n)}}$은 상태 i에 n번째로 되돌아오는 시간 동안의 상태 i에 머무는 비율이다. 따라서, 상태 i에서 출발하는 마코프사슬이 시간 n까지 상태 i에 머무는 비율 $\dfrac{1}{n}\sum_{k=1}^{n} I(X_k = i)$는 $\dfrac{1}{\mu_i}$로 확률1수렴하고, 비율 $\dfrac{1}{n}\sum_{k=1}^{n} I(X_k = i)$의 기대값도 수렴한다. 즉,

$$E\left(\frac{1}{n}\sum_{k=1}^{n} I(X_k = i) | X_0 = i\right) \to \frac{1}{\mu_i}$$

이제, N_i를 상태 i를 처음 방문하는 시간이라 하면 $P(N_i < \infty | X_0 = j) = 1$이므로 $i \neq j$일 때, 전확률법칙에 의하여

$$\begin{aligned}
&E\left(\sum_{k=1}^{n} I(X_k = i)/n | X_0 = j\right) \\
&= \sum_m E\left(\sum_{k=1}^{n} I(X_k = i)/n | N_i = m, X_0 = j\right) P(N_i = m | X_0 = j) \\
&= \sum_m E\left(\sum_{k=1}^{n-m} I(X_k = i)/n | X_0 = i\right) P(N_i = m | X_0 = j)
\end{aligned}$$

$$=\sum_m \frac{n-m}{n} E\left(\sum_{k=1}^{n-m} I(X_k=i)/(n-m) \mid X_0=i\right) P(N_i=m \mid X_0=j)$$

이다.

$$\lim_{n\to\infty}\frac{n-m}{n}=1,\ \lim_{n\to\infty}E\left(\sum_{k=1}^{n-m} I(X_k=i)/(n-m) \mid X_0=i\right)=\frac{1}{\mu_i}$$

이므로

$$E\left(\sum_{k=1}^{n} I(X_k=i)/n \mid X_0=j\right) \to \frac{1}{\mu_i}$$

이 성립한다. 즉, 상태 j에서 출발하는 마코프사슬이 시간 n까지 상태 i에 머무는 비율의 기대값은 j에 관계없이 동일한 $\frac{1}{\mu_i}>0$을 갖는다.

한편,

$$\pi_{ji}(n)=E\left(\sum_{k=1}^{n} I(X_k=i)/n \mid X_0=j\right),\ \pi_i=\frac{1}{\mu_i}$$

이라 놓으면,

$$\sum_i \pi_{ji}(n)=1,\ \lim_{n\to\infty}\pi_{ji}(n)=\pi_i$$

이므로 $\sum_i \pi_i=1$이고, 따라서 $\pi=(\pi_0, \pi_1, \cdots)$은 분포를 이룬다. 또한,

$$\pi_{ji}(n)=\frac{1}{n}\sum_{m=1}^{n} p_{ji}^{(m)}$$

이므로 양변에 p_{ik}를 곱하여 i에 대하여 더하면

$$\begin{aligned}\sum_{i=1} p_{ik}\pi_{ji}(n) &= \sum_{i=1} p_{ik}\frac{1}{n}\sum_{m=1}^{n} p_{ji}^{(m)} \\ &= \frac{1}{n}\sum_{m=1}^{n}\sum_{i=1} p_{ji}^{(m)} p_{ik} \\ &= \frac{1}{n}\sum_{m=1}^{n} p_{jk}^{(m+1)}\end{aligned}$$

을 얻는다. 그런데,

$$\frac{1}{n}\sum_{m=1}^{n} p_{jk}^{(m+1)}=\frac{1}{n}\sum_{m=1}^{n} p_{jk}^{(m)}+\frac{1}{n}p_{jk}^{(n+1)}-\frac{1}{n}p_{jk}^{(1)}$$

이므로, 양변에 극한을 취하면

$$\lim_n \sum_{i=1} p_{ik}\pi_{ji}(n)=\sum_{i=1} p_{ik}\pi_i$$

$$\lim_{n} \frac{1}{n} \sum_{m=1}^{n} p_{jk}^{(m+1)} = \pi_k$$

따라서, $\pi_k = \sum_{i=1} \pi_i p_{ik}$이다. 즉, π는 불변확률분포임을 알 수 있다.

(2) 모든 상태가 일시적이면 연습문제에 의하여 $\lim_{n} p_{ij}^{(n)} = 0$이다. 또한, 모든 상태가 영의 재귀적이면 $\mu_i = \infty$, $\frac{1}{\mu_i} = 0$으로 하여 1번의 증명과정이 모두 성립하므로 역시 $\lim_{n} p_{ij}^{(n)} = 0$이 된다. ■

이상의 내용을 종합하면 마코프사슬의 안정성에 관하여 다음과 같이 정리할 수 있다.

[정리 5.4.3]

약분되어 있고, 비주기적인 사슬에 대하여 다음이 성립한다.

1. 모든 상태가 양의 재귀적이면 사슬은 안정성가정을 만족한다. 즉, 모든 i, j에 대하여 $\lim_{n \to \infty} p_{ij}^{(n)} = \pi_j$가 존재하고, 이 때 $\pi = (\pi_j)$는 방정식

$$\pi = \pi P$$
$$\pi 1' = 1,\ \pi_j \geq 0,\ j \in S$$

   의 해이다. 이러한 해는 유일하고, 해 π_j는 상태 j에 대한 최초귀환시간의 기대값 μ_j의 역수와 같다.

2. 역으로 위의 방정식의 해 π가 존재하면, 모든 i, j에 대하여

$$\lim_{n \to \infty} p_{ij}^{(n)} = \pi_j$$

   가 성립하고, 모든 상태는 양의 재귀적이다.

3. 모든 상태가 일시적 또는 영의 재귀적이면 모든 i, j에 대하여

$$\lim_{n \to \infty} p_{ij}^{(n)} = 0$$

   이 성립한다.

4. 방정식의 해 π가 존재하지 않으면 모든 i, j에 대하여

$$\lim_{n \to \infty} p_{ij}^{(n)} = 0$$

   이 성립한다.

다음은 상태공간이 유한일 때 유용한 정리이다.

[정리 5.4.4]

상태공간이 유한이고, 약분된 마코프사슬에서는

1. 모든 상태가 양의 재귀적이다.
2. 비주기적 사슬이면 이 사슬은 안정적이다.

증명▶▶ 상태공간을 $S=\{0, 1, \cdots, N\}$이라 하자. 모든 상태가 일시적이거나 모든 상태가 영의 재귀적이면

$$\lim_{n\to\infty} p_{ij}^{(n)}=0, \quad i, j=0, 1, \cdots, N$$

이 되므로 $\sum_{j=0}^{N} p_{ij}^{(n)}=1$의 양변에 n에 관한 극한을 취하여 $0=1$의 모순을 얻게 된다. 따라서, 상태들은 반드시 양의 재귀적이어야 한다. ■

예 5.4.3 〔예 5.4.1〕에서 다룬 마코프사슬은 약분되어 있으며, 따라서 양의 재귀적이다. 한편, 비주기적임은 자명하므로 〔정리 5.4.3〕에 의하여 $p_{ij}^{(n)}$의 극한값은 불변확률분포 π_j와 동일하며, 이는 또한 최초귀환시간의 기대값 μ_j의 역수와 같다. ■

예 5.4.3 상태공간이 $S=\{0, 1, 2, \cdots\}$이고, 추이행렬이

$$P=\begin{pmatrix} q_0 & p_0 & 0 & 0 & \cdots \\ q_1 & 0 & p_1 & 0 & \cdots \\ 0 & q_2 & 0 & p_2 & \cdots \\ \vdots & & & & \end{pmatrix}$$

로서 주어지는 마코프사슬을 생각하여 보자. 여기서 p_i와 q_i는 $0<p_i,\ q_i<1,\ p_i+q_i=1$이다. 이러한 마코프사슬은 약분되어 있고, 비주기적이다. 이제 이 마코프사슬이 양의 재귀적이기 위한 조건을 찾아보자. 이는 〔정리 5.4.3〕로부터 불변확률분포가 존재하기 위한 조건과 같으므로 다음의 연립방정식의 해가 존재하는 조건을 찾아야 한다.

$$\begin{cases} \pi_0=q_0\pi_0+q_1\pi_1 \\ \pi_i=p_{i-1}\pi_{i-1}+q_{i+1}\pi_{i+1},\ i=1, 2, \cdots \\ 1=\sum_{i=0}^{\infty}\pi_i \end{cases}$$

$$\pi_i\geq 0,\ i=0, 1, 2, \cdots$$

이를 정리하여 풀면,

$$\pi_1=\frac{p_0}{q_1}\pi_0,\ \pi_2=\frac{p_0p_1}{q_1q_2}\pi_0,\ \cdots,\ \pi_i=\frac{p_{i-1}\cdots p_0}{q_i\cdots q_1}\pi_0,\ \cdots$$

따라서,

$$\sum_{i=0}^{\infty}\pi_i=\pi_0\left(1+\sum_{i=1}^{\infty}\frac{p_{i-1}\cdots p_0}{q_i\cdots q_1}\right)=1$$

을 만족하는 필요충분조건은 $\sum_{i=0}^{\infty}\frac{p_i\cdots p_0}{q_{i+1}\cdots q_1}<\infty$이다.

예를 들어, $0<p_i=p<1/2$이면 $p_i/q_i=r<1$이고, $\frac{p_i\cdots p_0}{q_{i+1}\cdots q_1}=\frac{p_0}{q_{i+1}}r^i\le r^i$이므로

$$\sum_{i=0}^{\infty}\frac{p_i\cdots p_0}{q_{i+1}\cdots q_1}\le\sum_{i=0}^{\infty}r^i<\infty$$

를 만족시킨다. 또한, $p_i=1/2^{i+1}$, $i=0,\ 1,\ 2,\ \cdots$인 경우에도 위의 조건을 만족시킴을 알 수 있다. ■

위의 예에서, $\lim_{n\to\infty}p_{ij}^{(n)}=\pi_j$가 성립하는 경우에는

$$\begin{aligned}\lim_{n\to\infty}E\left(\frac{1}{n}\sum_{k=1}^{n}I(X_k=j)\mid X_0=i\right)&=\lim_{n\to\infty}\frac{1}{n}\sum_{k=1}^{n}E(I(X_k=j)\mid X_0=i)\\&=\lim_{n\to\infty}\frac{1}{n}\sum_{k=1}^{n}p_{ij}^{(k)}\\&=\pi_j\end{aligned}$$

가 되어, 극한안정상태분포의 값 $\pi_j=\frac{1}{\mu_j}$은 상태 i를 출발한 후 상태 j를 방문하는 상대도수의 기대값의 극한과 같으며, 또한 에르고드성에 의하여 상대도수 $\frac{1}{n}\sum_{k=1}^{n}I(X_k=j)$가 π_j로 확률 1수렴한다. 따라서, 앞의 예에서 다룬 마코프사슬은 출발상태에 무관하게 오랜 시간이 흐르는 동안 상태 0과 상태 1에 각각 $\frac{1}{3}$과 $\frac{2}{3}$의 비율로서 방문하고 있는 것이다.

5.4.3 흡수확률

앞 절에서는 약분된 마코프사슬에서 $p_{ij}^{(n)}$의 극한에 대하여 살펴보았다. 이제, 상태공간에 여러 개의 서로 배반인 재귀상태들의 동치류들이 있는 경우를 생각하고, 이러한 동치류들을 C,

C_1, C_2, ⋯라 하자. 이 때, C에서 출발한 마코프사슬은 언제나 C에서만 머물러 있어야 하므로 C가 비주기적이고 양의 재귀적이면 〔정리 5.4.3〕이 C를 상태공간으로 하여 성립될 것이다. 즉, 모든 $i, j \in C$에 대하여

$$\lim_{n \to \infty} p_{ij}^{(n)} = \pi_j = \frac{1}{\mu_j}$$
$$\pi_j > 0, \ \sum_{j \in C} \pi_j = 1, \ \pi_j = \sum_{j \in C} p_{ij} \pi_i, \ j \in C$$

한편, 상태 i가 일시적 또는 영의 재귀적일 때는 임의의 상태 i에 대하여 $\lim_{n \to \infty} p_{ij}^{(n)} = 0$이므로, 상태 i가 일시적이고 상태 j가 양의 재귀적일 때 $p_{ij}^{(n)}$의 극한에 대해 생각해 보자. 이를 위하여 일시상태의 모임을 T라 하자. 이제,

$$\pi_i^{(n)}(C) = P(X_n \in C, X_{n-1} \in T, \cdots, X_1 \in T \mid X_0 = i), \ i \in T$$

라 놓으면 $\pi_i^{(n)}(C)$는 일시상태 i에서 출발한 마코프사슬이 n시간 후에 처음으로 재귀상태의 동치류 C에 흡수되는 확률이며,

$$\pi_i^{(1)}(C) = \sum_{j \in C} p_{ij},$$
$$\pi_i^{(n)}(C) = \sum_{j \in T} p_{ij} \pi_j^{(n-1)}(C), \ (n = 2, 3, \cdots)$$

을 만족한다. 한편, 일시상태 i에서 출발한 마코프사슬이 언젠가는 재귀상태의 동치류 C에 흡수될 확률을 $\pi_i(C)$라 하면

$$\pi_i(C) = \sum_{n=1}^{\infty} \pi_i^{(n)}(C)$$

이므로,

$$\begin{aligned} \pi_i^{(C)} &= \pi_i^{(1)}(C) + \sum_{n=2}^{\infty} \pi_i^{(n)}(C) \\ &= \pi_i^{(1)}(C) + \sum_{n=2}^{\infty} \sum_{j \in T} p_{ij} \pi_j^{(n-1)}(C) \\ &= \pi_i^{(1)}(C) + \sum_{j \in T} p_{ij} \pi_j(C) \end{aligned}$$

가 된다. 즉,

$$\pi_i(C) = \pi_i^{(1)}(C) + \sum_{j \in T} p_{ij} \pi_j(C) \qquad \textbf{(5.4.5)}$$

가 성립한다.

[정리 5.4.5]

C가 양의 재귀상태들의 동치류로서 비주기적이면 임의의 일시상태 $i \in T$와 원소 $j \in C$에 대하여 다음이 성립한다.

$$\lim_{n \to \infty} p_{ij}^{(n)} = \pi_i(C) \lim_{n \to \infty} p_{jj}^{(n)} = \pi_i(C)\pi_j$$

예 5.4.4 **(파산문제)** 상태 $-a$와 상태 b는 각각 하나의 상태로서 동치류를 이루는 흡수상태이고, 나머지 상태들은 일시상태이다. 이제 $u_i = \pi_i(\{-a\})$, $v_i = \pi_i(\{b\})$를 구하여 보자. 식 (5.4.5)를 적용하면

$$\begin{aligned} &u_{-a+1} = q + pu_{-a+2} \\ &u_i = qu_{i-1} + pu_{i+1}, \ -a+2 \le i \le b-2 \\ &u_{b-1} = qu_{b-2} \end{aligned}$$

가 되어, 식을 풀면 $i = -a+1, \cdots, b-1$에 대하여

$$u_i = \begin{cases} \dfrac{(q/p)^{a+b} - (q/p)^{i+a}}{(q/p)^{a+b} - 1} & , p \ne q \\ \dfrac{b-i}{a+b} & , p = q \end{cases}$$

가 되며, 마찬가지 방법으로 v_i를 풀면 $v_i = 1 - u_i$를 얻는다. ■

예 5.4.5 상태공간이 $S = \{0, 1, 2, \cdots, 6\}$이고, 추이행렬이

$$P = \begin{pmatrix} 0.2 & 0.8 & 0 & 0 & 0 & 0 & 0 \\ 0.7 & 0.3 & 0 & 0 & 0 & 0 & 0 \\ 0 & 0 & 0.3 & 0.5 & 0.2 & 0 & 0 \\ 0 & 0 & 0.6 & 0 & 0.4 & 0 & 0 \\ 0 & 0 & 0 & 0.4 & 0.6 & 0 & 0 \\ 0 & 0.1 & 0.1 & 0.2 & 0.2 & 0.3 & 0.1 \\ 0.1 & 0.1 & 0.1 & 0 & 0.1 & 0.2 & 0.4 \end{pmatrix}$$

로 주어지는 마코프사슬에서 $\lim_{n \to \infty} P^{(n)}$을 구하여 보자. 먼저 상태공간은 비주기적이고 양의 재귀상태들로 이루어진 동치류 $C_0 = 0, 1$, $C_1 = 2, 3, 4$와 일시상태로 이루어진 동치류 $T = \{5, 6\}$으로 분할되어 있다. 따라서,

$$P_1=\begin{pmatrix} 0.2 & 0.8 \\ 0.7 & 0.3 \end{pmatrix},\ P_2=\begin{pmatrix} 0.3 & 0.5 & 0.2 \\ 0.6 & 0 & 0.4 \\ 0 & 0.4 & 0.6 \end{pmatrix},\ Q=\begin{pmatrix} 0.3 & 0.1 \\ 0.2 & 0.4 \end{pmatrix}$$

라 놓으면, 추이행렬은

$$P=\begin{pmatrix} P_1 & 0 & 0 \\ 0 & P_2 & 0 \\ B_1 & B_2 & Q \end{pmatrix}$$

로 나타난다. 〔정리 5.4.3〕를 P_1과 P_2에 각각 적용하면 극한안정상태분포 $\pi_1=\left(\frac{7}{15}, \frac{8}{15}\right)$, $\pi_2=\left(\frac{6}{23}, \frac{7}{23}, \frac{10}{23}\right)$이 얻어지며, 따라서

$$\lim_{n\to\infty} P^{(n)}=\begin{pmatrix} \frac{7}{15} & \frac{8}{15} & 0 & 0 & 0 & 0 & 0 \\ \frac{7}{15} & \frac{8}{15} & 0 & 0 & 0 & 0 & 0 \\ 0 & 0 & \frac{6}{23} & \frac{7}{23} & \frac{10}{23} & 0 & 0 \\ 0 & 0 & \frac{6}{23} & \frac{7}{23} & \frac{10}{23} & 0 & 0 \\ 0 & 0 & \frac{6}{23} & \frac{7}{23} & \frac{10}{23} & 0 & 0 \\ \cdots & \cdots & \cdots & \cdots & \cdots & 0 & 0 \\ \cdots & \cdots & \cdots & \cdots & \cdots & 0 & 0 \end{pmatrix}$$

을 얻는다. 위의 행렬에서 …에 해당하는 부분은 흡수확률을 구하여 얻어진다. 이를 구하기 위해 $\pi_5(C_0)$과 $\pi_6(C_0)$에 대한 방정식을 세워 풀면 $\pi_5(C_0)=0.2$, $\pi_6(C_0)=0.4$를 얻으며, 마찬가지로, $\pi_5(C_1)=0.8$, $\pi_6(C_1)=0.6$을 얻는다. 따라서, 〔정리 5.4.5〕로부터

$$\lim_{n\to\infty} p_{50}^{(n)}=\pi_5(C_0)\lim_{n\to\infty} p_{00}^{(n)}=(0.2)\cdot\frac{7}{15}=\frac{1.4}{15}$$

$$\lim_{n\to\infty} p_{51}^{(n)}=\pi_5(C_0)\lim_{n\to\infty} p_{11}^{(n)}=(0.2)\cdot\frac{8}{15}=\frac{1.6}{15}$$

과 같이 하여 …에 해당하는 부분은

$$\begin{pmatrix} \frac{1.4}{15} & \frac{1.6}{15} & \frac{4.8}{23} & \frac{5.6}{23} & \frac{8}{23} \\ \frac{2.8}{15} & \frac{3.2}{15} & \frac{3.6}{23} & \frac{4.2}{23} & \frac{6}{23} \end{pmatrix}$$

으로 주어진다. ■

5.4.4 흡수확률과 재귀성조건

흡수확률을 이용하면 상태의 일시성여부를 판별하는 기준을 하나 더 얻을 수 있다.

[정리 5.4.6]

약분된 마코프사슬에서 다음 두 명제는 동치이다.

1. 사슬이 일시적이다.
2. 방정식 $\sum_j p_{ij} g(j) = g(i),\ i \neq 0$이 (유계이고 상수가 아닌) 해 $g(\cdot)$를 가진다.

증명▶▶ 먼저 정리의 필요성을 증명하자. 가정에 의하여 주어진 마코프사슬은 일시적이다. 이 사슬에서 상태 0만을 흡수상태로 바꾸어 새로운 마코프사슬 $\{Y_n\}$을 만들면 새로운 사슬의 추이확률 q_{ij}는 다음과 같이 주어진다.

$$q_{ij} = p_{ij},\ i = 1, 2, \cdots, j = 0, 1, 2, \cdots$$
$$q_{0j} = 0,\ j = 1, 2, \cdots$$
$$q_{00} = 1$$

이제, 새로운 사슬에서 상태 i에서 상태 0으로의 흡수확률을 λ_i라 하면 $\lambda_0 = 1$이므로 $i \neq 0$일 때,

$$\begin{aligned}\lambda_i &= q_{i0} + \sum_{j\neq 0} q_{ij}\lambda_j = p_{i0} + \sum_{j\neq 0} p_{ij}\lambda_j = p_{i0}\lambda_0 + \sum_{j\neq 0} p_{ij}\lambda_j \\ &= \sum_{j\geq 0} p_{ij}\lambda_j\end{aligned}$$

가 성립한다. 따라서, $g(i) = \lambda_i,\ i = 0, 1, \cdots$으로 주어지는 g는 위의 방정식의 한 해이다. 그런데, 만일 모든 $i \neq 0$에 대하여 $f_{i0} = 1$이면

$$\begin{aligned}f_{00} &= f_{00}^{(1)} + \sum_{k=2}^{\infty} f_{00}^{(k)} \\ &= p_{00} + \sum_{k=2}^{\infty}\sum_{i\neq 0} p_{0i} f_{i0}^{(k-1)} \\ &= p_{00} + \sum_{i\neq 0} p_{0i} f_{i0} \\ &= \sum_i p_{0i} \\ &= 1\end{aligned}$$

이므로 상태 0은 재귀적이 된다. 따라서, 상태 0이 일시적이면 $f_{i0} < 1$인 $i \neq 0$이 존재한다. $i \neq 0$일 때, $f_{i0} = \lambda_i$이므로 $g\{i\},\ i = 0, 1, \cdots$은 유계이고, 상수가 아니다. 이제 마코프사슬이 재귀적이고 위의 방정식이 유계인 해를 가지면 그 해는 반드시 상수임을 보임으로써 충분성을 보이자. 먼저, 가정에 의하여

$$\sum_j p_{ij}g(j)=g(i),\ i\neq 0$$

이 성립하고 $q_{00}=1,\ q_{ij}=p_{ij},\ i\neq 0$이므로,

$$\sum_j q_{ij}g(j)=g(i),\ i=0,\ 1,\ 2,\ \cdots$$

가 성립한다. 따라서, 위의 식을 반복하면

$$\sum_j q_{ij}\sum_k q_{jk}g(k)=g(i),\ i=0,\ 1,\ 2,\ \cdots$$

즉, $\sum_k q_{ik}^{(2)}g(k)=g(i),\ i=0,\ 1,\ 2,\ \cdots$이 되고, 일반적으로 모든 n에 대하여

$$\sum_j q_{ij}^{(n)}g(j)=g(i),\ i=0,\ 1,\ 2,\ \cdots$$

가 성립한다. 원래의 사슬이 재귀적이면 $\lim_n q_{i0}^{(n)}=1,\ i=0,\ 1,\ 2,\ \cdots$이고, g가 유계라 가정하여 $g(i)\leq M,\ i=0,\ 1,\ \cdots$인 양수 M이 존재한다면

$$n\to\infty\text{일 때, }\sum_{j\neq 0}q_{ij}^{(n)}g(i)\leq M\sum_{j\neq 0}q_{ij}^{(n)}=M(1-q_{i0}^{(n)})\to 0$$

따라서, $g(i)=q_{i0}^{(n)}g(0)+\sum_{j\neq 0}q_{ij}^{(n)}g(i)\to g(0)$이며, 즉 g는 $g(i)=g(0),\ \forall i$인 상수가 된다. ■

예 5.4.6 **(임의보행)** 상태공간이 $\{0,\ 1,\ 2,\ \cdots\}$이고, 추이행렬이 다음과 같이 주어지는 마코프사슬을 생각하자.

$$P=\begin{pmatrix} r_0 & p_0 & 0 & 0 & 0 & \cdots \\ q_1 & r_1 & p_1 & 0 & 0 & \cdots \\ 0 & q_2 & r_2 & p_2 & 0 & \cdots \\ \cdot & 0 & \cdot & \cdot & \cdot & \cdot \\ \cdot & \cdot & \cdot & \cdot & \cdot & \cdot \\ \cdot & \cdot & \cdot & \cdot & \cdot & \cdot \end{pmatrix}$$

$r_i=0,\ i=0,\ 1,\ 2,\ \cdots$인 임의보행에서는 안정성에 대한 필요충분조건은 $\sum_{i=0}^{\infty}\frac{p_0\cdots p_i}{q_1\cdots q_{i+1}}<\infty$로 주어졌었다. 이제 주어진 사슬의 재귀성 여부를 알아보자. 방정식 $\sum_{j=0}^{\infty}p_{ij}g(j)=g(i),\ i\neq 0$은

$$q_1g(0)+r_1g(1)+p_1q(2)=g(1)$$

$$\cdots\cdots\cdots\cdots\cdots$$

$$q_n g(n-1)+r_n g(n)+p_n g(n+1)=g(n)$$
$$\cdots\cdots\cdots\cdots\cdots$$

이 된다. 이 방정식은 이차 점화식이고, $g_1 \equiv 1$인 g_1은 이 방정식의 해가 됨은 당연하고

$$g_2(0)=0,\ g_2(i)=\sum_{k=0}^{i-1}\frac{1}{p_k}\alpha_k,\ i\geq 1$$
$$\alpha_0=1,\ \alpha_k=\frac{p_0\cdots p_{k-1}}{q_1\cdots q_k}$$

인 g_2도 〔연습문제 5.29〕에 의하여 위 방정식의 해가 되므로 일반해는 $g=ag_1+bg_2=a+bg_2$로 주어진다. 따라서, 유계이고 상수가 아닌 해가 존재하기 위한 필요충분조건은 g_2가 유계일 조건이며, 이는 다음과 같이 주어진다.

$$\sum_{k=1}^{\infty}\frac{1}{p_k\alpha_k}<\infty$$

따라서, 이 사슬에 대하여 다음과 같은 결론을 얻는다.

1. $\sum_{k=1}^{\infty}\frac{q_1\cdots q_k}{p_0\cdots p_k}=\infty \Rightarrow$ 재귀적
2. $\sum_{k=1}^{\infty}\frac{q_1\cdots q_k}{p_0\cdots p_k}=\infty,\ \sum_i \alpha_i=\infty \Rightarrow$ 영의 재귀적
3. $\sum_{k=1}^{\infty}\frac{q_1\cdots q_k}{p_0\cdots p_k}=\infty,\ \sum_i \alpha_i<\infty \Rightarrow$ 양의 재귀적
4. $\sum_{k=1}^{\infty}\frac{q_1\cdots q_k}{p_0\cdots p_k}<\infty \Rightarrow$ 일시적

따라서, $p_i=p,\ q_i=q$인 경우, $p=q$이면 영의 재귀적, $p>q$이면 일시적이다. ■

5.5 마코프랜덤마당모형

이 절에서 다룰 **마코프랜덤마당모형**(Markov random field model)은 앞에서 설명한 마코프 사슬의 개념을 시간적인 것에서 공간적인 것으로 확장한 것이다. 즉, 마코프사슬의 개념이 과거의 모든 정보가 주어졌을 때, 현재는 오직 바로 직전의 과거에만 의존하는 확률구조를 나타내는 것이라면, 마코프마당모형이란 주변의 모든 정보가 주어져 있을 때 한 위치의 값이 오직 바로 인접한 이웃 위치의 값들에만 의존하는 확률구조를 말한다.

마코프마당모형을 **영상자료**(image data)를 얻는 실험을 생각하여 설명하자. 하나의 영상자

료는 **화소**(pixel) 또는 **사이트**(site)라 불리우는 격자점에서의 관측값들의 모임으로 생각한다. 편의상 **정방격자**(square lattice)로 주어지는 영상만을 고려하면 격자는 다음과 같이 표현된다.

$$Z_m = \{(i,\ j) : 1 \le i,\ j \le m\}$$

여기서, m은 영상의 크기를 나타낸다. $\{i,\ j\}$번째 화소 또는 사이트에서의 값을 확률변수 X_{ij}로 나타내고, 이 때의 상태공간을 S로 나타낸다. 상태공간의 크기 $|S|$는 각 사이트가 가질 수 있는 색깔이나 명암 정도의 가지수를 나타낸다. 이 때, 확률변수 X_{ij}들의 모임 $\{X_{ij},\ (i,\ j) \in Z_m\}$을 **랜덤마당**(random field)이라 부르고, 확률과정에서 하나의 **자취**(path)에 대응하는 $\{x_{ij} \in S,\ (i,\ j) \in Z_m\}$이 랜덤마당이 실현되어 나타나는 하나의 영상이며, 이를 **배열**(configuration)이라 부른다. 배열들의 전체집합을 Ω로 나타내고, 이를 **배열공간**(configuration space)이라 부른다. 이러한 배열의 총 가지수는 $|\Omega| = |S|^{m^2}$이다. 이 절에는 특별한 언급이 없으면 $|S| = 2$인 경우, 즉 흑백영상의 경우만을 다루기로 한다.

5. 5. 1 랜덤마당의 예

먼저 공간적인 의존관계를 나타내는 확률모형의 필요성을 다음의 두 실례를 통하여 알아보도록 하자.

예 5.5.1 (**이징모형**, Ising model) 영구자석의 자성은 자석에 열이 가해지면 그 강도가 줄어든다. 특정 임계온도 이상이 되면 자석은 더이상 자성을 띠지 않게 된다. 이에 대한 정반대 현상으로 자석이 아닌 물질도 매우 낮은 온도에서는 **자연자성**(spontaneous magnetization)을 나타낼 수 있다. 원자 수준에서 생각하면 원자 그 자체가 하나의 자석이며, 각각의 원자들이 자기적으로 같은 성질을 띨 때 물질이 자성을 띠게 되는 것이다. 이러한 "작은 자석"들 사이의 상호작용이 바로 자연자성을 설명해 준다.

먼저 $m \times n$ 격자점으로 이루어진 물질을 가정하자. 각 격자점은 양극 혹은 음극 둘 중 하나의 성질만을 가질 수 있는 자기스핀(magnetic spin)을 나타낸다고 하자. 이 때, 양극을 띠는 스핀(spin)을 $+1$로 나타내고, 음극을 띠는 스핀을 -1이라고 나타낼 때, 이징(Ising)은 자기적인 성질을 기술하기 위하여 다음과 같은 모형을 제안하였다. 주어진 배열(configuration)

$$x = \{x_{ij},\ i=1,\ \cdots,\ m,\ j=1,\ \cdots,\ n,\ x_{ij} = +1 \text{ 또는 } -1\}$$

에 대하여 다음과 같은 방식으로 그 배열에서의 에너지 $U(x)$가 결정된다고 가정하자.

$$U(x) = -J \sum_{ij \sim kl} x_{ij} x_{kl} - hH \sum_{ij} x_{ij}$$

단, $ij \sim kl$은 (i, j) 사이트와 (k, l) 사이트가 서로 **이웃**(neighbor)임을 나타내고, J는 물질이 지니는 인력, 척력과 관련된 성질을 나타내는 상수이고, h는 물질의 **외부자장**(external magnetic field)에 영향을 받는 정도를, H는 외부자장의 강도를 나타내는 상수이다. 이 모형은 오직 이웃하는 사이트만이 주어진 사이트의 스핀을 결정하는 데 영향을 미친다고 가정하고 있다. 참고로 에너지와 그에 따른 확률의 관계는 열역학적인 고려를 필요로 한다. **깁스**(Gibbs)는 **열평형**(thermodynamic equilibrium) 상태에 놓여 있는 체계가 주어진 에너지준위 E에 있을 확률은 $\exp(-E/KT)$에 비례함을 보였다. 여기에서 T는 **절대온도**(absolute temperature)를 나타내고, K는 볼쯔만(Boltzmann)상수를 나타낸다. 즉, 위의 경우에 에너지 $U(x)$와 확률 $P(x)$ 사이에는 다음과 같은 관계가 있다.

$$P(x) \propto \exp\left(-\frac{U(x)}{KT}\right)$$

이를 **깁스분포**(Gibbs' distribution)라 부른다. 이 때의 비례상수는 분포를 만들기 위한 **표준화 상수**(normalization constant)이고, **분할함수**(partition function)라 불리운다. 따라서, 분할함수는 다음과 같이 구하여진다.

$$Z = \sum_x \exp\left(-\frac{U(x)}{KT}\right)$$ ■

5.5.2 마코프마당과 깁스분포

2차원의 유한 격자 위에서 정의되는 랜덤마당의 모형가운데 앞 절에서 언급한 예에서와 같이 공간적인 근접성이 확률 구조를 결정하는 모형인 마코프마당을 정의해 보자. 마코프마당은 격자점들이 근접한 위치에 있으면 있을수록 관측값의 상호의존관계가 높을 것이라는 기본적인 가정에 근거하고 있다. 예를 들어, 2차원 영상 자료가 주어졌을 때, 가까운 화소들은 같은 색깔 또는 같은 명암정도를 가질 가능성이 높을 것이고, 원자들이 자기장을 형성할 때는 하나의 스핀은 멀리 떨어진 원자들보다는 그 주위의 원자들이 양극이냐 음극이냐에 확률적으로 더 많이 의존할 것이라는 것이다.

마코프사슬의 1차원적인 종속개념인 현재의 과거에 대한 시간적 종속성을 2차원으로 확장하고자 한다면 "공간적인 과거"의 개념이 필요함을 알 수 있다. 이에 따라 한 사이트의 "공간적인 과거"로서 이웃의 개념을 먼저 정의해 보자.

[정의 5.5.1] 이웃

조건부확률 $P(X_{ij}=x_{ij}|X_{rs}=x_{rs},\ (r,\ s)\neq(i,\ j))$가 x_{kl}에 영향을 받으면, (사이트 $(i,\ j)$ 자신이 아닌) 사이트 $(k,\ l)$을 사이트 $(i,\ j)$의 **이웃**(neighbor)이라 부른다. 사이트 $(i,\ j)$의 이웃들 전체의 집합을 N_{ij}라 나타내며, $N=\{N_{ij}|(i,\ j)\in Z_m\}$을 Z_m에 대한 **이웃체계**(neighborhood system)라고 한다.

사이트 $(i,\ j)$의 이웃들이

$$(i-1,\ j),\ (i,\ j-1),\ (i,\ j+1),\ (i+1,\ j)$$

로 이루어지는 경우를 **1차 마코프 이웃체계**라 부른다. 또한, $(i,\ j)$ 사이트의 이웃들이 1차 이웃체계의 이웃들을 포함하여

$$(i-1,\ j-1),\ (i-1,\ j+1),\ (i+1,\ j-1),\ (i+1,\ j+1)$$

로 이루어질 때, 이를 **2차 마코프 이웃체계**라고 부른다. 가장자리에 위치하는 경계사이트들의 이웃에 대한 정의에는 약간의 수정이 필요하지만, 여기서는 다루지 않기로 한다.

이제, 사이트를 격자점으로 하고 이에 대한 이웃체계가 주어졌다고 했을 때, $\{Z_m,\ N\}$에 관한 마코프랜덤마당을 정의해 보자.

[정의 5.5.2] 마코프랜덤마당

Z_m으로 색인이 주어지며 다음의 두 가지 성질을 만족하는 확률과정을 $\{Z_m,\ N\}$에 관한 **마코프랜덤마당**(Markov random field, MRF)이라 한다. 이 때, $N=\{N_{ij}|(i,\ j)\in Z_m\}$은 Z_m에 대한 이웃체계를 나타낸다.

1. 실제성(Positivity) : 모든 $x\in\Omega$에 대하여 $P(X=x)>0$
2. 마코프성질(Markov Property) :

$$\begin{aligned}&P(X_{ij}=x_{ij}|X_{kl}=x_{kl},\ (k,\ l)\neq(i,\ j))\\&\quad=P(X_{ij}=x_{ij}|X_{kl}=x_{kl},\ (k,\ \ell)\in N_{ij})\end{aligned} \tag{5.5.6}$$

이웃의 정의에 의하여 얻어지는 식

$$\begin{aligned}&P(X_{ij}=x_{ij}|X_{kl}=x_{kl},\ (k,\ l)\neq(i,\ j))\\&\quad=P(X_{ij}=x_{ij}|X_{kl}=x_{kl},\ (k,\ l)\in N_{ij})\end{aligned}$$

을 마코프마당의 (i, j) 사이트에서의 **국소적 특성**(local characteristics)이라고 부른다.

모든 사이트에서의 국소적 특성이 주어졌다고 했을 때, 이 조건을 만족시키는 확률분포가 실제로 존재하는지, 그리고 이것이 존재한다면, 이것을 어떻게 결정할 것인 지의 문제는 국소적 특성을 이용하여 마코프마당을 정의하고자 할 때 매우 중요하다. 만일 각각의 사이트들이 소수의 이웃들만을 가진다면, 국소적 특성으로부터 하나의 확률분포가 결정되기 위하여 만족시켜야 할 제약조건이 많을 수밖에 없을 것이다. 이와 같이 국소적 특성으로부터의 원래 분포의 존재성과 일치성을 보이기 위해서 앞에서 정의한 이웃과 더불어 클릭이라는 개념이 필요하다.

[정의 5.5.3] 클릭

단 하나의 사이트로 이루어진 집합, 또는 한 집합에 속한 임의의 사이트가 그 집합 내의 모든 다른 사이트들의 이웃일 때, 그 집합을 클릭(clique)이라고 부른다.

조건부 분포만으로 하나의 확률분포를 정의했을 때 생길 수 있는 문제점으로 인해 마코프마당을 국소적 특성을 통하여 정의하는 데에는 부가적인 제약조건들이 필요함을 알 수 있다. 이러한 제약 조건을 찾고, 국소적 특성으로부터 X_{ij}들의 결합분포를 찾는 문제는 뒤에서 다루어질 Hammersley-Clifford의 정리로부터 해결할 수 있다. 이제 위에서 정의한 클릭 개념을 바탕으로 결합분포의 형태로 깁스분포를 정의하고, 조건부분포의 형태로 정의되는 마코프마당과 깁스분포의 동치성을 알아보자. 깁스분포의 정의는 다음과 같다.

[정의 5.5.4] 깁스분포

2^{m^2}개의 배열들의 모임

$$\Omega=\{\{x_{ij},\ (i, j)\in Z_m\} : x_{ij}\in S\}$$

에서 다음과 같이 정의되는 분포 $\pi(x)$를 격자 $\{Z_m, N\}$에서의 깁스분포라 한다.

$$\pi(x)=\frac{1}{Z}\exp\left(-\frac{U(x)}{KT}\right)$$

단, Z와 K와 T는 상수이고, 에너지함수라고 불리는 $U(x)$는 $\sum_{c\in C} V_{c(x)}$로 표현된다. 여기서 C는 클릭을 모아놓은 집합이다. 임의의 클릭 c에 대하여 함수 $V_c(\cdot)$는 배열 x의 x_{ij}들 중에서 (i, j)가 c에 속하는 사이트에만 의존한다. 즉, $V_c(\cdot)$는 배열의 함수이기보다는 클릭 c의 함수이다. 이러한 클릭함수의 함수족 $\{V_c(x),\ c\in C\}$를 **포텐샬함수**(potential function)라고 부른다.

앞에서 언급했던 이징모형은 1차 마코프체계를 그 이웃체계로 하고, 이로부터 유도되는 클릭에서 정의되는 함수로 표현할 수 있다. 이징모형의 포텐샬함수는 다음과 같이 주어짐을 위 정의로부터 알 수 있다. (i, j) 사이트가 포함된 클릭만을 고려한다면, 크기 1인 클릭의 경우 $V_c(x)=-hHx_{ij}$로 주어지고, 크기 2인 클릭의 경우는 (i, j) 사이트와 이웃관계에 있는 네 개의 (k, l) 사이트로 만들 수 있는 클릭 c에 대하여 $V_c(x)=-Jx_{ij}x_{kl}$로 주어짐을 알 수 있다.

예 5.5.2 **(이징모형)** 이징모형을 마코프마당의 관점에서 나타낼 때, (i, j) 사이트에서의 국소적 특성은 다음과 같이 주어짐을 알 수 있다.

$$\begin{aligned} &P(X_{ij}=x_{ij}\,|\,X_{kl}=x_{kl},\ (k, l)\neq(i, j)) \\ &\quad=P(X_{ij}=x_{ij}\,|\,x_{kl},\ (k, l)=(i-1, j),\ (i, j-1),\ (i, j+1),\ (i+1, j)) \\ &\quad=\exp\left(\frac{x_{ij}(J+hHv_{ij})}{KT}\right)\Big/\left\{\exp\left(\frac{J+hHv_{ij}}{KT}\right)+\exp\left(\frac{-(J+hHv_{ij})}{KT}\right)\right\} \end{aligned}$$

여기에서 $v_{ij}=x_{i-1,j}+x_{i,j-1}+x_{i,j+1}+x_{i+1,j}$를 의미한다. ■

예 5.5.3 **(Derin-Elliot model)** Derin-Elliot 모형은 이징모형과 달리 2차 마코프마당이다. 따라서, (i, j) 사이트에 해당되는 국소적인 성질은 다음과 같이 주어진다.

$$\begin{aligned} P(x_{ij}\,|\,x_{kl},\ (k, l)\neq(i, j))\propto\exp(&\alpha x_{ij}+\beta_1(I(x_{i,j-1}, x_{ij})+I(x_{ij}, x_{i,j+1})) \\ &+\beta_2(I(x_{i-1,j}, x_{ij})+I(x_{ij}, x_{i+1,j})) \\ &+\beta_3(I(x_{i-1,j+1}, x_{ij})+I(x_{ij}, x_{i+1,j-1})) \\ &+\beta_4(I(x_{i-1,j-1}, x_{ij})+I(x_{ij}, x_{i+1,j+1})) \end{aligned}$$

여기에서 $I(x, y)$는 x와 y가 같을 때만 1인 지표함수를 나타내고, α는 국소적인 성질이 (i, j) 사이트에만 의존하는 정도를 나타내는 상수이고, β_1은 (i, j) 사이트의 좌우에 있는 사이트들과의 관계를 나타내는 상수이고, β_2는 (i, j) 사이트의 상하에 있는 사이트들, β_3는 사선 /방향의 사이트들, β_4는 사선 \방향의 사이트들과의 관계를 나타낸다. ■

5. 5. 3 마코프마당과 깁스분포의 동치성

다음 정리는 마코프마당과 깁스분포의 동치성을 설명하고 있다. 정리를 증명하기 위해 뫼비우스의 역변환공식을 먼저 증명하자.

[정리 5.5.1] 뫼비우스의 역변환공식

S는 유한집합이고, Φ, Ψ는 S의 멱집합 위에서 정의되는 실함수라고 하자. S의 모든 부분집합 A에 대하여

$$\Phi(A)=\sum_{B\subset A}(-1)^{|A-B|}\Psi(B) \text{이면 } \Psi(A)=\sum_{B\subset A}\Phi(B) \text{가 성립하고,}$$

그 역도 성립한다.

이를 **뫼비우스의 역변환공식**(Mobius inversion formula)이라 부른다.

증명▶▶

$$\begin{aligned}\sum_{B\subset A}\Phi(B)&=\sum_{B\subset A}\sum_{D\subset B}(-1)^{|B-D|}\Psi(D)\\&=\sum_{D\subset A,\,C\subset A-D}(-1)^{|C|}\Psi(D)\\&=\sum_{D\subset A}\Psi(D)\sum_{C\subset A-D}(-1)^{|C|}\\&=\Psi(A)\end{aligned}$$

$A-D=\phi$이면 $\sum_{C\subset A-D}(-1)^{|C|}$는 1이고, $A-D\neq\phi$이면 $|A-D|=n$이라고 할 때,

$$\begin{aligned}\sum_{C\subset A-D}(-1)^{|C|}&=\sum_{k=0}^{n}|\{C\subset A-D:|C|=k\}|(-1)^k\\&=\sum_{k=0}^{n}\binom{n}{k}(-1)^k=(1-1)^n=0\end{aligned}$$

이므로 마지막 등식이 성립한다. 역을 증명하기 위하여 $\Psi(A)=\sum_{B\subset A}\Phi(B)$가 성립한다고 가정하면,

$$\begin{aligned}\sum_{B\subset A}(-1)^{|A-B|}\Psi(B)&=\sum_{B\subset A}(-1)^{|A-B|}\sum_{D\subset B}\Phi(D)\\&=\sum_{D\subset A}\Phi(D)\sum_{C\subset A-D}(-1)^{|C|}\\&=\Phi(A)\end{aligned}$$

가 성립하므로 위 정리가 성립한다. ■

이제 위 뫼비우스의 역변환공식을 이용하여 다음 정리를 증명하자.

[정리 5.5.2] Hammersley-Clifford의 정리

모든 x에 대하여 $P(x)>0$이라고 가정하자. $P(x)$가 $\{Z_m, N\}$에 관한 마코프마당이면, $P(x)$는 $\{Z_m, N\}$에 대한 깁스분포이고, 또한 그 역도 성립한다.

증명▶▶ 먼저 $P(x)$가 $\{Z_m, N\}$에 대한 깁스분포이면, $P(x)$가 $\{Z_m, N\}$에 관한 마코프마당임을 보이자.

$$P(X_{ij}=x_{ij} \mid X_{kl}=x_{kl}, (k, l)\neq(i, j))$$
$$=\exp\left(-\frac{1}{KT}\sum_{c\in C}V_c(x)\right)\Big/\sum_{x}\exp\left(-\frac{1}{KT}\sum_{c\in C}V_c(x')\right)$$

단, 여기에서 x'은 x와 (i, j) 사이트를 제외하고 다른 모든 사이트에서 같은 값을 갖는 배열(configuration)이다. (i, j) 사이트를 포함하지 않은 클릭 c에 대한 클릭함수 $V_c(x)$는 $V_c(X)=V_c(x')$이 성립하므로, 위 식을 정리하면 (i, j) 사이트를 포함하는 클릭함수들만 남을 것이다. (i, j) 사이트를 포함하는 클릭들은 모두 (i, j) 사이트에 이웃인 사이트들로 이루어져 있으며, 이것은 $P(\cdot)$가 마코프마당임을 의미한다.

이제 $P(x)$가 $\{Z_m, N\}$에서의 마코프마당이면, $P(x)$는 $\{Z_m, N\}$에 대한 깁스분포임을 증명해 보자. 그 증명을 위하여 먼저

$$A=\phi\text{에 대하여, } V_A(x)=-\sum_{B\subset A}(-1)^{|A-B|}\ln(P(x_B))$$

라 정의하고,

$$A=\phi\text{에 대하여는 } V_\phi=0$$

이라 정의하자. 뫼비우스의 역변환공식을 이용하기 위하여

$$\Phi(B)=-V_B(x),\ \Psi(B)=\ln\left(\frac{P(x_B)}{P(0)}\right)$$

라 하자. 이 때, x_B는 B 위에서는 x와 같은 값을 갖고, B^C 위에서는 0값을 갖는 배열을 나타낸다. $A\neq\phi$이면,

$$\Phi(A)=-V_A(x)$$
$$=\sum_{B\subset A}(-1)^{|A-B|}\ln(P(x_B))-\ln(P(0))\sum_{B\subset A}(-1)^{|A-B|}$$
$$=\sum_{B\subset A}(-1)^{|A-B|}\Psi(B)$$

또한,

$$\Phi(\phi)=-V_\phi(x)=0=\ln\left(\frac{P(x_\phi)}{P(0)}\right)=\Psi(\phi)$$

이 성립하므로 보조정리의 가정이 만족된다. 따라서, $S=Z_m$이라 하면, 다음과 같은 식을 얻는다.

$$\ln\left(\frac{P(x)}{P(0)}\right)=\Psi(S)=\sum_{B\subset S}\Phi(B)=-\sum_{B\subset S}V_{B(x)}$$
$$=-U(x)$$

위 식으로부터 $P(x)=P(0)\exp(-U(x))$이므로 $P(x)$는 깁스분포이다. ■

위에서 증명한 정리에 의해서 하나의 마코프마당을 규정하는 실용적인 방법을 얻게 된다. 즉, 마코프마당과 깁스분포의 동치성을 이용한다면, 깁스분포의 포텐샬함수만을 정의하여 하나의 마코프마당의 모형을 세울 수 있는 것이다.

연습문제

1 X_0는 성공률이 p인 베르누이분포를 따른다. 다음 점화식에 의하여 생성되는 확률변수열 X_n, $n=0, 1, 2, \cdots$에 대하여 X_n의 확률1극한(with probability 1 limit)을 구하라.

(1) $X_n=\beta X_{n-1}$, $n=1, 2, \cdots$

(2) $X_n=\beta_1 X_{n-1}+\beta_2 X_{n-2}$, $n=2, 3, \cdots$, $X_1=\beta_1 X_0$

(3) $X_n=X_{n-2}$, $n=2, 3, \cdots$, $X_1=1-X_0$

2 $\{X_n,\ n\geq 0\}$이 마코프사슬이면 시간의 역방향으로도 마코프성질이 성립함을 보여라. 즉,

$$P(X_{n-1}=i\,|\,X_n=j,\ X_{n+1}=k)=P(X_{n-1}=i\,|\,X_n=j)$$

임을 보여라.

3 연속분포 F를 따르는 *i.i.d.* 확률변수 X_1, X_2, $\cdots$, X_n의 순서통계량 $X_{n,1}\leq X_{n,2}\leq \cdots\leq X_{n,n}$은 마코프성질을 만족함을 보여라.

4 $\{X_n,\ n\geq 0\}$이 (동질인) 마코프사슬일 때, 다음 명제에 대하여 "참", "거짓"을 밝히고, 그 이유를 말하라.

(1) $P(X_{n+2}\in A\,|\,X_n=k,\ X_{n-1}=j,\ X_{n-2}=i)=P(X_2\in A\,|\,X_0=k)$

(2) $P(X_0=0,\ X_1=i,\ X_2=j,\ X_3=k,\ X_5=l)=p_{0i}\,p_{ij}\,p_{jk}\,p_{kl}^{(2)}$

(3) $P(X_k=0,\ X_{k+m}=0,\ X_{k+m+n}=0\,|\,X_0=0)=p_{00}^{(k)}\,p_{00}^{(m)}\,p_{00}^{(n)}$

(4) $P(X_3=i|X_4=j, X_5=k)=P(X_3=i|X_4=j)$

(5) $P(X_3=i|X_4=j)=P(X_4=j|X_3=i)$

(6) $P(X_3=k, X_1=i|X_2=j)=P(X_3=k|X_2=j)P(X_1=i|X_2=j)$

(7) $P(X_1=i_1, \cdots, X_m=i_m, X_{m+1}=j_1, \cdots, X_{m+n}=j_{n|X_0}=i_0)$
$=P(X_1=i_1, \cdots, X_m=i_{m|X_0}=i_0)P(X_1=j_1, \cdots, X_n=j_n|X_0=i_m)$

(8) $P(X_0=i, X_1=j)=P(X_1=i, X_2=j)$

(9) $P(X_3\in A|X_2=k, j_1<X_1<j_2, X_0=i)=P(X_3\in A|X_2=k)$

(10) $P(X_3=k|j_1<X_2<j_2, X_1=i, X_0=i_0)=P(X_3=k|j_1<X_2<j_2)$

(11) $\{X_n^2, n\geq 0\}$도 마코프사슬이다.

5 $\{\varepsilon_k, k=0, 1, 2, \cdots\}$가 *i.i.d.* 열일 때,

$$X_0=\varepsilon_0, X_1=\rho_1 X_0+\varepsilon_1, X_k=\rho_1 X_{k-1}+\rho_2 X_{k-2}+\varepsilon_k, k=2, 3, \cdots$$

로 주어지는 2차 자기회귀과정 $\{X_n, n\geq 0\}$에서 얻어지는 2차원과정 $\{(X_{2n}, X_{2n+1}), n\geq 0\}$은 마코프사슬임을 보여라.

6 확률과정 $\{X_n, n=0, 1, 2, \cdots\}$은 어떤 함수 g에 의하여 점화식

$$X_{n+1}=g(X_n, E_{n+1})$$

로 주어지고, 이 때 $\{E_n\}$은 $\{X_0, X_1, \cdots, X_{n-1}\}$과 독립인 확률과정이다.

(1) $\{X_n\}$은 마코프과정임을 보여라.

(2) $g(x, y)=x+y$인 경우의 모형을 설명하라.

(3) $g(x, y)=\max\{x-y, 0\}I(a<x\leq b)+\max\{b-y, 0\}I(x\leq a)$, $x\geq 0$은 어떤 모형을 나타내는가?

7 P가 상태공간이 유한인 마코프사슬의 추이행렬일 때,

(1) 1은 P의 고유값임을 보여라.

(2) P의 임의의 고유값 λ에 대하여 $|\lambda|\leq 1$임을 보여라.

8 다음을 증명하라.

(1) $p_{ii}^{(n)}=\sum_{k=0}^{n} f_{ii}^{(k)} p_{ii}^{(n-k)}+I_0(n)$, $n=0, 1, 2, \cdots$

(2) $p_{ij}^{(n)}=\sum_{k=0}^{n} f_{ij}^{(k)} p_{jj}^{(n-k)}$, $n=0, 1, 2, \cdots$

(3) $\sum_{n=0}^{\infty} p_{ij}^{(n)} \le \sum_{n=0}^{\infty} p_{jj}^{(n)}$

(4) j가 일시상태일 때, 임의의 상태 i에 대하여 $\sum_{n=1}^{\infty} p_{ij}^{(n)} < \infty$

(5) j가 일시적이면, 임의의 i에 대하여 $\lim_{n\to\infty} p_{ij}^{(n)} = 0$

(6) $p_{ii}^{(n)}$과 $f_{ii}^{(n)}$의 생성함수를 각각 G, F라 하면, $G(s) = \dfrac{1}{1-F(s)}$

(7) $f_{ij}^{(1)} = p_{ij}$, $f_{ij}^{(n)} = \sum_{k\neq j} p_{ik} f_{kj}^{(n-1)}$, $n=2, 3, \cdots$

(8) $f_{ij} = p_{ij} + \sum_{k\neq j} p_{ik} f_{kj}$

9 $\lim_{n\to\infty} \dfrac{a_n}{b_n} = 1$을 만족하는 두 양의 수열 $\{a_n\}$과 $\{b_n\}$에 대하여, $\sum_{n=1}^{\infty} a_n < \infty$와 $\sum_{n=1}^{\infty} b_n < \infty$는 동치임을 보여라.

10 $\lim_{n\to\infty} a_n = a$를 만족하는 실수열 $\{a_n\}$에 대하여 $\lim_{n\to\infty} \dfrac{1}{n} \sum_{k=1}^{n} a_k = a$임을 보여라.

11 $\{X_n,\ n\ge 1\}$이 $i.i.d.$ 베르누이 확률변수열이고, $S_0 = 0$, $S_n = X_1 + \cdots + X_n$이라 하자. $M = \max\{n : S_n = 0\}$일 때, 다음 물음에 답하라.

(1) $P(M=k) = P(S_k = 0,\ |S_{k+n} - S_k| > 0,\ n=1, 2, \cdots)$임을 보여라.

(2) 사건 $\{S_n = 0\}$이 유한번 일어나는 사건을 A라 하면,

$P(A) = P(|S_n| > 0,\ n=1, 2, \cdots) \sum_{k=0}^{\infty} P(S_k = 0)$임을 보여라.

(3) $\sum_{k=0}^{\infty} P(S_k = 0) = \infty$이면, $P(A) = 0$임을 보여라.

12 다음은 정수론(number theory)에서 다루어지는 정리이다.

> **[정리 1.5.2]**
>
> 자연수들의 집합 M이 덧셈에 의하여 닫혀 있고 최대공약수가 1이면, M은 유한개의 자연수를 제외한 모든 자연수를 포함한다.

위의 정리를 써서 다음을 증명하라.

(1) 상태 j가 비주기적이면, 모든 $n \ge n_0(j)$에 대하여 $p_{jj}^{(n)} > 0$이 되는 $n_0(j)$가 존재한다.

(2) 마코프사슬이 약분되어 있고 비주기적이라 하자. 임의의 i, j에 대하여 $n \ge n_0(i, j)$이면 $p_{ij}^{(n)} > 0$이 되는 $n_0(i, j)$가 존재한다.

13 상태공간이 유한이고 비주기적이며 기약적인 마코프사슬에서 모든 n-단계 추이확률 $p_{ij}^{(n)}$이 양수가 되는 n이 존재함을 증명하라.

14 r개의 상태를 가지는 마코프사슬에 대하여 다음을 증명하라.

(1) 상태 k가 상태 i로부터 도달가능이면, 상태 k는 상태 i로부터 $r-1$단계 이하의 추이로 도달될 수있다.

(2) j가 재귀상태이면 r보다 큰 n에 대하여는 j로의 최초귀환시간이 n 이상일 확률이 α^n 이하로 되는 $\alpha(0<\alpha<1)$가 존재한다.

15 $\{X_n,\ n=1,\ 2,\ \cdots\}$가 베르누이 확률변수열이다.

$$P(X_n=1 \mid X_1,\ X_2,\ \cdots,\ X_{n-1}) \geq \alpha > 0,\ n=1,\ 2,\ \cdots$$

을 만족할 때, 다음을 증명하라.

(1) $P(\cup_{n=1}^{\infty}\{X_n=1\})=1$

(2) $P(\cap_{k=1}^{\infty}\cup_{n=k}^{\infty}\{X_n=1\})=1$

16 $\begin{pmatrix} 1-a & a \\ b & 1-b \end{pmatrix}$, $0<a,\ b<1$이라 할 때,

$P^n=\dfrac{1}{a+b}\begin{pmatrix} b & a \\ b & a \end{pmatrix}+\dfrac{(1-a-b)^n}{(a+b)}\begin{pmatrix} a & -a \\ -b & b \end{pmatrix}$임을 증명하라.

17 불변확률분포를 초기분포로 갖는 마코프사슬에서 $(X_n,\ X_{n+1})$의 분포가 n에 관계없음을 보여라.

18 $i \leftrightarrow j$일 때, $i,\ j$가 동시에 재귀적 또는 일시적임을 $l \geq 0$에 대하여 성립하는 부등식 $p_{jj}^{(n+m+l)} \geq p_{ji}^{(n)} p_{ii}^{(l)} p_{ij}^{(m)}$을 써서 증명하라.

19 $\{X_n,\ n\geq 0\}$과 $\{Y_n,\ n\geq 0\}$이 서로 독립이고 모두 음이 아닌 정수들의 집합인 상태공간에서 동일한 추이확률 p_{ij}를 갖는 마코프사슬이다. 다음 물음에 답하라.

(1) $(X_n,\ Y_n)$은 2차원 마코프사슬임을 보이고, 그 추이확률 $p_{(i,j)(k,l)}$을 구하라.

(2) $\{X_n,\ n\geq 0\}$이 비주기적이고 약분되어 있으면 $\{(X_n,\ Y_n),\ n\geq 0\}$도 비주기적이고 약분되어 있음을 보여라.

(3) $\{X_n,\ n\geq 0\}$에 대하여 불변확률분포 $\{\pi_i,\ i=0,\ 1,\ 2,\ \cdots\}$가 존재하면, $\{\pi_{ij}=\pi_i\pi_j,\ i,\ j=0,\ 1,\ 2,\ \cdots\}$는 $\{(X_n,\ Y_n),\ n\geq 0\}$의 불변확률분포임을 보여라.

20 약분되어 있고 재귀적인 마코프사슬에서는 임의의 상태 j에 반드시 도달함을 보여라. 즉, $P(\cup_{n=1}^{\infty}(X_n=j))=1$임을 보여라.

21 행렬 P가 추이행렬이며 또한 임의의 j에 대하여 $\sum_{i=1}^{\infty}p_{ij}=1$을 만족할 때, 이 행렬 P를 **이중확률행렬**(doubly stochastic matrix)이라 한다. 상태공간이 유한이고 비주기적인 마코프사슬의 추이행렬이 이중확률행렬이라면 극한안정상태분포 π는 임의의 i와 j에 대하여 $\pi_i=\pi_j$가 됨을 보여라.

22 공정한 주사위를 독립적으로 n번 던질 때, 주사위 눈의 합을 Y_n이라 하자. $\lim_{n\to\infty}P(Y_n$은 13의 배수)를 구하라.

23 정리 5.4.1에서 불변분포의 유일성을 증명하라.

24 **(birth or disaster model)** 상태공간이 $\{0, 1, 2, \cdots\}$이고 추이확률이

$$p_{ij}=\begin{cases}p_i, & j=i+1\\ 1-p_i, & j=0,\ i\geq 1\end{cases},\ p_{01}=1$$

로 주어지는 마코프사슬모형에 대하여 다음 물음에 답하라.

(1) 이 사슬이 재귀적이기 위한 필요충분조건은

$$\lim_n p_1p_2p_3\cdots p_n=0$$

이다.

(2) 이 사슬이 재귀적이라는 가정 아래에서는 이 사슬이 영의 재귀적이기 위한 필요충분조건은 무한합 $1+p_1+p_1p_2+p_1p_2p_3+\cdots$이 발산하는 것이다.

(3) $p_k=1/k$이면, 이 사슬은 재귀적인가? 영의 재귀적인가?

(4) $p_k=1/2$로 주어지는 경우, 이 사슬은 양의 재귀적임을 보이고, 극한안정상태분포를 구하라.

25 $\{X_n\}$을 상태공간이 $\{0, 1, 2, 3, 4, 5\}$인 마코프사슬이라 하고, 추이확률행렬이

$$P=\begin{pmatrix} \frac{1}{3} & \frac{2}{3} & 0 & 0 & 0 & 0 \\ \frac{2}{3} & \frac{1}{3} & 0 & 0 & 0 & 0 \\ 0 & 0 & \frac{1}{4} & \frac{3}{4} & 0 & 0 \\ 0 & 0 & \frac{1}{5} & \frac{4}{5} & 0 & 0 \\ \frac{1}{4} & 0 & \frac{1}{4} & 0 & \frac{1}{4} & \frac{1}{4} \\ \frac{1}{6} & \frac{1}{6} & \frac{1}{6} & \frac{1}{6} & \frac{1}{6} & \frac{1}{6} \end{pmatrix}$$

과 같이 주어질 때, 다음 물음에 답하라.

(1) 이 사슬은 기약적인가? 그 이유는?

(2) 각 상태의 주기를 구하라.

(3) 상태 0의 최초귀환시간의 기대값을 구하라.

(4) 상태 5에 대하여 $f_{55}=\sum_{n=1}^{\infty} f_{55}^{(n)}$을 구하라.

(5) 각 상태를 양의 재귀적, 영의 재귀적, 일시상태로 분류하라.

(6) $\lim_{n\to\infty} p_{42}^{(n)}$을 구하라.

(7) 이 사슬이 상태 0에서 출발하는 경우 10^4번의 추이(transition) 중 0에서 1로 가는 1-단계 추이는 몇 번이나 일어나리라고 기대하는가?

26 추이확률행렬이 다음과 같이 주어질 때, 앞의 문제와 동일한 물음에 답하라.

$$P=\begin{pmatrix} \frac{3}{4} & \frac{1}{4} & 0 & 0 & 0 & 0 \\ \frac{1}{8} & \frac{7}{8} & 0 & 0 & 0 & 0 \\ 0 & 0 & 1 & 0 & 0 & 0 \\ 0 & 0 & 0 & 1 & 0 & 0 \\ \frac{1}{4} & 0 & \frac{1}{4} & 0 & \frac{1}{8} & \frac{3}{8} \\ 0 & \frac{1}{6} & \frac{1}{3} & 0 & \frac{1}{6} & \frac{1}{3} \end{pmatrix}$$

27 어떤 날의 날씨는 그 전 이틀 동안의 날씨에 의해 결정된다고 가정하자. 즉, 이틀 맑은 후 또 맑은 날이 될 확률은 0.8, 맑은 날, 흐린날 후에 다시 맑아질 확률은 0.6, 흐리고 맑

은 후 맑은 날이 될 확률은 0.4, 계속 흐린 후 맑아질 확률은 0.1이라 하자. 이 모형에서 주어진 시점의 상태는 그 전 이틀 동안의 날씨에 의해 정해지므로 마코프모형을 세우기 위하여는

상태 (S, S) : 이틀 모두 맑은 경우
상태 (S, C) : 맑은 날 후 흐린 날
상태 (C, S) : 흐린 날 후 맑은 날
상태 (C, C) : 이틀 모두 흐린 경우

로 구성되는 상태공간을 생각하여 추이행렬을 다음과 같이 주면 된다.

$$\begin{pmatrix} 0.8 & 0.2 & 0 & 0 \\ 0 & 0 & 0.6 & 0.4 \\ 0.4 & 0.6 & 0 & 0 \\ 0 & 0 & 0.1 & 0.9 \end{pmatrix}$$

(1) 이 마코프사슬의 극한안정상태분포를 구하라.

(2) 맑은 날의 비율은 얼마나 되겠는가?

28 두 대의 컴퓨터가 비치된 비행좌석 예약시스템을 생각하자. 각 컴퓨터의 고장확률은 p이며, 고장이 난 후 정상으로 되돌아가는 데에는 이틀이 걸린다. 단, 두 대가 동시에 가동되는 경우는 없고, 두 대가 동시에 수리되는 경우도 없다고 가정한다. X_n을 마감시간에 정상상태에 있는 컴퓨터의 대수라고 하고, Y_n은 고장수리는 진행되었으나 수리가 완료되지 않은 사건의 지표함수라 하면 마코프사슬 $\{(X_n, Y_n), n \geq 0\}$을 구성할 수 있으며, 여기서 추이행렬은

$$\begin{pmatrix} q & p & 0 & 0 \\ 0 & 0 & q & p \\ q & p & 0 & 0 \\ 0 & 1 & 0 & 0 \end{pmatrix}$$

로 주어진다. 여기서 상태의 순서는 $(2, 0)$, $(1, 0)$, $(1, 1)$, $(0, 1)$로 잡은 추이행렬이다. 극한안정상태분포를 구하라.

29 [예 5.4.6]에서 g_2가 주어진 방정식의 해가 됨을 보여라.

제 6 장 포아송과정

6.1 연속시간 확률과정

연속시간 확률과정(continuous time stochastic process)이란 어떤 현상을 연속된 시간의 흐름에 따라 관측할 때 쓰이는 확률과정이다. 예를 들어, 시간의 흐름에 따라 기온 변화를 알아볼 때, $X(t)$를 시점 t에서의 기온이라 놓으면 $\{X(t), t \geq 0\}$는 시간구간 $(0, \infty)$에서의 연속시간 확률과정이다. 따라서, 앞에서의 용어를 써서 설명하면 $X(t)$는 연속되는 시간에서 끊임없이 일어나는 시행 가운데 시점 t에서의 시행에서 얻어지는 수치적 결과라고 생각하면 된다.

6.1.1 마코프과정

이산시간 확률과정에 관한 많은 정의와 성질들이 연속시간 확률과정에도 유사하게 적용된다. 예를 들어, 이산시간의 경우와 같이 연속시간 확률과정 $\{X(t),\ t \geq 0\}$이 다음 성질을 만족할 때, 이를 **마코프과정**(Markov process)이라 부른다.

임의의 $t_0 < t_1 < \cdots < t_n < t_{n+1}$, x_0, x_1, $\cdots$, x_n과 집합 A에 대하여,

$$\begin{aligned} &P(X(t_{n+1}) \in A \mid (X(t_0) = x_0,\ X(t_1) = x_1,\ \cdots,\ X(t_n) = x_n) \\ &\qquad = P(X(t_{n+1}) \in A \mid X(t_n) = x_n) \end{aligned} \tag{6.1.1}$$

특히, 임의의 $h > 0$, t에 대하여

$$P(X(t+h) \in A \mid X(t) = x) = P(X(h) \in A \mid X(0) = x) \tag{6.1.2}$$

인 마코프과정을 **동질의 마코프과정**(homogeneous Markov process)이라고 부른다.

6.1.2 정상 · 독립증분을 가지는 과정

$\{X(t),\ t \geq 0\}$가 연속시간 확률과정일 때, $\{X(t+h) - X(t),\ h > 0\}$를 시간구간 $(t, t+h)$에서의 **증분**(increment)이라 부른다. 겹치지 않는 시간구간에서의 증분이 서로 독립일 때, 이 확률과정은 **독립증분**(independent increments)을 갖는다고 한다. 즉, 독립증분을 가지면 $t_0 < t_1 < \cdots < t_n$일 때 $X(t_i) - X(t_{i-1})$, $i = 1, 2, \cdots, n$은 서로 독립인 확률변수이다.

시간구간 $(t,\ t+h)$에서의 증분의 분포가 구간의 길이 h에 의해서만 결정될 때, **정상증분**(stationary increments)을 갖는다고 한다. 즉, 정상증분을 가지면 임의의 $h > 0$와 모든 s, $t(s < t)$에 대하여 $X(t) - X(s)$와 $X(t+h) - X(s+h)$가 동일한 분포를 갖는다. 따라서, 정상 · 독립증분을 가지면 $X(t+h) - X(t)$, $X(t+2h) - X(t+h)$, $X(t+3h) -$

$X(t+2h), \cdots$는 $i.i.d.$열이다.

독립증분을 가지는 확률과정은 마코프과정이며, 정상 · 독립증분을 가지는 과정(process with stationary and independent increments)은 동질의 마코프과정이 된다.

6.2 포아송과정

6.2.1 셈과정

어느 정류소에 도착하는 버스수, 자료통신을 위하여 들어오는 **패킷**(packet)수, 어느 공정과정에서 발생하는 불량제품의 수, 어느 상점에 들어오는 고객수 등과 같이 특정한 사건이 일어나는 횟수를 연속되는 경과시간에 따라 나타내고자 할 때 쓰이는 확률과정을 **셈과정**(counting process)이라 부른다. 따라서, 셈과정의 상태공간은 음이 아닌 정수의 집합이며, 연속된 시간의 흐름에 따라 관측되는 연속시간 확률과정이다.

[정의 6.2.1]

다음의 조건을 만족하는 확률과정 $\{N(t),\ t\geq 0\}$를 셈과정이라고 한다.

1. $N(t)\geq 0$
2. $N(t)$는 정수값을 갖는다.
3. $s<t$이면 $N(s)\leq N(t)$이다.

셈과정은 흔히 $N=\{N(t),\ t\geq 0\}$ 또는 $\{N_t,\ t\geq 0\}$로 나타낸다. 각 고정된 시점 t에 대하여 $N(t)$는 시간구간 $(0,\ t)$에서 발생하는 사건수를 나타내며, 음이 아닌 정수값을 갖는 확률변수이다. 또한 $s<t$일 때, $N(t)-N(s)$는 시간구간 $(s,\ t)$서 일어나는 사건수를 나타낸다. 즉, $N(t)$는 시간 t의 흐름에 따라 단조증가이며, 음이 아닌 정수값을 가지므로 모든 경로는 **계단함수**(step function)의 꼴로 나타난다.

6.2.2 포아송과정의 정의

셈과정 중에서 가장 기본이고 중요한 것이 **포아송과정**(Poisson process)이다.

[정의 6.2.2]

다음의 조건을 만족하는 셈과정 $\{N(t),\ t \geq 0\}$를 **강도**(intensity)가 λ인 **포아송과정**이라고 한다.

1. $N(0)=0$
2. 독립증분과 정상증분을 갖는다.
3. $P(N(h)=1)=\lambda h+o(h),\ h \to 0$
4. $P(N(h)\geq 2)=o(h),\ h \to 0$

포아송과정은 초기상태가 항상 0이고 정상 · 독립증분을 가지므로 동질의 마코프과정이다. 또한, $h \downarrow 0$일 때, 임의의 상태 i와 시각 t에 무관하게 추이확률(transition probability)이

$$P(N(t+h)\in A \mid N(t)=i)=\begin{cases}\lambda h+o(h), & i\in A\\ 1-\lambda h+o(h), & i\notin A\end{cases}$$

로 주어진다. 즉, 포아송과정은 아주 미세한 구간 $(t,\ t+h)$에서 사건이 한 번 발생할 확률은 그 구간의 길이 h에만 비례하며(비례성), 두 번 이상 발생할 확률은 0에 가까운 성질(희귀성)을 갖고 있음을 알 수 있다. 여기서, 비례상수인 **강도 λ는 포아송과정에서의 사건의 발생빈도를 결정해 주는 모수**이다. 포아송과정의 정의에서 성질 3, 4를 **무한소조건**(infinitesimal condition)이라 부른다.

이와 같이 정의되는 포아송과정에 대한 확률, 즉 결합분포가 어떻게 결정되는지를 알아보자. 예를 들어, $t_1<t_2<t_3$인 경우 $N(t_1)$, $N(t_2)$, $N(t_3)$의 결합분포를 구하여 보자. $N(t_1)$, $N(t_2)-N(t_1)$, $N(t_3)-N(t_2)$의 결합분포를 구한 후, 변환 $(x,\ y-x,\ z-y)\to(x,\ y,\ z)$를 이용하면 $N(t_1)$, $N(t_2)$, $N(t_3)$의 결합분포를 얻을 수 있다. 그런데, $N(t_1)$, $N(t_2)-N(t_1)$, $N(t_3)-N(t_2)$는 서로 독립이므로 각 주변분포를 구하여 그들을 곱하면 결합분포가 얻어진다. 또한, 정상증분성에 의하여 $N(s+t)-N(s)$의 분포는 $N(t)$의 분포와 같으므로, 포아송과정의 결합분포는 임의의 t에서의 $N(t)$의 주변분포만을 알면 얻어지게 된다. 따라서, 다음 정리에 의하여 포아송과정의 결합분포가 구하여진다.

[정리 6.2.1]

모든 t에 대하여 $N(t)$는 평균이 λt인 포아송분포를 따른다.

증명▶▶

$$P_m(t)=P(N(t)=m)$$

이라 놓으면, 세 번째 조건에 의하여

$$\sum_{m=2}^{\infty} P_m(h)=o(h)$$

가 된다. $m=0$인 경우를 보면 임의의 $h>0$에 대하여

$$\begin{aligned}
P_0(t+h) &= P(N(t+h)=0)\\
&= P(N(t+h)=0,\ N(h)=0)\\
&= P(N(t+h)-N(h)=0,\ N(h)=0)\\
&= P(N(t+h)-N(h)=0)P(N(h)=0) \qquad \text{(독립증분)}\\
&= P(N(t)=0)\cdot P(N(h)=0) \qquad \text{(정상증분)}\\
&= P_0(t)\cdot P_0(h)\\
&= P_0(t)(1-\lambda h+o(h))
\end{aligned}$$

이므로

$$\frac{P_0(t+h)-P_0(t)}{h}=-P_0(t)\frac{\lambda h+o(h)}{h}$$

가 되어 h를 0으로 보내면 미분방정식

$$\frac{d}{dt}P_0(t)=-\lambda P_0(t)$$

를 얻는다. 이를 풀면 일반해는

$$P_0(t)=Ke^{-\lambda t}$$

가 되고, $P_0(0)=P_0(N(0)=0)=$이므로 $P_0(t)=e^{-\lambda t}$를 얻는다.

$m\geq 1$인 경우는

$$\begin{aligned}
P_0(t+h) &= P(N(t+h)=m)=\sum_{i=0}^{\infty} P(N(t+h)=m,\ N(h)=i)\\
&= P_m(t)P_0(h)+P_{m-1}(t)P_1(h)+\sum_{i=2}^{\infty} P_{m-i}(t)P_i(h)\\
&= P_m(t)(1-\lambda h+o(h))+P_{m-1}(t)(\lambda h+o(h))+o(h)
\end{aligned}$$

이므로

$$\begin{aligned}
P_m(t+h)-P_m(t) &= P_m(t)\,[P_0(h)-1]+P_{m-1}(t)P_1(h)+o(h)\\
&= -\lambda P_m(t)h+\lambda P_{m-1}(t)h+o(h)
\end{aligned}$$

를 얻는다. 양변을 h로 나누어 $h\to 0$일 때의 극한을 취하면 **미분-차분방정식**(differential-difference equation)

$$P_m'(t) = -\lambda P_m(t) + \lambda P_{m-1}(t),\ m=1, 2, \cdots$$

을 얻는다. 여기서

$$Q_m(t) = P_m(t)e^{\lambda t},\ m=1, 2, \cdots$$

이라 놓으면 위의 방정식은

$$Q'_{m(t)} = \lambda Q_{m-1(t)},\ m=1, 2, \cdots$$

이 되고, $P_0(0)=1$, $P_m(0)=0$, $m \geq 1$로부터 Q_m에 관한 초기값은

$$Q_0(0)=1,\ Q_m(0)=0,\ m \geq 1$$

이 된다. 이 방정식은 다음과 같이 차례로 그 해를 구할 수 있다.

$$\begin{aligned}
Q'_1(t) = \lambda \Rightarrow Q_1(t) &= \lambda t + c && \Rightarrow Q_1(t) = \lambda t \\
Q_2(t) &= \frac{\lambda^2 t^2}{2} + c && \Rightarrow Q_2(t) = \frac{\lambda^2 t^2}{2!} \\
&\vdots && \quad\vdots \\
& && \Rightarrow Q_m(t) = \frac{\lambda^m t^m}{m!}
\end{aligned}$$

따라서, 모든 $m \geq 0$에 대하여

$$P_m(t) = \frac{(\lambda t)^m}{m!} e^{-\lambda t}$$

를 얻는다. 즉, 고정된 시간 t에서의 $N(t)$는 평균이 λt인 포아송분포를 따른다. ■

정상증분성으로부터 $s<t$일 때,

$$P(N(t+s) - N(s) = m) = e^{-\lambda t}\frac{(\lambda t)^m}{m!},\ m=0, 1, 2, \cdots$$

이다.

6.2.3 도착간격시간

확률과정 $\{N(t),\ t \geq 0\}$가 셈과정일 때,

$$T_1 = \min\{t>0 : N(t) > N(0)\}$$

$$T_2=\min\{t>0 : N(T_1+t)>N(T_1)\}$$

$$\cdots\cdots\cdots\cdots$$

$$T_{n+1}=\min\{t>0 : N(T_1+\cdots+T_n+t)>N(T_1+\cdots+T_n)\}$$

으로 정의되는 **도착간격시간**(interarrival time) T_i, $i=1, 2, \cdots$을 생각하자. 이 때, 도착간격시간들의 부분합

$$S_n=T_1+T_2+\cdots+T_n$$

을 n번째 사건이 도착하는 **도착시간**(arrival time) 또는 n번째 사건이 도착할 때까지의 **대기시간**(waiting time)이라고 한다. $N(t)$와 마찬가지로 T_i와 S_n도 확률변수이며, 그 관계는 다음과 같다.

$$N(t)=\min\{n\geq 0 : S_n\geq t\} \qquad \textbf{(6.2.3)}$$

[정리 6.2.2]

강도가 λ인 포아송과정 $\{N(t), t\geq 0\}$에서 도착간격시간 T_i, $i=1, 2, \cdots$은 모두 모수가 λ인 지수분포를 따르며, 서로 독립이다.

증명▶▶ 먼저,

$$\begin{aligned} P(T_1>t)&=P(\{\text{구간 } [0, t] \text{에서 발생 없음}\}) \\ &=P(N(t)=0)=e^{-\lambda t} \end{aligned}$$

이므로 T_1은 모수가 λ인 지수분포를 한다. 임의의 $k=1, 2, 3, \cdots$에 대하여, $s<t$이면

$$\begin{aligned} P(T_{k+1}>t \mid T_k=s)&=P(\text{구간 } (s, s+t)\text{에서 발생 없음} \mid T_k=s) \\ &=P(\text{구간 } (s, s+t)\text{에서 발생 없음}) && (\text{독립증분}) \\ &=P(N(s+t)-N(s)=0) \\ &=P(N(t)=0) && (\text{독립증분}) \\ &=e^{-\lambda t} \end{aligned}$$

가 성립하므로 T_k와 T_{k+1}은 서로 독립이고, 모든 도착간격시간의 분포는 모수가 λ인 지수분포를 따른다.

대기시간 S_n, $n=1, 2, \cdots$은 도착간격시간의 합이고, 각 도착간격시간은 $i.i.d.$ 지수분포를 따르므로 대기시간 S_n은 다음과 같은 밀도함수를 갖는 에르랑분포, 즉 모수가 (n, λ)인 감마분포를 따른다.

$$f_{S_n}(t)=\lambda e^{-\lambda t}\frac{(\lambda t)^{m-1}}{(n-1)!},\ t\geq 0$$

대기시간이 에르랑분포에 따름을 다음과 같이 직접 보일 수 있다.

$N(t)$와 S_n의 관계에 의하여 두 사건 $\{N(t)\geq n\}$, $\{S_n\leq t\}$는 동일하다. 즉, $N(t)\geq n \Leftrightarrow S_n\leq t$이므로

$$F_{S_n}(t)=P(S_n\leq t)=P(N(t)\geq n)=\sum_{k=n}^{\infty} e^{-\lambda t}\frac{(\lambda t)^k}{k!}$$

이고, S_n은 연속확률변수이므로 $F_{S_n}(t)$를 t에 대하여 미분하면 S_n의 밀도함수를 얻는다. 즉,

$$\begin{aligned}f_{S_n}(t)&=-\sum_{k=n}^{\infty}\lambda e^{-\lambda t}\frac{(\lambda t)^k}{k!}+\sum_{k=n}^{\infty}\lambda e^{-\lambda t}\frac{(\lambda t)^{k-1}}{(k-1)!}\\&=\lambda e^{-\lambda t}\frac{(\lambda t)^{n-1}}{(n-1)!}\end{aligned}$$

다음 정리는 도착간격시간에 의한 포아송과정의 특징을 말해 준다. ■

[정리 6.2.3]

$N(0)=0$인 셈과정 $\{N(t),\ t\geq 0\}$의 도착간격시간이 모수가 λ인 지수분포를 따르고, $i.i.d.$이면 그 과정은 강도가 λ인 포아송과정이다.

증명▶▶ 도착간격시간이 지수분포이고 $i.i.d.$이므로 독립증분과 정상증분을 갖음을 알 수 있다. 따라서, $N(t)$의 분포가 평균이 λt인 포아송분포임을 보이면 된다. 대기시간에 대하여 조건을 준 전확률법칙을 이용하면 $N(t)$의 분포는

$$\begin{aligned}P(N(t)=n)&=\int_0^t P(N(t)=n\,|\,S_n=s)f_{S_n}(s)ds\\&=\int_0^t P(S_n\leq t,\ X_{n+1}>t-S_n\,|\,S_n=s)f_{S_n}(s)ds\\&=\int_0^t P(X_{n+1}>t-s)f_{S_n}(s)ds\\&=\int_0^t e^{-\lambda(t-s)}\lambda e^{-\lambda s}\frac{(\lambda s)^{(n-1)}}{(n-1)!}ds\\&=e^{-\lambda t}\frac{(\lambda t)^n}{n!}\end{aligned}$$

이므로, $N(t)$는 포아송분포를 따른다. ■

위의 정리에 의하여 포아송과정은 지수분포를 따르는 $i.i.d.$ 도착간격시간에 의하여 규정된다. 이 성질은 모의실험을 위하여 포아송과정을 컴퓨터로 생성하거나 어떤 확률과정이 포아송과정인지를 알아보고자 하는 데 편리하다. 포아송과정보다 더 일반적인 확률과정을 정의하는데도 이와 같은 성질이 유용하게 사용된다.

포아송과정에서 구간 $[0, t]$에서 사건이 한 번 일어났다는 조건하에 사건이 일어난 시간의 조건부분포를 알아보자. 먼저 직관적으로 보면, 포아송과정은 독립증분과 정상증분을 가지므로 어느 구간이 사건을 포함하는 확률은 구간의 길이에 비례한다. 따라서, 사건이 일어난 시간은 구간 $[0, t]$에서의 균일분포를 따른다. 이러한 직관이 옳은지를 증명하여 보자.

$$
\begin{aligned}
P(X_1 \le s \mid N(t)=1) &= \frac{P(X_1 \le s,\ N(t)=1)}{P(N(t)=1)} \\
&= \frac{P(\text{구간 } [0, s]\text{에서 한 번 발생}, (s, t)\text{에서 발생 안함})}{P(N(t)=1)} \\
&= \frac{P(\text{구간 } [0, s]\text{에서 한 번 발생})P(\text{구간 } (s, t)\text{에서 발생 안함})}{P(N(t)=1)} \\
&= \frac{\lambda s e^{-\lambda(t-s)} e^{-\lambda s}}{\lambda t e^{-\lambda t}} \\
&= \frac{s}{t}
\end{aligned}
$$

가 되어 구간 $[0, t]$에서 균일분포를 따름을 알 수 있다. 이 정리를 일반화하면 다음 정리를 얻는다.

[정리 6.2.4]

모수가 λ인 포아송과정에서 구간 $[0, t]$에서 사건이 n번 일어났다는 조건하에 그 n사건이 일어난 시간의 조건부결합분포는 구간 $[0, t]$에서의 균일분포에서 얻어지는 크기 n인 순서통계량의 결합분포와 같다.

6.2.4 베르누이과정과의 관계

이항분포 $Bin\left(n, \frac{\lambda}{n}\right)$가 $n \to \infty$일 때, 포아송분포 $Poi(\lambda)$로 분포수렴하는 것은 이미 다루었다. 이와 같은 사실을 확률변수를 통하여 이해하려면 베르누이확률변수의 **이중배열** (double array)을 고려하여야 한다. 즉, X_{ni}, $i=1, 2, \cdots, n$이 성공률이 λ/n인 베르누이확률변수이고, 모든 n에 대하여 $X_{n1}, X_{n2}, \cdots, X_{nn}$이 $i.i.d.$인 이중배열

$$
\begin{array}{l}
X_{11} \\
X_{21},\ X_{22} \\
\cdots\quad\cdots\quad\cdots\quad\cdots\quad\cdots \\
X_{n1},\ X_{n2}\ \cdots,\ X_{nn} \\
\cdots\quad\cdots\quad\cdots\quad\cdots\quad\cdots
\end{array}
$$

을 생각하고 $S_n = X_{n1} + X_{n2} + \cdots + X_{nn}$이라 하면 S_n의 분포는 $Bin\left(n,\ \frac{\lambda}{n}\right)$이고, 따라 S_n은 $n \to \infty$일 때, 포아송분포 $Poi(\lambda)$로 분포수렴한다.

6.3 포갬과 분해

6. 3. 1 포아송과정의 포갬

서로 독립이고 강도가 각각 λ_1, λ_2인 두 포아송과정 $\{N_1(t)\}$, $\{N_2(t)\}$에 대하여 고정된 각각의 t에서는 포아송분포의 가법성에 의하여 $N_1(t) + N_2(t)$는 평균이 $(\lambda_1 + \lambda_2)t$인 포아송분포를 따른다. 이와 같은 가법성은 포아송과정에도 확장 적용하여 $N(t) = N_1(t) + N_2(t)$인 합과정 $\{N(t)\}$는 강도가 $\lambda_1 + \lambda_2$인 포아송과정임을 보일 수 있다. 이와 같이 서로 독립인 여러 개의 과정을 합하여 얻어지는 과정을 **포개진 과정**(superposed process)이라 부르고, 따라서 각 과정이 서로 독립인 포아송과정이면 그들을 포개어도 포아송과정이 되는 것이다. 다음 정리는 포개진 포아송과정의 성질이다.

[정리 6.3.1]

$\{N_i(t),\ t \geq 0\}$, $i = 1,\ 2,\ \cdots,\ k$가 서로 독립이고 각각 모수가 λ_i인 포아송과정일 때, $N(t) = N_1(t) + \cdots + N_k(t)$, $T_i = \infty\{t : N_i(t) \geq 1\}$라 하자.

1. $N(t) = n$일 때, $N_1(t),\ \cdots,\ N_k(t)$의 조건부분포는 셀확률이 $p_i = \dfrac{\lambda_i}{\lambda_1 + \cdots + \lambda_k}$인 다항분포 $M(n; p_1,\ \cdots,\ p_k)$이다.
2. $T = \min\{T_1,\ \cdots,\ T_k\}$는 지수분포 $\mathrm{Exp}(\lambda_1 + \cdots + \lambda_k)$를 따른다.

6. 3. 2 포아송과정의 분해

$\{N(t),\ t\geq 0\}$가 강도가 λ인 포아송과정이라 하고, 이 포아송과정에서 사건이 일어날 때마다 동전을 던져 앞면이 나오면 그 사건을 기록하고 뒷면이 나오면 누락시키는 실험을 한다고 하자. 이 때, 구간 $[0,\ t]$ 사이에 일어나는 사건 가운데 기록되는 사건의 수와 누락되는 사건의 수는 새로운 셈과정을 이루며 이 두 셈과정을 합하여 원래의 포아송과정이 된다. 이와 같은 두 셈과정을 주어진 **포아송과정의 분해**라고 부른다.

포아송과정의 분해를 엄밀하게 정의하고 그 성질을 알아보자. 주어진 포아송과정 $\{N_t,\ t\geq 0\}$과는 서로 독립이고, 성공률이 p인 $i.i.d.$ 베르누이열 $\{X_n,\ n=1,\ 2,\ \cdots\}$과 그 부분합 $S_n=X_1+X_2+\cdots+X_n$으로부터 셈과정 $\{N_1(t)\}$, $\{N_2(t)\}$

$$N_1(t)=S_{N(t)},\ N_2(t)=N(t)-S_{N(t)} \tag{6.3.4}$$

로 정의할 때, 이 두 셈과정을 원래의 포아송과정의 분해라고 한다. 포아송과정의 분해에 대하여 다음 정리가 성립한다. 이 정리의 증명은 독자에게 남긴다.

[정리 6.3.2]

두 셈과정 $\{N_1(t)\}$, $\{N_2(t)\}$는 서로 독립이고, 각각 강도가 $p\lambda$, $(1-p)\lambda$인 포아송과정이다.

포아송과정의 분해는 2개 이상으로도 가능하며, 이에 따른 정리도 성립한다. 포아송과정의 분해에서 Xn은 n번째 사건이 일어날 때 그 사건을 분류하는 베르누이확률변수이며, 그 성공의 확률은 항상 p로 주어졌다. 만일 성공률 p가 사건이 일어나는 시간에 의존하는 p{t}로 주어진다면 포아송과정의 분해는 어떠한 성질을 갖는지 알아보자.

[정리 6.3.3]

포아송과정에서 시간 t에서 사건이 발생할 때, 그 사건이 두 가지 형태(1형, 2형) 중 1형이 될 확률이 $p(t)$이고, 2형이 될 확률이 $1-p(t)$라 하자. 이 경우 $\{N_1(t)\}$를 1형 사건의 수, $N_2(t)$를 2형 사건의 수를 세는 셈과정이라면 두 셈과정에 대하여 다음이 성립한다.

1. 모든 t에 대하여 두 확률변수 $N_1(t)$, $N_2(t)$는 서로 독립이다.
2. 모든 t에 대하여 $N_i(t)$는 모수가 $\lambda P_i(t)$, $i=1,\ 2$인 포아송분포를 따른다. 여기서, P_1, P_2는 다음과 같이 주어진다.

$$P_i(t)=\frac{1}{t}\int_0^t p_i(s)ds,\ p_1(s)=p(s)=1-p_2(s)$$

증명▶▶ 주어진 t에서 $N_1(t)$, $N_2(t)$의 결합분포를 구하여 보자.

$$\begin{aligned}&P(N_1(t)=n,\ N_2(t)=m)\\&\qquad=P(N_1(t)=n,\ N_2(t)=m\mid N(t)=n+m)\ P(N(t)=n+m)\end{aligned}$$

이므로 조건부확률 $P(N_1(t)=n,\ N_2(t)=m\mid N(t)=n+m)$을 구하면 충분하다. 구간 $[0,\ t]$에서 $n+m$ 사건이 일어났다면 그 사건들은 $[0,\ t]$에서의 랜덤하게 뽑은 $n+m$개의 시점에서 일어난 것이므로, 어느 한 사건이 1형이 될 확률은

$$P_i(t)=\frac{1}{t}\int_0^t p_i(s)ds$$

로 주어진다. 따라서,

$$P(N_1(t)=n,\ N_2(t)=m\mid N(t)=n+m)=\binom{n+m}{n}\ P(t)^n(1-P(t))^m$$

이고, 이로부터

$$\begin{aligned}P(N_1(t)=n,\ N_2(t)=m)&=\frac{(n+m)!}{n!m!}\ P(t)^n(1-P(t))^m e^{-\lambda t}\frac{(\lambda t)^{n+m}}{(n+m)!}\\&=e^{-\lambda tP(t)}\frac{(\lambda tP(t))^n}{n!}\ e^{-\lambda t(1-P(t))}\frac{(\lambda t(1-P(t)))^m}{m!}\end{aligned}$$

즉, 두 확률변수 $\{N_1(t)\}$, $\{N_2(t)\}$는 각각 강도가 $\lambda P(t)$, $\lambda(1-P(t))$인 포아송분포를 따른다. ■

6.4 포아송과정의 일반화

6.4.1 비동질포아송과정

어느 식당에 들어오는 손님의 수는 항상 일정한 비율로 들어오는 것이 아니라 점심과 저녁 식사시간대에는 붐비고 그 외의 시간대에는 한산할 것이다. 이와 같은 경우, 손님 **도착률** (arrival rate), 즉 강도가 시간 t에 따라 변하는 확률과정을 생각할 수 있다.

[정의 6.4.1]

다음 네 가지 조건을 만족하는 셈과정 $\{N(t),\ t\geq 0\}$를 **강도함수**(intensity function)가 $\lambda(t)$인 **비동질포아송과정**(nonhomogeneous Poisson process)이라고 한다.

1. $N(0)=0$
2. 독립증분을 갖는다.
3. $P(N(t+h)-N(t)=1)=\lambda(t)h+o(h),\ h\to 0$
4. $P(N(t+h)-N(t)\geq 2)=o(h),\ h\to 0$

비동질포아송과정은 강도함수 $\lambda(t)$가 시간에 따라 변하므로 정상증분을 갖지 않는다. 따라서, 비동질포아송과정은 마코프과정이지만 동질의 마코프과정은 아니다. 또한, 비동질포아송과정의 확률은 모든 $s,\ t$에 대하여 $N(t+s)-N(t)$의 분포를 알아야 결정된다. $N(t+s)-N(t)$의 분포를 구하기 위하여 먼저 **평균함수**(mean function) $m(t)$를 다음과 같이 정의하자.

$$m(t)=\int_0^t \lambda(s)ds \tag{6.4.5}$$

평균함수는 $\lambda(s)$의 누적함수이며, $\lambda(s)=\lambda$일 때는 $m(t)=\lambda t$가 된다.

$\tau=m(t)$로 놓고, $M(\tau)=N(m^{-1}(\tau))=N(t)$로 정의하면 확률과정 $M(\tau)$는 독립증분을 가지며, 강도가 1인 포아송과정이 된다. 왜냐하면, $m^{-1}(\tau)=t,\ m^{-1}(\tau+h')=t+h$로 하면 $M(\tau+h')-M(\tau)=N(t+h)-N(t)$가 되고,

$$h'=m(t+h)-m(t)=\int_t^{t+h}\lambda(s)ds=\lambda(t)h+o(h)$$

이므로

$$\lim_{h'\to+0}\frac{P(M(\tau+h')-M(\tau)=1)}{h'}=\lim_{h\to+0}\frac{P(N(t+h)-N(t)=1)}{\lambda(t)h+o(h)}=1$$

이 되어 $P(M(\tau+h')-M(\tau)=1)=h'+o(h')$이 성립하기 때문이다. 같은 방법으로 $P(M(\tau+h')-M(\tau)\geq 2)=o(h')$을 보일 수 있다.

앞에서 언급한 바와 같이 다음 정리에 의하여 비동질포아송과정의 결합분포가 구하여진다. 이 정리의 증명은 연습문제로 남긴다.

[정리 6.4.1]

비동질포아송과정에서 $N(t+s)-N(t)$는 평균이 $m(t+s)-m(t)$인 포아송분포를 한다. 즉,

$$P(N(t+s)-N(t)=n)=e^{-\{m(t+s)-m(t)\}}\frac{[m(t+s)-m(t)]^n}{n!},\ n=0,1,2,\cdots,$$

6.4.2 포아송합성과정

상점에 손님이 포아송과정 $\{N(t),\ t\geq 0\}$에 따라 들어온다고 하자. 상점에 들어온 n번째 손님의 상품 구입액을 확률변수 X_n으로 나타낼 때, 상점주인은 손님의 수 $N(t)$뿐만 아니라 손님들의 총구입액인 **랜덤합**(random sum) $Y(t)=\sum_{i=1}^{N(t)}X_i$에 관심이 있을 것이다. $\{Y(t),\ t\geq 0\}$를 **포아송합성과정**(compound Poisson process)이라고 부르며, 아래와 같이 정의된다.

[정의 6.4.2]

$\{N(t),\ t\geq 0\}$는 강도가 λ인 포아송과정이고, $X_1,\ X_2,\ \cdots$는 $i.i.d.$인 확률변수열로서 $\{N(t),\ t\geq 0\}$와 $\{X_n\}$이 서로 독립일 때,

$$Y(t)=\sum_{i=1}^{N(t)}X_i$$

로 정의되는 랜덤합과정 $\{Y(t),\ t\geq 0\}$를 강도가 λ인 **포아송합성과정**이라고 한다.

예 6.4.1 X_i가 항상 1인 상수라면 포아송합성과정은 $Y(t)=N(t)$가 되어 포아송과정이다. ■

포아송합성과정 $\{Y(t),\ t\geq 0\}$는 포아송과정 $\{N(t)\}$의 강도 λ와 X_n의 확률분포 F에 의하여 결정된다. $Y(t)$의 분포를 바로 구하기는 쉽지 않으나 X_n의 **적률생성함수**(moment generating function, mgf)로부터 $Y(t)$의 적률생성함수를 구함으로써 알 수 있다. $N(t)$에 대하여 조건을 주고 전확률법칙을 쓰면,

$$\begin{aligned}E(e^{uY(t)})&=\sum_{n=0}^{\infty}E(e^{uY(t)}\mid N(t)=n)P(N(t)=n)\\&=\sum_{n=0}^{\infty}E(e^{uY(t)}\mid N(t)=n)e^{-\lambda t}\frac{(\lambda t)^n}{n!}\end{aligned}$$

$$=\sum_{n=0}^{\infty} E(eu^{(X_1+\cdots+X_n)})e^{-\lambda t}\frac{(\lambda t)^n}{n!}$$

$$=\sum_{n=0}^{\infty} [E(e^{uX_1})]^n e^{-\lambda t}\frac{(\lambda t)^n}{n!}$$

$$=\sum_{n=0}^{\infty} [M_X(u)]^n e^{-\lambda t}\frac{(\lambda t)^n}{n!}$$

$$=\exp[\lambda\mathrm{t}(M_{X(u)}-1)]$$

여기서 M_X는 X_1의 적률생성함수이다. $Y(t)$의 적률생성함수를 미분하여 그 평균과 분산을 구하면 다음과 같다.

$$E(Y(t))=\lambda tE(X_1),\ Var(Y(t))=\lambda tE(X_1^2)$$

연습문제

1 확률변수 T가 평균이 $\frac{1}{\lambda}$인 지수분포를 따를 때,

(1) 임의의 $t,\ s>0$에 대하여 다음이 성립함을 보여라.

$$P(T>t+s)=P(T>t)P(T>s)$$

이러한 성질을 비기억성(memoryless property)이라 부른다.

(2) 연속분포 중 비기억성을 갖는 분포는 지수분포뿐임을 보여라.

(3) 포아송과정에서 $s<t$이면 $N(t)=n$이 주어진 경우에 $N(s)$의 분포는 이항분포를 따름을 보여라. 즉,

$$P(N(s))=k\,|\,N(t)=n)=\binom{n}{k}\left(\frac{s}{t}\right)^k\left(1-\frac{s}{t}\right)^{(n-k)},\ k=0,\ 1,\ 2,\ \cdots,\ n$$

2 확률과정 $\{N(t),\ t\geq 0\}$가 강도가 5인 포아송과정일 때, 다음을 구하라.

(1) $P(N(2)=8)$

(2) $E(N(2))$

(3) $Var(N(2))$

(4) $E(N(2)N(5))$

(5) $E(N(2)\,|\,N(5)=10)$

3 어느 상점에 남자 손님은 강도가 λ_1인 포아송과정 $N_1(t),\ t\geq 0$로 들어오고, 여자 손님은 강도가 λ_2인 포아송과정 $N_2(t),\ t\geq 0$로 들어온다고 한다. 두 과정이 서로 독립일 때, 첫 손님이 남자일 확률이 $\dfrac{\lambda_1}{\lambda_1+\lambda_2}$임을 보여라.

4 고층건물의 승강기에서 N_i를 I층에서 탄 사람수라고 하자. N_i들은 서로 독립이며, 평균이 λ_i인 포아송분포에 따른다. 어느 사람이 I층에서 탈 때, 그 사람이 j층에서 내릴 확률은 p_{ij}, $\sum_j p_{ij}=1$이다. X_j를 j층에서 내린 사람수라고 할 때, $E(X_j)$와 X_j의 분포를 구하라.

5 A, B, C 세 지역에서 D지역으로 들어오는 차량의 수는 (일분을 단위시간으로 할 때) 각각 0.5, 1, 2의 강도를 갖는 포아송과정을 이룬다. D지역에서 E지역과 F지역으로 빠져 나가는 차량의 비율이 1 : 3일 때, 10분 동안 D지역에서 F지역으로 빠져 나가는 차량수의 분포를 구하라.

6 (**충격 모형**, shock model) 한 전자제품에 외부로부터 충격이 발생하여 고장의 원인이 되고 있다. 충격은 강도가 λ인 포아송과정 $\{N(t),\ t\geq 0\}$에 따라 발생한다고 한다. 확률변수 D_i는 i번째 충격이 주는 손상량이며, D_i, $i=1,\ 2,\ \cdots$은 $i.i.d$이고, $\{N(t)\}$와 독립이다. 충격에 의한 손상은 시간에 따라 약화되며, 충격이 D만큼 있은 후 t시간 후의 손상량은 $De^{-\alpha t}$가 된다. 따라서, 여러 번에 걸쳐 일어나는 충격에 의한 총손상량은 다음과 같이 나타난다.

$$D(t)=\sum_{i=1}^{N(t)} D_i e^{-\alpha(t-S_i)}$$

여기서 S_i는 i번째 충격의 대기시간(충격이 발생한 시각)이다. $D(t)$의 기대값이

$$E(D(t))=\frac{\lambda E(D_1)}{\alpha}(1-e^{-\alpha t})$$

임을 보여라.

7 강도함수가 $\lambda(t)$인 비동질포아송과정 $\{N(t),\ t\geq 0\}$가 주어져 있다.
$N(t+s)-N(t)$의 분포를 유도하라.

8 강도함수 $\lambda(t)$를 갖는 비동질포아송과정에서 T_1, T_2, $\cdots$을 도착간격시간을 나타내는 확률변수열이라고 하자.

(1) 이들은 서로 독립인가?

(2) 이들은 동일한 분포를 갖는가?

(3) T_1의 분포를 구하라.

9 정리 6.3.1을 증명하라.

10 포아송합성과정 $\{Y(t),\ t \geq 0\}$에서 t가 커짐에 따라 $Y(t)$의 분포는 정규분포에 가까워진다고 할 수 있는가?

11 확률변수 $U_1,\ U_2,\ \cdots$을 구간 $(0,\ 1)$에서 난수라고 하자. 즉, 단위구간에서의 균일분포를 따르는 $i.i.d$ 확률변수이다. $T_i = -\frac{1}{\lambda}\log U_i,\ i=1,\ 2,\ \cdots$들은 $i.i.d$이고, 모두 모수가 λ인 지수분포를 따름을 보여라. 또 이를 이용하여 컴퓨터로 포아송분포를 생성하는 알고리즘을 구하라.

제 7 장 부록 I

7.1 감마함수와 베타함수

모든 양의 실수 x에 대하여, 정적분

$$\Gamma(x)=\int_0^\infty e^{-t}t^{x-1}dt \tag{7.1.1}$$

가 존재한다. 이 때, 함수 $\Gamma(\ )$를 **감마함수**(gamma function)라 부른다.
다음은 감마함수의 성질이다.

1. $\Gamma(1)=1$
2. $\Gamma\left(\frac{1}{2}\right)=\sqrt{\pi}$
3. $\Gamma(x+1)=x\Gamma(x),\ x>0$
4. n이 자연수이면 $\Gamma(n+1)=n!$
5. n이 자연수이면 $\Gamma\left(n+\frac{1}{2}\right)=\dfrac{(2n)!\sqrt{2\pi}}{4^n n!}$

위의 성질들은 변수변환 또는 부분적분과 귀납법으로 증명할 수 있다.

감마함수는 변수변환법으로 다양하게 나타낼 수 있다.

$$\Gamma(x)=2\int_0^\infty u^{2x-1}e^{-u^2}du \qquad (t=u^2) \tag{7.1.2}$$

$$\Gamma(x)=2\int_0^1\left[\log\left(\frac{1}{u}\right)\right]^{x-1}du \qquad (t=-\log u) \tag{7.1.3}$$

$$\Gamma(x)=c^x\int_0^\infty u^{x-1}e^{-cu}du \qquad (t=cu) \tag{7.1.4}$$

$$\Gamma(x)=\int_{-\infty}^\infty e^{xu}\exp(-e^u)du \qquad (t=e^{ut}) \tag{7.1.5}$$

임의의 양수 x, y에 대하여

$$B(x,y)=\int_0^1 t^{x-1}(1-t)^{y-1}dt$$

가 존재한다. 함수 $B(x,y)$를 **베타함수**(beta function)라 부른다. 변수변환 $t=\dfrac{u}{1+u}$를 쓰면 베타함수는 다음과 같이 나타난다.

$$B(x,y)=\int_0^\infty \frac{u^{x-1}}{(1+u)^{x+y}}du$$

다음 정리는 베타함수와 감마함수와의 관계를 나타낸다.

[정리 7.1.1]

$$B(x, y)=\frac{\Gamma(x)\Gamma(y)}{\Gamma(x+y)}$$

증명▶▶

$$\Gamma(x)=2\int_0^\infty u^{2x-1}e^{-u^2}du \tag{7.1.6}$$

$$\Gamma(y)=2\int_0^\infty v^{2y-1}e^{-v^2}dv \tag{7.1.7}$$

위의 두 식을 곱하면

$$\Gamma(x)\Gamma(y)=4\int_0^\infty u^{2x-1}e^{-u^2}du\int_0^\infty v^{2y-1}e^{-v^2}dv \tag{7.1.8}$$

$$=\int_0^\infty\int_0^\infty u^{2x-1}v^{2y-1}e^{-(u^2+v^2)}dudv \tag{7.1.9}$$

$u=r\cos\theta$, $v=r\sin\theta$로 치환하면 $dudv=rdrd\theta$이므로

$$\Gamma(x)\Gamma(y)=\int_0^\infty dr\int_0^{\pi/2}(r\sin\theta)^{2x-1}(r\sin\theta)^{2y-1}e^{-r^2}rd\theta$$

$$=4\int_0^\infty r^{2x+2y-1}e^{-r^2}dr\int_0^{\pi/2}(\sin\theta)^{2x-1}(\sin\theta)^{2y-1}d\theta$$

$s=r^2$, $t=\sin^2\theta$으로 치환하면 $dr=ds/(2r)$, $d\theta=dt/(2\sin\theta\cos\theta)$이므로

$$\Gamma(x)\Gamma(y)=4\int_0^\infty\frac{s^{x+y-1/2}e^{-s}}{2s^{1/2}}ds\int_0^1\frac{(1-t)^{x-1/2}t^{y-1/2}}{2t^{1/2}(1-t)^{1/2}}dt$$

$$=\int_0^\infty s^{x+y-1}e^{-s}ds\int_0^1(1-t)^{x-1}t^{y-1}dt$$

$$=\Gamma(x+y)B(x, y)$$

특히, $x=y$일 때는 대칭성에 의하여 다음을 얻는다.

$$B(x, x)=2\int_0^{1/2}t^{x-1}(1-t)^{x-1}dx$$ ■

7.2 작은 o, 큰 O

이항분포 $Bin(n, p)$에서 $P(X \geq x) = \sum_{i=x}^{n} \frac{n!}{i!(n-i)!} p^i (1-p)^{n-i}$의 정확값을 n이 큰 경우에 계산하기란 쉽지 않다. 이 때는 근사값으로 구하게 된다. 예를 들어, n이 크고 p가 0과 1에 가까운 값이 아니며, x가 표준편차와 비교하여 평균값 np에서 멀리 떨어져 있지 않은 경우에는, **중심극한정리**(central limit theorem)에 의하여 다음의 값으로 근사시켜 구할 수 있다.

$$1 - \Phi\left(\frac{x - np}{\sqrt{np(1-p)}}\right)$$

여기서 $\Phi(x)$는 표준정규분포의 분포함수이다. 이 때, 유한표본에서의 확률값에 근사값이 얼마나 가까울까하는 의문이 생기게 된다. 이를 위하여 어느 함수의 극한형태가 어떤 모습인지를 아는 것은 유용하며, 다음과 같이 정의되는 **작은 o**, **큰 O**와 같은 기호가 도움을 주기도 한다.

[정의 7.2.1]

두 함수 f, g가 어떤 a, $-\infty \leq a \leq \infty$에 대하여

1. $\lim_{x \to a} \frac{f(x)}{g(x)} = 0$일 때, $f(x) = o(g(x))$, $x \to a$라고 나타낸다.
2. $\limsup_{x \to a} \left| \frac{f(x)}{g(x)} \right| < \infty$일 때, $f(x) = O(g(x))$, $x \to a$라고 나타낸다.
3. $\lim_{x \to a} \frac{f(x)}{g(x)} = 1$일 때, $f(x) \sim g(x)$, $x \to a$라고 나타낸다.

예 7.2.1 $f(x) = x^2$이면 $\lim_{x \to 0} \frac{x^2}{x} = 0$이므로 $f(x) = o(x)$, $x \to 0$이지만

$\lim_{x \to \infty} \frac{x^2}{x} = \infty$이므로 $f(x) = o(x)$, $x \to 0$는 성립하지 않는다. 또한,

$\lim_{x \to \infty} \frac{x^2}{2x^2 + x} = \frac{1}{2}$이므로 $f(x) = O(2x^2 + x)$, $x \to \infty$이지만,

$\lim_{x \to 0} \frac{x^2}{2x^2 + x} = \frac{0}{0}$꼴이므로 $f(x) = O(2x^2 + x)$, $x \to 0$는 성립하지 않는다. ■

$o(\ )$, $O(\ )$는 다음과 같은 성질을 갖고 있다.

1. $f(x)=o(x)$, $x \to a$, $g(x)=o(x)$, $x \to a$이면 $f(x)+g(x)=o(x)$, $x \to a$
2. $f(x)=o(x)$, $x \to a$이면 상수 c에 대하여 $cf(x)=o(x)$, $x \to a$
3. $f(x)=o(x)$, $x \to a$, $g(x)=O(x)$, $x \to a$이면 $f(x)+g(x)=O(x)$, $x \to a$

위의 두 기호는 수열에도 사용된다.

[정의 7.2.2]

두 수열 $\{a_n\}$, $\{b_n\}$에 대하여

1. $\left|\frac{a_n}{b_n}\right|$이 모든 n에 대하여 유계이면 $a_n=O(b_n)$, $n \to \infty$라고 나타낸다. 일반적으로 여기서 $\{a_n\}$은 관심있는 수열(sequence of interest)이며, $\{b_n\}$은 대조수열(comparison sequence)이다.
2. $n \to \infty$일 때, $\left|\frac{a_n}{b_n}\right| \to 0$이면 $a_n=o(b_n)$, $n \to \infty$라고 나타낸다.
3. $x_n \to a$인 임의의 수열 $\{x_n\}$에 대하여 $a(x_m)=O(b(x_n))$이 성립하면 $a(x_n)=O(b(x_n))$, $x \to a$라고 나타낸다.

수열에 대한 $o(\ )$, $O(\ )$도 다음과 같은 성질을 갖고 있다.

1. $O(a_n)O(b_n)=O(a_nb_n)$
2. $O(a_n)o(b_n)=o(a_nb_n)$
3. $o(a_n)o(b_n)=o(a_nb_n)$
4. $(1+o(n))^2=1+o(n)$

예 7.2.2 $\log n=o(n^{\alpha})$, $\alpha>0$이며, $\log x=o(x^{-1})$, $x \to 0$이다. ■

확률변수에 대하여도 $o(\ )$, $O(\ )$를 정의할 수 있으며, 이때는 (값이 아닌) 분포의 수렴성과 관련되므로 $o_p(\ )$, $O_p(\ )$로 기호를 사용한다.

[정의 7.2.3]

확률변수열 $\{x_n\}$과 수열 $\{b_n\}$에 대하여

1. $X_n \to 0$로 확률수렴하면 $X_n=o_p(1)$로 나타낸다.

2. $\frac{X_n}{b_n}=o_p(1)$이면 $X_n=o_p(b_n)$로 나타낸다. 즉, $X_n=b_n o_p(1)$이다.
3. 임의의 $\varepsilon>0$에 대하여 $(n\geq n(\varepsilon) \Rightarrow P(|X_n|\leq K(\varepsilon))\geq 1-\varepsilon)$을 만족하는 $K(\varepsilon)$과 $n(\varepsilon)$이 존재하면 $X_n=O_p(1)$이라고 나타낸다.
4. $\frac{X_n}{b_n}=O_p(1)$이면 $X_n=O_p(b_n)$이라고 나타낸다.

예 7.2.3 확률변수열 $\{X_n\}$에서 $E\{X_n\}=\mu$, $Var(X_n)=\sigma_n^2$일 때, 체비체프부등식 $\left(\mathrm{P}(|X-\mu|k\leq\sigma)\geq 1-\frac{1}{k^2}\right)$에 의하여 $X_n-\mu=O_p(\sigma_n)$이다.

즉, $\frac{X_n-\mu_n}{\sigma_n}=\mathrm{O}_p(1)$로 나타낼 수 있다. 예를 들어, $X_n\sim Bin(n, p)$이면 $X_n=np+O_p(\sqrt{n})$으로 표현된다. ■

7.3 테일러정리

연속미분가능한 함수는 다항식 형태로 표현할 수 있다는 **테일러정리**(Taylor theorem)는 통계학에서 다양한 목적으로 쓰이며, 여러 가지 형태로 주어진다. 다음 정리에서 $f^{(0)}=f$, $f^{(k)}$, $k\geq 1$는 함수 f의 k차 도함수를 나타낸다.

[정리 7.3.1] 테일러정리

1. f가 $x=0$에서 n번 미분가능하면

$$f(x)=\sum_{k=0}^{n}\frac{f^{(k)}(0)}{k!}x^k=o(|x|^n),\ x\rightarrow 0$$

2. f가 0을 포함하는 열린구간에서 n번 미분가능하면

$$f(x)=\sum_{k=0}^{n-1}\frac{f^{(k)}(0)}{k!}x^k+\frac{f^{(n)}(\theta x)}{n!}x^n,\ |\theta|\leq 1$$

3. f가 c를 포함하는 열린구간 (a, b)에서 n번 미분가능하고, $f^{(n)}$이 이 구간에서 연속이면 임의의 $x\in(a, b)$에 대하여

$$f(x)=\sum_{k=0}^{n-1}\frac{f^{(k)}(c)}{k!}(x-c)^k+R_n(c)$$

$$R_n(x)=\frac{1}{(n-1)!}\int_0^x (x-s)^{n-1}f^{(n)}(s)ds$$

4. f가 c를 포함하는 열린구간 (a, b)에서 n번 미분가능하면 임의의 점 $x\in(a, b)$에 대하여

$$f(x)=\sum_{k=0}^{n}\frac{f^{(k)}(c)}{k!}(x-c)^k+R_n(x)$$

$$R_n(x)=\frac{f^{(n)}(x_1)}{(n)!}(x-c)^n \qquad (7.3.10)$$

또는

$$R_n(x)=\frac{f^{(n)}(x_1)}{(n-1)!}(x-x_1)^{n-1}(x-c) \qquad (7.3.11)$$

가 성립하는 x_1이 x와 c를 잇는 선분의 내부에 존재한다.

위의 식(7.3.10)을 라그랑지(Lagrange)의 **잉여항**, 식(7.3.11)을 코시(Cauchy)의 잉여항이라 한다.

c를 포함하는 열린구간 (a, b)에서 정의된 함수 f의 n차 도함수가 모든 n에 대하여 존재하고, 이 때 위의 잉여항을 $R_n(x)$라 하자. 임의의 $x\in(a, b)$에 대하여

$$f(x)=\sum_{k=0}^{\infty}\frac{f^{(k)}(c)}{k!}(x-c)^k \qquad (7.3.12)$$

가 성립하는 필요충분조건은 $\lim_{n\to\infty}R_n(x)=0$이다. 식(7.3.12)를 $x=c$에서의 f의 **테일러급수전개**(Taylor series expansion)라고 한다.

예 7.3.1 함수 $f(x)=e^x$, $-\infty<x<\infty$의 $x=0$에서의 테일러급수전개에 대하여 생각해 보자. 임의의 자연수 n에 대하여 $f^{(n)}(x)=e^x$이고, $f^{(n)}(0)=1$이다. 또한, $|x_1|\le|x|$이면 $|f^{(n)}(x_1)x^k/k!|\le e^{|x|}|x|^k/k!$이고, $\lim_{n\to\infty}e^{|x|}|x|^k/k!=0$이므로 테일러급수전개가 가능하다. 즉, 임의의 실수 x에 대하여

$$e^x=\sum_{n=0}^{\infty}\frac{1}{n!}x^n$$ ■

예 7.3.2 열린구간 $(-\infty, 1)$에서 정의된 함수 $f(x)=\log(1-x)$의 $x=0$에서의 테일러급수전개를 알아보자. $n\ge1$이면 $f^{(n)}(x)=-\dfrac{(n-1)!}{(1-x)^n}$이고, 따라서 $f^{(n)}(0)=-(n-1)!$

이다. 먼저 $x>0$일 때, $0<x_1<x<1$이므로 코시의 잉여항은

$$R_n(x)=\frac{f^{(n)}(x_1)}{(n-1)!}(x-x_1)^{n-1}x=\left(\frac{x-x_1}{1-x_1}\right)^{n-1}\frac{x}{1-x_1}$$

이므로 $\lim_{n\to\infty}R_n(x)=0$이 성립한다. 또한, $x\leq 0$일 때 라그랑지의 잉여항을 살펴보면

$$R_n(x)=\frac{f^{(n)}(x_1)}{n!}x^k=-\frac{1}{n}\left(\frac{x}{1-x_1}\right)^n$$

이다. $x<x_1<0$이므로 이 잉여항은 $x>-1$일 때 0으로 수렴한다. 따라서, $f(0)=0$이므로 $-1<x<1$일 때, $\log(1-x)$의 0에서의 테일러급수전개

$$\log(1-x)=-\sum_{k=1}^{\infty}\frac{x^k}{k!}$$

가 성립한다. 특히 $x\geq 0$인 경우에는 $\frac{x^k}{k!}<x^k$이므로

$$-\sum_{k=1}^{\infty}x^k\leq\log(1-x)$$

가 성립하며, 따라서 $\log(1-x)\leq -x$와 더불어 다음 부등식을 얻는다.

$$-\frac{x}{1-x}\leq\log(1-x)\leq -x,\ 0\leq x<1$$ ■

다변수함수에 대한 테일러공식에 대하여 알아보자. d차원 좌표공간에서 정의된 함수 f의 i번째 변수에 관한 편도함수를 $D_i f$, $D_i f$의 j번째 변수에 관한 편도함수를 $D_{i,j}f$, …으로 나타내자.

$x=(x_1,\cdots,x_d)$, $t=(t_1,\cdots,t_d)$에 대하여 f의 2차 편미분이 존재할 때,

$$d^2f(x;t)\sum_{i=1}^{d}\sum_{j=1}^{d}D_{ij}f(x)t_it_j$$

3차 편미분이 존재할 때,

$$d^3f(x;t)\sum_{i=1}^{d}\sum_{j=1}^{d}\sum_{k=1}^{d}D_{i,j,k}f(x)t_it_jt_k$$

를 각각 f의 2차 미분, 3차 미분이라 부른다. 4차 이상의 미분도 유사하게 정의한다.

[정리 7.3.2] 테일러공식

c를 포함하는 **열린볼록집합**(open convex set) S에서 정의된 함수 f가 집합에서 연속인 n차 편도함수를 가지면 임의의 $x \in S$에 대하여

$$f(x)=f(c)+\sum_{k=1}^{n-1}\frac{d^k f(c;x-c)}{k!}+\frac{d^n f(z;x-c)}{n!} \qquad \textbf{(7.3.13)}$$

인 $z=tx+(1-t)c$가 적당한 $t(0<t<1)$에 대하여 존재한다. ■

예 7.3.3 $d=2$이고 연속인 $n+1$차 편도함수가 존재할 때, $c=(x_0, y_0)$, $x=(x, y)$이면,

$$\begin{aligned}
f(x, y)=&f(x_0, y_0)+\frac{\partial f}{\partial x}\bigg|_{(x_0, y_0)}(x-x_0)\frac{\partial f}{\partial y}\bigg|_{(x_0, y_0)}(y-y_0)\\
&+\frac{\partial^2 f}{\partial x^2}\frac{(x-x_0)^2}{2!}+2\frac{\partial^2 f}{\partial x \partial y}\frac{(x-x_0)(y-y_0)}{2!}+\frac{\partial^2 f}{\partial y^2}\frac{(y-y_0)^2}{2!}\\
&+\\
&\vdots\\
&+\frac{\partial^n f}{\partial x^n}\frac{(x-x_0)^n}{n!}+\frac{\partial^n f}{\partial x^{n-1}\partial y}\frac{(x-x_0)^{n-1}}{(n-1)!}\frac{(y-y_0)}{1!}\\
&+\cdots+\frac{\partial^n f}{\partial y^n}\frac{(y-y_0)^n}{n!}\\
&+R_{n+1}(x, y)
\end{aligned}$$

위의 식에서 오른쪽항의 편미분함수값은 모두 점 (x_0, y_0)에서의 값이고, 나머지항은 적당한 $t(0<t<1)$에 대하여 $z=tx+(1-t)c$일 때,

$$R_{n+1}(x, y)=\frac{\partial^{n+1} f}{\partial x^{n+1}}\bigg|_z\frac{(x-x_0)^{n+1}}{(n+1)!}+\cdots+\frac{\partial^{n+1} f}{\partial y^{n+1}}\bigg|_z\frac{(y-y_0)^{n+1}}{(n+1)!}$$

이다. ■

7.4 무한급수

7.4.1 이중급수

이중수열 x_{ij}에 대하여 다음 정리가 성립한다.

[정리 7.4.1]

x_{ij}가 모든 i, j에 대하여 음이 아니면, 세 급수 $\sum_i\sum_j x_{ij}$, $\sum_j\sum_i x_{ij}$, $\sum_{ij} x_{ij}$는 동시에 수렴하거나 발산한다. 또한, 수렴하는 경우 그 값은 같다.

위의 정리에서 $\sum_{ij} x_{ij}$란 x_{ij}를 임의로 일렬로 나열하여 더하는 것을 뜻하며, **디리클레의 정리**(Dirichlet's theorem)에 의하여 그 합은 더하는 순서에 무관하게 같다. 다음은 이중급수에서 무한합과 극한의 교환가능성에 관한 정리이다.

[정리 7.4.2] Weierstrass M-test

모든 k에 대하여 $\lim_{n\to\infty} x_{nk}=x_k$이고 $|x_{nk}|\le M_k$인 M_k가 $\sum_k M_k<\infty$이면 $\sum_k x_k$, $\sum_k x_{nk}$는 모두 수렴하고

$$\lim_{n\to\infty}\sum_k x_{nk}=\sum_k \lim_{n\to\infty} x_{nk}=\sum_k x_k$$

증명▶▶ $\sum_k M_k<\infty$이므로 $\sum_k x_k$, $\sum_k x_{nk}$는 절대합가능이다. 극한과 무한합의 교환가능을 보이면 된다. 임의의 양수 ε에 대하여 충분히 큰 k_0를 $\sum_{k>k_0} M_k<\varepsilon$이 되도록 잡고, 또한 $k\le k_0$인 k에 대하여는 $n\ge n_0$일 때 $|x_{nk}-x_k|<\varepsilon$이 되도록 n_0를 잡으면 $n\ge n_0$일 때,

$$\left|\sum_k x_{nk}-\sum_k x_k\right|\le\sum_{k\le k_0}|\quad|+\sum_{k>k_0}|\quad|\le\sum_{k>k_0}|\quad|+2\sum_{k\le k_0}M_k\le k_0\varepsilon+2\varepsilon$$
$$=(k_0+2)\varepsilon$$

■

[정리 7.4.3] 단조수렴정리

$0\le x_{1k}\le x_{2k}\le\cdots$, $k=1, 2, \cdots$이고, $\lim_{n\to\infty} x_{nk}=x_k$, $k=1, 2, \cdots$이면 다음의 등식이 성립한다. 이를 **단조수렴정리**(momotone convergence theorem)라고 한다.

$$\lim_{n\to\infty}\sum_k x_{nk}=\sum_k \lim_{n\to\infty} x_{nk}=\sum_k x_k$$

증명▶▶ 먼저, 모든 n에 대하여 $\sum_k x_{nk} \le \sum_k x_k$이므로 $\sum_k x_k \le \liminf \sum_k x_{nk}$임을 보이면 된다. 그런데 임의의 k_0에 대하여

$$\sum_{k\le k_0} x_k = \lim_n \sum_{k\le k_0} x_{nk}$$

이고, x_{nk}가 음이 아니므로 $\sum_{k\le k_0} x_k \le \liminf \sum_{k=1}^{\infty} x_{nk}$가 된다. ■

7. 4. 2 멱급수

다음의 형태로 주어지는 **멱급수**(power series)로 주어지는 함수의 미분가능성에 대한 정리를 알아보자.

$$A(t) = \sum_{j=0}^{\infty} a_j t^j \tag{7.4.14}$$

[정리 7.4.4] 멱급수의 미분

멱급수 $A(t) = \sum_{j=0}^{\infty} a_j t^j$가 $|t| < r(r>0)$에서 수렴하면 A는 $|t| < r$에서 무한 번 미분가능하고, 그 미분은 다음과 같이 주어진다.

$$A^{(n)}(t) = \sum_{j=n}^{\infty} j(j-1)\cdots(j-n+1) a_j t^{j-n}$$

따라서, $A^{(n)}(0) = n! a_n$이 된다.

증명▶▶ 주어진 $|t| < r$에 대하여 $0 < r_0 < r_1 < r$인 r_0, r_1이 존재한다. $|h| < r_0 - |t|$인 임의의 h에 대하여 $|t \pm h| < r_0$이므로 평균값정리를 사용하면

$$\left| \frac{(t+h)^j - t^j}{h} - jt^{j-1} \right| = |j(t+\theta h)^{j-1} - jt^{j-1}|, \ |\theta| \le 1$$

이므로 $\left| \frac{(t+h)^j - t^j}{h} - jt^{j-1} \right| \le 2jr_0^{j-1}$이 된다. 그런데 $\frac{2jr_0^{j-1}}{r_1^j} \to 0$, $j \to \infty$이므로 $\frac{2jr_0^{j-1}}{r_1^j} < M$인 M을 생각하고, $M_j = |a_j|\ r_1^j\ M$을 생각하면

$$|a_j| \left| \frac{(t+h)^j - t^j}{h} - jt^{j-1} \right| \le |a_j| \frac{2jr_0^{j-1}}{r_1^j} r_1^j \le M_j$$

그런데 $\sum_j M_j < \infty$이므로 Weierstrass의 $M-$검정법에 의하여

$$\begin{aligned}\lim_{h\to 0}\frac{A(t+h)-A(t)}{h} &= \lim_{h\to 0}\sum_{j=0}^{\infty} a_j \frac{(t+h)^j - t^j}{h} \\ &= \sum_{j=0}^{\infty} j a_j t^{j-1} \\ &= \sum_{j=1}^{\infty} j a_j t^{j-1}\end{aligned}$$

이 과정을 반복하면 정리가 증명된다. ■

다음 정리는 멱급수에서의 극한과 무한합을 교환하는 중요한 정리이다.

[정리 7.4.5] 아벨의 극한정리

$|t|<r(r>0)$에서 수렴하는 멱급수 $A(t)=\sum_{j=0}^{\infty} a_j t^j$가 $t=r$에서도 수렴한다면 $\lim_{t\to r-} A(t)$가 존재하고, 그 값은

$$\lim_{t\to r-} A(t) = \sum_{j=0}^{\infty} a_j t^j$$

로 주어진다. 이를 **아벨의 극한정리**(Abel's limit theorem)라고 한다.

예 7.4.1 함수 $A(t)=\log(1-t)$는 $|t|<1$에서 급수전개 $A(t)=-\sum_{j=0}^{\infty}\frac{x^j}{j}$가 가능하고 이 급수는 $t=-1$일 때에도 $\sum_{j=1}^{\infty}(-1)^{j+1}\frac{1}{j}$로 수렴하므로 $\log 2=\lim_{t\to -1+} A(t)=\sum_{j=1}^{\infty}\frac{(-1)^{j+1}}{j}$을 얻는다. ■

7.5 스털링의 공식

[정리 7.5.1] 스털링의 공식

$n\to\infty$일 때의 $n!$값은 다음의 근사값을 갖는다. 이 근사식을 **스털링의 공식**(Stirling's formula)이라 부른다.

$$n! \sim \sqrt{2\pi} e^{-n} n^{n+\frac{1}{2}},\ n\to\infty \tag{7.5.15}$$

증명▶▶ 감마함수의 성질로부터

$$n! = \int_0^\infty x^n e^{-x} dx$$

임을 이용하고, 여기에서 $x = ny$를 변수변환을 하여 주면

$$n! = n^{n+1}\int_0^\infty y^n e^{-ny} dy = n^{n+1}e^{-n}\int_0^\infty y^n e^{-n(y-1)} dy$$
$$= n^{n+1}e^{-n}\int_0^\infty \exp[n\{\log y - (y-1)\}]dy$$

가 된다. 따라서, 스털링의 공식을 증명하기 위하여는

$$\lim_{n\to\infty}\sqrt{n}\int_0^\infty \exp[n\{\log y - (y-1)\}]dy = \sqrt{2\pi}$$

임을 보이는 것으로 충분하다. 이 식을 증명하기 위하여

$$\phi(y) = \log y - (y-1),\ y > 0$$
$$I_n = \sqrt{n}\int_0^\infty \exp\phi(y)dy$$

라 놓고, 함수 ϕ에 대하여 생각해 보자. 함수 ϕ의 일차 및 이차 도함수는 $y>0$일 때, $\phi' = \frac{1}{y} - 1$, $\phi'' = -\frac{1}{y^2}$이므로 $\phi(y)$의 최대값은 $y=1$일 때이고, $y \to \infty$이면 $\phi(y) \to \infty$임을 알 수 있다. 이제 함수 $\phi(y)$를 $y=1$에 관하여 테일러급수로 전개하면, $|y^*-1| \le |y-1|$을 만족하는 적당한 y^*에 대하여

$$\phi(y) = \frac{1}{2}\phi''(y^*)(y-1)^2,\ y > 0 \tag{7.5.16}$$

이 성립한다. 또한, ϕ''은 연속함수이고 $\phi''(1) = -1$이므로 임의의 $\varepsilon > 0$에 대해 다음을 만족시키는 적당한 $\delta > 0$이 존재한다.

$$|y-1| \le \delta \text{이면 } |\phi''(y) - (-1)| \le \varepsilon$$

따라서, 식(7.5.16)에서의 y^*에 대해 다음이 성립한다.

$$|y-1| \le \delta \text{이면 } -(1+\varepsilon) \le \phi''(y^*) \le -(1-\varepsilon) \tag{7.5.17}$$

이제, 정적분 I_n을 세 부분으로 나누어

$$I_n = \left(\sqrt{n}\int_0^{1-\delta} + \sqrt{n}\int_{1-\delta}^{1+\delta} + \sqrt{n}\int_{1+\delta}^\infty\right)\exp\{n\phi(y)\}dy$$
$$= I_{1n} + I_{2n} + I_{3n}$$

이라 하자. 여기에서 첫 번째 정적분 I_{1n}에 대해 부등식

$$I_{1n}=\sqrt{n}\int_0^{1-\delta}\exp\{n\psi(y)\}dy\le\sqrt{n}e^{n\psi(1-\delta)}$$

가 성립하고, $\psi(1-\delta)<\psi(1)=0$이므로 $n\to\infty$이면 $I_{1n}\to 0$이다. 또한, 세 번째 정적분 I_{3n}에 대해

$$\begin{aligned}I_{3n}&=\sqrt{n}\int_{1+\delta}^{\infty}\exp\{(n-1)\psi(y)\}\exp\{\psi(y)\}dy\\&\le\sqrt{n}\int_{1+\delta}^{\infty}\exp\{(n-1)\psi(1+\delta)\}\exp\{\psi(y)\}dy\\&\le\sqrt{n}\{e^{\psi(1+\delta)}\}^{n-1}\int_1^{\infty}ye^{-(y-1)}dy\\&=2\sqrt{n}\{e^{\psi(1+\delta)}\}^{n-1}\end{aligned}$$

이 성립하고, $\exp\psi(1+\delta)<1$이므로 $n\to\infty$이면 $I_{3n}\to 0$이다.

마지막으로, 두 번째 정적분 I_{2n}에 대해 생각해 보자. 식(7.5.16)와 (7.5.17)로부터

$$\begin{aligned}\sqrt{n}\int_{1-\delta}^{1+\delta}&\exp\left\{-1\frac{1}{2}n(1+\varepsilon)(y-1)^2\right\}dy\\&\le I_{2n}\\&\le\sqrt{n}\int_{1-\delta}^{1+\delta}\exp\left\{-1\frac{1}{2}n(1+\varepsilon)(y-1)^2\right\}dy\end{aligned}$$

임을 알 수 있고, 여기에서 $z=\sqrt{n(1+\varepsilon)}(y-1)$, $x=\sqrt{n(1+\varepsilon)}(y-1)$로 변수변환을 하여 주면

$$\frac{1}{\sqrt{(1+\varepsilon)}}\int_{-\delta\sqrt{n(1+\varepsilon)}}^{-\delta\sqrt{n(1+\varepsilon)}}e^{-\frac{1}{2}z^2}dz\le I_{2n}\le\frac{1}{\sqrt{(1+\varepsilon)}}\int_{-\delta\sqrt{n(1+\varepsilon)}}^{-\delta\sqrt{n(1+\varepsilon)}}e^{-\frac{1}{2}x^2}dx$$

가 성립하므로 $n\to\infty$이면

$$\frac{1}{\sqrt{(1+\varepsilon)}}\int_{-\infty}^{\infty}e^{-\frac{1}{2}z^2}dz\le\lim_{n\to\infty}I_{2n}\le\frac{1}{\sqrt{(1+\varepsilon)}}\int_{-\infty}^{\infty}e^{-\frac{1}{2}x^2}dx$$

임을 알 수 있다. 여기에서 $\varepsilon\to 0$으로 하여 주면

$$\lim_{n\to\infty}I_{2n}=\int_{-\infty}^{\infty}e^{-\frac{1}{2}x^2}dx=\sqrt{2\pi}$$

임을 알 수 있다. 즉, $n \to \infty$이면 $I_{1n} \to 0$, $I_{3n} \to 0$, $I_{2n} \to \sqrt{2\pi}$이고, 따라서 $n \to \infty$이면 $I_{1n} \to \sqrt{2\pi}$이다. 따라서, 스털링의 공식이 증명된다. ■

다음 등식은 스털링의 공식에서 나타나는 근사값에 대한 오차를 제시하여 준다.

$$n! = \sqrt{2\pi n} n^n e^{-n} e^{\theta_n}, \ |\theta_n| \le \frac{1}{12n} \tag{7.5.18}$$

$$d_n = \log n! - \left(n + \frac{1}{2}\right) \log n + n$$

이라 놓으면, $\lim_{n\to\infty} d_n = \log\sqrt{2\pi}$이고, 수렴속도에 대하여

$$|d_n - \log\sqrt{2\pi}| < \frac{1}{12n} \tag{7.5.19}$$

이 성립한다. 이제, 부등식 (7.5.19)를 증명하자. 먼저,

$$d_n - d_{n+1} = \left(n + \frac{1}{2}\right) \log \frac{n+1}{n} - 1 = \left(n + \frac{1}{2}\right) \log \frac{1 + \dfrac{1}{2n+1}}{1 - \dfrac{1}{2n+1}} - 1$$

이고, $-1 < t < 1$에 대하여 테일러급수전개 $\frac{1}{2}\log\frac{1+t}{1-t} = t + \frac{1}{3}t^3 + \frac{1}{5}t^5 + \cdots$임을 이용하면

$$d_n - d_{n+1} = \frac{1}{3(2n+1)^2} + \frac{1}{5(2n+1)^4} + \cdots \tag{7.5.20}$$

임을 알 수 있다. 이로부터,

$$\begin{aligned} d_n - d_{n+1} &< \frac{1}{3(2n+1)^2} + \frac{1}{3(2n+1)^4} + \cdots \\ &= \frac{1}{3[(2n+1)^{2-1}]} = \frac{1}{12n} - \frac{1}{12(n+1)} \end{aligned}$$

이 성립한다. 즉, $\left\{d_n - \frac{1}{12n}\right\}$은 증가하고, $\log\sqrt{2\pi}$에 수렴한다. 따라서, 다음 부등식이 성립한다.

$$d_n - \log\sqrt{2\pi} < \frac{1}{12n} \tag{7.5.21}$$

식(7.5.20)에서 $d_n - d_{n+1} > \frac{1}{3(n+1)^2} > \frac{1}{12(n+1)} - \frac{1}{12(n+1)+1}$ 임을 알 수 있고, 이는 $\{d_n - 1/(12n+1)\}$이 감소하고 그 극한값은 $\log\sqrt{2\pi}$이므로

$$\frac{1}{12(n+1)} < d_n - \log\sqrt{2\pi} \tag{7.5.22}$$

임을 알 수 있다. 식(7.5.21)과 (7.5.22)는 식(7.5.19)를 의미함은 물론이고,

$$\sqrt{2\pi n}n^n e^{-n} e^{(12n+1)^{-1}} < n! < \sqrt{2\pi n}n^n e^{-n} e^{(12m)^{-1}}$$

과 같이 유용한 부등식을 얻을 수 있다.

7.6 일반화된 이항정리

테일러급수전개를 이용하여 이항정리를 일반화하여 보자. 먼저 이항계수의 정의를 확장하기 위하여 실수 α와 자연수 k에 대하여

$$(\alpha)_k = \alpha(\alpha-1)\cdots(\alpha-k+1),\ \binom{\alpha}{k} = \frac{(\alpha)_k}{k!} \tag{7.6.23}$$

으로 정의하고, $(\alpha)_0 = 1$, $\binom{\alpha}{0} = 1$로 정의하자. 이와 같이 정의된 이항계수 $\binom{\alpha}{k}$에 대하여 다음이 성립한다.

일반화 이항계수의 성질

1. n이 자연수이고 $k > n$이면 $\binom{n}{k} = 0$
2. $\alpha > 0$이면 $\binom{-\alpha}{k} = (-1)^k \binom{\alpha+k-1}{k}$, $\binom{-1}{k} = (-1)^k$, $\binom{-2}{k} = (-1)^k (k+1)$
3. $\binom{\alpha}{k} = \binom{\alpha-1}{k} + \binom{\alpha-1}{k-1}$

일반화된 이항계수의 정의를 사용하면 이항정리를 일반화할 수 있다. 예를 들어, $-1 < x < 1$일 때 $(1+x)^{-1}$의 무한급수전개를 이항계수의 성질 2를 이용하면

$$(1+x)^{-1} = \sum_{k=0}^{\infty} (-1)^k x^k = \sum_{k=0}^{\infty} \binom{-1}{k} x^k$$

과 같이 나타낼 수 있다.

일반적으로, 실수 α에 대하여 함수 $f(x)=(1+x)^{\alpha}$, $-1<x<1$의 $x=0$에서의 테일러급수 전개는

$$(1+x)^{\alpha}=1+\sum_{k=1}^{\infty}\frac{\alpha(\alpha-1)\cdots(\alpha-k+1)}{k!}x^{k}\,(-1<x<1)$$

로 주어진다. 즉,

$$(1+x)^{\alpha}=\sum_{k=0}^{\infty}\binom{\alpha}{k}x^{k} \tag{7.6.24}$$

이 성립하고, α가 자연수이면 이항계수의 성질 1로부터 식(7.6.24)는 이항정리로 귀착된다. 이러한 의미에서 식(7.6.24)를 **일반화된 이항정리**(generalized binomial theorem)라고 부른다.

$\alpha>0$에 대하여도

$$(1-x)^{-\alpha}=\sum_{n=0}^{\infty}\frac{\Gamma(n+\alpha)}{n!\,\Gamma(\alpha)}x^{n}$$

이 성립한다.

제 8 장
부록 II

8.1 시그마마당

Ω가 공집합이 아닌 어떤 주어진 집합일 때, $\mathscr{F}$를 Ω의 부분집합들의 모임이라 하고 $\mathscr{F}$가 가질 수 있는 다음의 성질들을 생각하자.

1. $\Omega \in \mathscr{F}$
2. $\Omega \in \mathscr{F}$이면 $E^C \in \mathscr{F}$
3. $E_1, E_2 \in \mathscr{F}$이면 $E_1 \cup E_2 \in \mathscr{F}$
4. $E_1, E_2, \cdots \in \mathscr{F}$이면 $\cup_{i=1}^{\infty} E_i \in \mathscr{F}$

[정의 8.1.1]

$\mathscr{F}$가 위의 성질 1, 2, 3을 만족할 때 $\mathscr{F}$를 Ω에서의 **마당**(field) 또는 **대수**(algebra)라 부른다.

성질 3으로부터 귀납법을 이용하면 $\mathscr{F}$가 마당일 때

$$E_1, E_2, \cdots E_n \in \mathscr{F} \text{이면 } \bigcup_{i=1}^{n} E_i \in \mathscr{F}$$

임을 알 수 있다. 또한,

$$\bigcap_{i=1}^{n} E_i = \left(\bigcup_{i=1}^{n} E_i^C \right)^C \in \mathscr{F}$$

가 성립함도 알 수 있다.

[정의 8.1.2]

$\mathscr{F}$가 위의 성질 1, 2, 4를 만족할 때 $\mathscr{F}$를 Ω에서의 **시그마대수**(σ-algebra) 또는 **시그마마당**(σ-field, Borel field)이라 부른다.

예 8.1.1 임의의 집합 Ω에서 가장 큰 시그마마당은 Ω의 모든 부분집합으로 이루어지는 모임이고, 가장 작은 시그마마당은 Ω자신과 공집합 ϕ로 이루어지는 모임이다. ■

A가 Ω의 부분집합들의 모임일 때, A를 포함하는 최소의 시그마마당을 $\sigma(A)$로 나타낸다.

예 8.1.2 $\Omega = \{1, 2, 3, 4, 5\}$일 때, $A = \{1, 3\}$을 포함하는 가장 작은 시그마대수는

$$\sigma(A)=\{\Omega,\ \phi,\ A,\ A^C\}=\{\phi,\ \{1,3\},\ \{2,4,5\},\ \{1,2,3,4,5\}\}$$

이다. 또, $B=\{\{1, 2\}, \{3, 4\}\}$이면

$$\sigma(B)=\{\Omega,\ \phi,\ \{1,2\},\ \{3,4\},\ \{5\},\ \{3,4,5\},\ \{1,2,5\},\ \{1,2,3,4\}\}$$

이다. ■

예 8.1.3 $\Omega=(0, 1]$이라 하자. $\mathscr{F}$를 유한개의 서로 배반인 반열린구간 $(a, b]$들의 합집합들로 이루어진 모임이라 하자. 즉, 임의의 $A\in\mathscr{F}$는 어떤 $0\le a_1\le b_1\le a_2\le b_2\le\cdots\le a_n\le b_n\le 1$에 대하여 $A=\cup_{i=1}^{n}(a_i, b_i]$이다. $b_0=0$, $a_{n+1}=1$이라 놓으면 $A^C=\cup_{i=0}^{n}(b_i, a_{i+1}]$이므로 $A^C\in\mathscr{F}$이다.

또한, $0\le a_1{}'\le b_1{}'\le a_2{}'\le\cdots\le a_m{}'\le b_m{}'\le 1$인 $a_i{}'$, $b_i{}'$, $i=1, 2, \cdots, m$에 대하여 $B=\cup_{i=1}^{m}(a_i', b_i']$인 $B\in\mathscr{F}$를 생각하면,

$$A\cap B=\cup_{i=1}^{n}\cup_{j=1}^{m}(a_i, b_i]\cap(a_i', b_i']$$

이고, 각각의 교집합은 반열린구간이거나 공집합이므로 $A\cap B=\mathscr{F}$이다. 따라서 $\mathscr{F}$는 마당이다. 그러나 $A_n=\left(1-\dfrac{1}{n}, 1-\dfrac{1}{n+1}\right]$이라 하면 모든 n에 대하여 $A_n\in\mathscr{F}$이지만 $\cup_{n=1}^{\infty}A_n=(0, 1)\notin\mathscr{F}$이므로 $\mathscr{F}$는 시그마마당은 아니다. 이 $\mathscr{F}$를 포함하는 가장 작은 시그마마당을 구간 $(0, 1]$에서의 **보렐시그마마당**(Borel σ-field)이라고 부른다. 일반적으로 보렐마당은 수직선 위에서 확률측도를 정의할 때 매우 중요한 역할을 한다. ■

8.2 확률측도공간

확률측도의 엄밀한 정의는 다음과 같다.

[정의 8.2.1] 확률측도

주어진 표본공간 Ω에서의 시그마마당 $\mathscr{F}$에서 정의되고, 다음의 세 가지 성질을 만족하는 실함수 $P(\cdot)$를 $(\Omega, \mathscr{F})$에서의 확률측도(probability measure)라 한다.

1. 임의의 사건 $E\in\mathscr{F}$에 대하여 $P(E)\ge 0$
2. $P(\Omega)=1$
3. $E_1, E_2, \cdots\in\mathscr{F}$가 서로 배반이면 $P\left(\bigcup\limits_{n=1}^{\infty}E_i\right)=\sum\limits_{n=1}^{\infty}P(E_i)$

일반적으로 **확률측도공간**(probability measure space) 또는 간단히 **확률공간**(probability space)은 표본공간 Ω와 Ω에서의 시그마마당 $\mathscr{F}$, 그리고 $\mathscr{F}$에서의 확률측도 P를 도입하여 $(\Omega, \mathscr{F}, P)$로 나타낸다. 여기서 P의 정의역인 시그마마당 $\mathscr{F}$의 원소들을 **사건**(event)이라 부른다. 즉, 사건이란 확률이 정의될 수 있는 부분집합만을 뜻한다. 이와 같이 세 요소로 이루어지는 확률공간 $(\Omega, \mathscr{F}, P)$가 엄밀한 의미에서의 확률모형인 것이다.

본문에서 다룬 사건의 정의와 비교해 보면 $E \subset Q$ 대신 $E \in \mathscr{F}$가 사용되었음을 유의하자. 즉, 주어진 확률실험과 관계되는 시그마마당이란 확률이 정의될 수 있는 집합들의 모임이라고 생각하면 된다. 따라서, 사건이란 Ω의 부분집합 중 확률이 정의될 수 있는 집합인 것이다. 시그마마당이 가산합집합에 대하여 닫혀 있다는 성질은 확률측도의 세 번째 조건 중 $P(\cup_{i=1}^{\infty} E_i)$의 정의를 위해 반드시 필요한 것임을 알 수 있다.

확률모형을 다룰 때에는 많은 사건들을 다룰 수 있다는 이유에서 시그마마당을 크게 선호하게 된다. 그러나 표본공간이 큰 경우에는 너무나 많은 부분집합들로 이루어지는 시그마마당에는 공리적 확률이 존재하지 않을 수도 있다. 따라서, 표본공간이 큰 경우 시그마마당의 크기는 제한적일 수밖에 없으며, 이에 따라 사건의 의미도 제한받게 된다. 일반적으로 확률모형을 도입할 때는 알기 쉬운 집합에서 출발하여 이를 확장하는 방법을 택하게 된다. 예를 들어, 구간 $(0, 1]$에서의 등확률모형은 먼저 임의의 구간 $(a, b]$에 대하여 확률 $b-a$를 주는 것으로 출발한다. 르베끄(Lebesque)의 일반적분론에 의하면 이와 같이 주어지는 확률은 그 정의역을 보렐마당까지로 확장하여 공리적 확률을 이룰 수 있게 되며, 이를 구간 $(0, 1]$에서의 등확률모형이라 부르는 것이다.

8.3 시그마마당과 정보

앞 절에서는 시그마마당의 수학적인 의미를 알아보았다. 여기서는 확률실험에서 고려될 수 있는 정보와 관련하여 아래의 예를 통하여 시그마마당의 뜻을 알아보자.

예 8.3.1 주사위를 한 번 던져 그 눈금을 알아보는 실험에서, 다음 경우를 생각해 보자. (1) 던진 결과를 관찰하지 못할 때(정보가 전혀 없는 경우), (2) 던진 결과가 홀수인지 짝수인지만을 알 수 있을 때, 즉 결과에 대한 일부의 정보만이 얻어지는 경우, (3) 던진 결과의 눈금을 알 수 있을 때(결과의 모든 정보를 얻을 수 있는 경우)로 나누어 생각해 볼 수 있다. 이 실험에서 표본공간은 $\Omega=\{1, 2, 3, 4, 5, 6\}$이다.

(1) 결과에 대한 정보가 전혀 없는 경우 : 결과가 Ω에 속해 있다는 것만을 알 수 있으므로 이

경우의 시그마마당은 $\mathscr{F}=\{\Omega, \phi\}$이다. 이러한 시그마마당을 **자명한 시그마마당**(trivial σ-field)이라 부른다.

(2) 일부의 정보만 있는 경우 : 예를 들어 결과가 홀수집합에서 나온 것인지, 또는 짝수집합에서 나온 것인지 만을 알 수 있다면 시그마마당은 $\mathscr{F}=\{\Omega, \phi, \{1, 3, 5\}, \{2, 4, 6\}\}$이다. 즉, $\{1, 2\}$와 같은 집합은 결과가 이 집합이 나왔는지를 알 수 없으므로 사건으로 생각되지 않는다.

(3) 완전한 정보가 있는 경우 : 이 때에는 Ω의 모든 부분집합이 사건이며, 이때의 시그마마당은 **전체시그마마당**(total σ-field)인 $\mathscr{F}=2^{\Omega}$(멱집합, power set)가 된다. ■

8.4 분포함수의 성질

확률변수 X에 대하여, 그 누적확률을 나타내는 함수로서

$$F(x)=P(X\leq x)$$

로 정의된 함수 F를 확률변수의 **분포함수**(distribution function) 또는 **누적분포함수**(cumulative distribution function)라 한다. 따라서 질량함수 f에 대응하는 이산분포의 분포함수는

$$F(x)=\sum_{y\leq x} f(y)$$

로 주어지고, 밀도함수 f에 의해 결정되는 연속분포의 분포함수는

$$F(x)=\int_{-\infty}^{x} f(y)dy$$

로 주어진다. 물론, 분포함수는 이산분포 또는 연속분포에만 국한되는 것은 아니고 일반적으로 모든 분포에 대하여 정의되는 것이다. 임의의 확률변수 X의 분포함수 F에 대하여 다음이 성립한다.

[정리 8.4.1]

1. F는 증가함수이다.
2. F는 오른쪽에서 연속(continuous from the right)인 함수이다.
3. $\lim_{x\to-\infty} F(x)=0,\ \lim_{x\to\infty} F(x)=1$

증명▶▶ F가 증가함수임은 확률측도의 단조성으로부터 쉽게 알 수 있다. 이제 성질 2를 밝히기 위해 $A_n=(X\leq x+1/n),\ n=1, 2, \cdots$로 정의된 사건열 $\{A_n\}$을 생각해 보자.

이와 같은 사건열 $\{A_n\}$은 감소하고, 이의 극한사건은

$$\lim_{n\to\infty} A_n = \bigcap_{n=1}^{\infty} A_n = (X \le x)$$

이므로 확률측도의 연속성으로부터 다음이 성립하는 것을 알 수 있다.

$$\lim_{n\to\infty} F\left(x+\frac{1}{n}\right) = \lim_{n\to\infty} P(A_n) = P(\lim_{n\to\infty} A_n)$$
$$= P(X \le x) = F(x)$$

또한, 3의 첫 번째 성질을 밝히기 위해 $B_n = (X \le -n)$으로 정의된 사건열 $\{B_n\}$을 생각하면

$$\lim_{n\to\infty} B_n = \bigcap_{n=1}^{\infty} B_n = \phi$$

가 된다. 따라서

$$\lim_{n\to\infty} F(x) = \lim_{n\to\infty} P(B_n) = P(\lim_{n\to\infty} B_n) = P(\phi) = 0$$

같은 방법으로 3의 두 번째 성질이 성립함을 보일 수 있다. ■

〔정리 8.4.1〕의 성질 2를 나타내기 위해 오른쪽으로부터의 극한을

$$F(x+) = \lim_{y\to x+0} F(y)$$

로 흔히 표현한다. 이러한 기호에 의하면 성질 2는

$$F(x+) = F(x) = P(X \le x)$$

로 나타낼 수 있다. 또한, 왼쪽으로부터의 극한을

$$F(x-) = \lim_{y\to x-0} F(y)$$

로 나타내기로 하자. 이제, $A_n = (X \le x - 1/n)$, $n = 1, 2, \cdots$로 정의된 사건열 $\{A_n\}$을 생각하면 이는 증가하고, 그 극한사건은

$$\lim_{n\to\infty} A_n = \bigcap_{n=1}^{\infty} A_n = (X < a)$$

이다. 따라서 확률측도의 연속성으로부터

$$F(x-) = \lim_{n\to\infty} P(A_n) = P(\lim_{n\to\infty} A_n) = P(X < x)$$

임을 알 수 있다. 그러므로

$$P(X=x)=F(x)-F(x-)$$

이고, 따라서 분포함수 F가 x에서 연속이면 $P(X=x)=0$이 성립하는 것이다. 물론 이는 연속분포에 대하여는 항상 성립하며, 다음의 등식이 성립한다.

$$P(a<X\le b)=F(b)-F(a)$$
$$P(a\le X\le b)=F(b)-F(a-)$$
$$P(a<X<b)=F(b-)-F(a)$$
$$P(a\le X<b)=F(b-)-F(a)$$

분포함수 F가 주어지면 이산형 확률변수의 경우에는 질량함수 f가

$$f(x)=F(x)-F(x-)$$

에 의해 구하여지고, 연속형 확률변수의 경우에는 밀도함수 f는 f가 연속인 점 x에서

$$f(x)=\frac{d}{dx}F(x)$$

로 결정된다.

또, 〔정리 8.4.1〕의 역에 대하여 다음이 성립함이 알려져 있다.

[정리 8.4.2]

〔정리 8.4.1〕의 세 성질 1, 2, 3을 만족하는 함수 F는 어떤 확률변수의 분포함수이다.

8.5 생성함수

생성함수에는 다음 두 가지 형태가 있다.

1. 절대합가능인 실수열 $\cdots, a_{-1}, a_0, a_1, a_2, \cdots$에 대하여 다음과 같이 정의되는 t의 함수

$$A(t)=\sum_{i=-\infty}^{\infty} a_j t^j$$

를 수열 $\{a_n\}$의 **생성함수**(generating function)라 한다.

2. $(-\infty, \infty)$에서 절대적분가능인 실함수 $g(x)$, $-\infty<x<\infty$에 대하여 다음과 같이 정의되는 t의 함수 $G(t)=\int_{-\infty}^{\infty} e^{tx}g(x)dx$를 함수 g의 생성함수라고 부른다.

생성함수는 모든 t에서 항상 정의되는 것은 아니며, 위의 무한합이나 적분이 유한하게 존재하는 t에 대하여만 생성함수를 고려할 수 있다. 특히 $g(x)=0$, $x<0$이고, 음이 아닌 함수 g에 대하여는 다음과 같이 정의되는 t의 함수

$$G(t)=\int_{0}^{\infty} e^{-tx}g(x)dx$$

는 모든 $t\geq 0$에서 유한이며, 이와 같은 함수를 g의 **라플라스변환**(Laplace's transform)이라 부른다. 또한, 임의의 절대적분가능함수 g에 대하여

$$G(t)=\int_{-\infty}^{\infty} e^{-itx}g(x)dx$$

로 정의되는 함수 G를 g의 **푸리에변환**(Fourier transform)이라 부른다.

$$\left|\int_{-\infty}^{\infty} e^{-itx}g(x)dx\right| \leq \int_{-\infty}^{\infty} |e^{-itx}||g(x)|dx \leq \int_{-\infty}^{\infty} |g(x)|dx<\infty$$

이므로 푸리에변환은 모든 t에서 유한으로 존재한다. 따라서 푸리에변환은 복소수를 다루어야 하는 복잡함은 있으나 적용되는 함수 g에 대한 제한이 없는 것이 장점이다. 생성함수의 중요한 목적은 **차분방정식** 또는 **점화식**(difference equations, recursions), **미분방정식**(differential equations) 또는 **미분-차분방정식**(differential-difference equations)의 풀이에 편리한 도구로 사용될 수 있다는 것이다. 그러나 생성함수의 가장 중요한 개념은 함수 g와 그 생성함수 G 사이의 일대일대응관계를 보임으로써 g에 관한 여러 성질을 생성함수를 통하여 알아볼 수 있다는 것이다. 이와 같은 생성함수의 성질은 특히 확률론에 매우 유용하게 쓰인다. 확률론에서의 생성함수의 용도를 요약하면 다음과 같다.

1. 질량함수(밀도함수)를 구하는 데 쓰인다.
2. 적률을 구하는 데 쓰인다.
3. 확률분포를 구하는 데 쓰인다.
4. 분포수렴을 보이는 데 쓰인다.

8.5.1 확률생성함수

실수열 $\{a_n\}$에 관한 생성함수에서 a_n, $n\geq 0$는 음이 아닌 정수값을 가지는 이산형확률변수

X가 n의 값을 택하는 확률인 경우를 생각할 수 있다. 이 경우 $\{a_n\}$의 생성함수를 X의 확률생성함수라 부른다. 즉, 음이 아닌 확률변수 X의 질량함수가 f일 때,

$$P_X(t)=E(t^X)=\sum_{j=0}^{\infty}t^j f(j)$$

를 X의 **확률생성함수**(probability generating function, pgf) 또는 f의 확률생성함수라 부른다. 다음은 확률생성함수의 정의에 의하여 얻어지는 성질이다.

1. pgf는 $|t|\le 1$일 때 항상 존재하고 연속이다.
2. $P(1)=1$

예 8.5.1 이항분포 $Bin(n, p)$의 경우 확률생성함수는 다음과 같다.

$$P(t)=\sum_{j=0}^{n}t^j\binom{n}{j}p^j(1-p)^{n-j}=\sum_{j=0}^{n}\binom{n}{j}(sp)^j(1-p)^{n-j}$$
$$=(1-p+pt)^n,\ -\infty<t<\infty$$ ■

예 8.5.2 포아송분포 $Poi(\lambda)$의 확률생성함수는 다음과 같다.

$$P(t)=\sum_{j=0}^{\infty}\frac{e^{-\lambda}\lambda^j}{j!}t^j=e^{-\lambda}\sum_{j=0}^{\infty}\frac{(\lambda t)^j}{j!}=e^{\lambda(t-1)},\ -\infty<t<\infty$$ ■

예 8.5.3 기하분포 $Geo(p)$의 확률생성함수는 다음과 같다.

$$P(t)=\sum_{j=0}^{n}q^j pt^j=p\sum_{j=0}^{n}(qt)^j=\frac{p}{1-qt},\ 0<t<\frac{1}{q},\ q=1-p$$ ■

확률생성함수의 미분

확률생성함수는 수렴반경(radius of convergence)이 최소한 1인 멱급수이므로 멱급수의 미분에 의하여 $(-1, 1)$에서 모든 차수의 미분이 가능하고,

$$P^{(n)}(0)=n!P(X=n),\ n=0, 1, 2, \cdots$$

이다. 즉, 확률생성함수는 질량함수를 생성하며, 따라서 다음 정리가 성립한다.

[정리 8.5.1] 분포의 결정

음이 아닌 확률변수의 분포는 확률생성함수에 의하여 유일하게 결정된다.

이 정리는 확률분포에 대하여만 성립하는 것은 아니다. 예를 들어, 두 수열 $\{a_n,\ n\geq 0\}$, $\{b_n,\ n\geq 0\}$의 생성함수 A, B가 만일 구간 $(-1,\ 1)$에서 수렴하고, 이 구간에서 $A(t)=B(t)$이면 두 수열은 동일하다. 한편, 확률생성함수로부터 적률을 구할 수도 있다. $t\in(-1,1)$에서의 미분을 구하면

$$P^{(n)}(t)=\sum_{j=n}^{\infty}\frac{j!}{(j-n)!}P(X=j)t^{j-n}$$

을 얻으며, 여기서 $t\uparrow 1$을 취하여 그 극한값을 $P^{(n)}(1-)$라 놓으면

$$\begin{aligned}P^{(n)}(1-)&=\lim_{t\uparrow 1}\sum_{j=n}^{\infty}\frac{j!}{(j-n)!}P(X=j)t^{j-n}\\&=\sum_{j=n}^{\infty}j(j-1)(j-2)\cdots(j-n+1)P(X=j) \qquad \text{(단조수렴정리)}\\&=EX(X-1)(X-2)\cdots(X-n+1))\\&=P^{(n)}(1)\end{aligned}$$

을 얻는다. 이 때, $P^{(n)}(1)$로 얻어지는 $E(X(X-1)(X-2)\cdots(X-n+1))$을 **계승적률**(factorial moment)이라 부른다. 이러한 뜻에서 확률생성함수를 **계승적률생성함수**(factorial moment generating function)라고도 부른다.

예 8.5.4 이항분포의 확률생성함수는 $P(t)=(1-p+pt)^n$, $-\infty<t<\infty$이므로 $t=1$에 무한 번 미분가능이다. 따라서, 평균은

$$E(X)=P^{(1)}(1)=n(1-p+pt)^{n-1}p|_{t=1}=np$$

또한,

$$P^{(2)}(1)=E[X(X-1)]=n(n-1)p^2$$

이고

$$E[X^2]=E[X(X-1)]+E(X)=n(n-1)p^2+np$$

이므로 분산은

$$Var(X)=E(X^2)-[E(X)]^2=n(n-1)p^2+np-(np)^2=np(1-p)$$

가 된다. ■

포갬공식과의 관련

질량함수들을 포개어가는 것은 그 계산이 매우 복잡하다. 그러나 각 질량함수로부터 일단 확률생성함수를 구하면 그들을 포갠 질량함수의 확률생성함수는 다음 정리에 의하여 각각의 확률생성함수를 곱하여 구할 수 있다. 따라서, 이와 같은 방법을 쓰면 확률생성함수의 분포결정 성질로부터 쉽게 포개어진 분포를 구할 수 있게 된다.

[정리 8.5.2]

X_1, X_2가 서로 독립이고, 음이 아닌 정수값을 택하는 확률변수이고, 각각의 확률생성함수가 P_1, P_2라면, X_1+X_2의 확률생성함수는 P

$$P(t)=P_1(t)P_2(t)$$

로 주어진다.

증명▶▶ 독립성에 의하여 $P(t)=E(t^{(X_1+X_2)})=E(t^{X_1})E(t^{X_2})=P_1(t)P_2(t)$ ■

이와 같은 정리는 확률분포가 아닌 일반 수열에 대하여도 적용할 수 있다. $\{a_n\}$, $\{b_n\}$이 두 실수열일 때, 다음과 같이 정의되는 수열 $\{c_n\}$을 $\{a_n\}$, $\{b_n\}$의 **포갬**(convolution)이라 부른다.

$$c_n=\sum_{i=-\infty}^{\infty} a_i b_{n-i},\ n=\cdots,\ -1,\ 0,\ 1,\ 2,\ \cdots$$

이 경우, 기호

$$\{c_n\}=\{a_n\}*\{b_n\},\ \text{또는}\ c_n=(a*b)_n$$

으로 나타낸다.

[정리 8.5.3]

$A(t)$, $B(t)$가 각각 $\{a_n\}$, $\{b\}$의 생성함수일 때, $\{a_n\}*\{b_n\}$의 생성함수는 $A(t)B(t)$이다.

증명▶▶ 증명의 편의를 돕기 위하여 A와 B가 모두 수렴반경이 r이라면 이 범위에서

$$\sum_n (a*b)_n t^n = \sum_n \sum_i a_i b_{n-i} t^n = \sum_i \sum_n a_i b_{n-i} t^n = \sum_i \sum_n a_i t^i b_{n-i} t^{n-i}$$
$$= \sum_i a_i t^i \sum_n b_{n-i} t^{n-i}$$
$$= A(t)B(t)$$ ■

예 8.5.5 공정한 주사위를 세 번 던져 나온 눈의 합이 7일 확률을 구해 보자. 이 경우 X_i, $i=1, 2, 3$을 i번째 나오는 주사위의 눈이라 하면

$$P_{X_i}(t) = \frac{t}{6} + \frac{t^2}{6} + \cdots + \frac{t^6}{6},\ i=1, 2, 3$$

이므로

$$P_{X_1+X_2+X_3}(t) = \left(\frac{t}{6} + \frac{t^2}{6} + \cdots + \frac{t^6}{6}\right)^3$$

이다. 따라서, 구하는 확률은 위의 식에서의 t^7의 계수를 구하여 얻을 수 있다. 이를 구하는 데는 여러 방법이 있겠으나, 다음과 같이 구해 보자. 즉, $|t<1|$일 때,

$$\left(\frac{t}{6} + \frac{t^2}{6} + \cdots + \frac{t^6}{6}\right)^3 = \frac{1}{6^3}\left(\frac{t-t^7}{1-t}\right)^3 = \frac{t-(1-t^6)^3}{6^3}(1-t)^{-3}$$
$$= \frac{t-(1-t^6)^3}{6^3} \sum_{k=0}^{\infty} \binom{-3}{k} (-1)^k t^k$$

이므로 t^7의 계수는 $\frac{1}{6^3}\binom{-3}{4} = \frac{1}{6^3}(-3)(-4)(-5)(-6) = \frac{5}{72}$이다. 따라서, 구하는 확률은 $P(X_1+X_2+X_3=7) = \frac{5}{72}$ 가 된다. ■

예 8.5.6 X_1, X_2가 서로 독립이고, 각각 모수가 λ_1, λ_2인 포아송분포를 따르면 그 확률생성함수는 $P_i(t) = e^{\lambda_i(t-1)}$로 주어지고, 따라서 X_1+X_2의 확률생성함수는

$$P(t) = P_1(t)P_2(t) = e^{(\lambda_1+\lambda_2)(t-1)}$$

로 주어진다. 그런데 이 확률생성함수는 포아송분포 $Poi(\lambda_1+\lambda_2)$의 확률생성함수이므로 확률생성함수의 분포결정성질에 의하여 X_1+X_2는 포아송분포 $Poi(\lambda_1+\lambda_2)$를 따른다. ■

합성과의 관계

앞에서 다룬 내용에 의하면 n개의 동일한 질량함수를 포개면 그 생성함수는 각 질량함수의 생성함수를 n승한 것과 같다. 이제 포개는 횟수가 확률변수 N으로 주어지는 경우를 생각하면 다음 정리가 성립한다.

[정리 8.5.4]

X_1, X_2, …는 $i.i.d.$이고, 각 생성함수가 동일한 P_X인 확률변수열이고, N은 자연수를 택하는 확률변수이고, $\{X_n\}$과는 서로 독립이다. N의 생성함수가 G이면, X_n들의 랜덤 합 $S_N = X_1 + X_2 + \cdots + X_N$의 생성함수 P는

$$P(t) = G(P_X(t))$$

이다.

예 8.5.7 X_i가 모두 베르누이분포 $Ber(p)$를 따르고, N이 포아송분포 $Poi(\lambda)$를 따르면 $S_N = X_1 + X_2 + \cdots + X_N$의 확률생성함수 P는

$$P(t) = G(P_{X(t)}) = e^{\lambda(P_X(t)-1)} = e^{\lambda(q+pt-1)} = e^{\lambda p(t-1)}$$

이므로 S_N은 포아송분포 $Poi(\lambda p)$를 따른다. ■

분포수렴과의 관계

X_n은 질량함수와 확률생성함수가 각각 f_n, P_n인 음이 아닌 정수값을 택하는 확률변수이다. 즉,

$$f_n(k) = P(X_n = k),\ P_n(t) = E(t^{X_n})$$

확률변수 X의 질량함수가 f일 때, 모든 k에 대하여 $\lim_{n\to\infty} f_n(k) = f(k)$가 성립하면 X_n은 X로 분포수렴한다고 말한다. 분포수렴을 보일 때 정의에 의하여 증명하는 것은 계산이 매우 복잡하고 불가능한 경우도 많다. 그러나 확률생성함수를 이용하면 경우에 따라 편리하게 구할 수 있게 된다. 다음 정리가 이와 같은 내용을 말해 준다.

[정리 8.5.5] 연속성정리

$\{f_n\}$이 음이 아닌 정수에서 정의되고 생성함수가 P_n인 질량함수의 열일 때, 다음 두 조건은 서로 필요충분조건이다.

1. 임의의 $k=0, 1, 2, \cdots$에 대하여 $\lim_n f_n(k)=f(k)$인 $f(k)$가 존재한다.
2. 임의의 $-1<t<1$에 대하여 $\lim_n P_n(t)=P(t)$인 $P(t)$가 존재한다. 이 경우, $P(t)=\sum_k f(k)t^k$로 주어진다.

또한, 극한 f가 분포를 이루는 필요충분조건은 P가 $t=1$에서 연속이다. 즉,

$$\lim_{t\uparrow 1} P(t)=1=P(1)$$

이다.

증명▶▶ 먼저 필요성을 증명한다. $P(t)=\sum_k f(k)t^k$라 하자. $-1<t<1$인 t와 임의의 양수 ε에 대하여

$$\begin{aligned}|P_n(t)-P(t)| &\le \sum_k |f_n(k)-f(k)|t^k \\ &\le \sum_{k\le k_0} |f_n(k)-f(k)| + \sum_{k>k_0} 2t^k\end{aligned}$$

이므로, k_0를 충분히 크게 하면

$$|P_n(t)-P(t)| \le \sum_{k\le k_0} |f_n(k)-f(k)| + \varepsilon$$

따라서, $n\to\infty$를 취하면 증명된다.

역으로 생성함수의 수렴으로부터 질량함수의 수렴을 증명하여 보자. k에서의 질량함수값 $f_n(k)$, $n=1, 2, 3, \cdots$으로 이루어진 실수열은 유계이므로 대각화정리에 의하여 부분수열 n_j와 실수 $f(k)$가 존재하여

$$\lim_{j\to\infty} f_{n_j}(k)=f(k)$$

가 성립한다. 따라서, 이 정리의 필요성으로부터 $0<t<1$에서 $\lim_n P_{n_j}(t)=Q(t)$인 $Q(t)$가 존재하고, $Q(t)=\sum_k f(k)t^k$이고, 가정에 의하여 $Q(t)=P(t)$, $0<t<1$이다. 즉, $P(t)=\sum_k f(k)t^k$이다. 한편, 모든 k에 대하여 수렴하는 임의의 부분실수열 $f_n(k)$에 대하여도 $\lim_{j\to\infty} P_n(t)=P(t)$이므로 $f_n(k)$의 극한을 $g(k)$라 놓으면

$$\sum_k g(k)t^k=P(t)=\sum_k f(k)t^k$$

생성함수는 계수를 유일하게 결정하므로 $g(k)=f(k)$, $k=0, 1, 2, \cdots$이다. 따라서, 수렴하는 임의의 부분실수열이 모두 동일한 극한 $f(k)$로 수렴하므로 전체 실수열 $f_n(k)$가 $f(k)$로 수렴한다. 정리의 나머지 부분에 대한 증명은 생략한다. ■

위의 정리를 총칭하여 **연속성정리**(continuity theorem)라 부른다. 즉, 질량함수가 f_n 분포가 분포수렴하는 필요충분조건은 f_n의 확률생성함수 P_n이 $(-1, 1)$에서 수렴하고, 그 극한 P가 $t=1$에서 연속인 것이다. 이 경우 P는 어느 질량함수 f의 확률생성함수가 되며, 이 f가 분포 f_n이 분포수렴하는 극한분포의 질량함수이다. 한편, 극한 P가 $t=1$에서 연속이 아니면, 즉 $\lim_{t\uparrow 1} P(t)<1$이면 극한 f는 분포를 이루지 못하며, 결함이 있는 분포의 질량함수가 된다.

예 8.5.8 함수 f_n은 다음과 같이 정의되는 질량함수이다.

$$\begin{cases} f_n(k)=1, & k=n \\ \quad 0 \quad, & k\neq n \end{cases}$$

이 때, $\lim_n f_n(k)=0$, $k=0, 1, 2, \cdots$이므로 $f(k)=0$이다. 또한, $P_n(t)=t^n$이므로 $P_n(t)\to 0\equiv P(t)$, $|t|<1$임을 알 수 있다. 따라서, $\lim_{t\uparrow 1} P(t)=0\neq 1$이므로 연속성을 만족하지 않으며, 그 이유는 극한으로 나오는 f가 분포를 이루지 못하기 때문이다. ■

연속성정리에 의하면 분포수렴에 관한 증명에 필요한 단계는 다음과 같다.

1. P_n의 극한이 존재함을 보인다.
2. 위의 극한을 P라 할 때, $\lim_{t\uparrow 1} P(t)=1$임을 보인다.

이상의 두 가지를 보이면 P는 어떤 질량함수 f의 확률생성함수가 되며, 이항분포는 이 f를 질량함수로 하는 분포로 분포수렴한다. 또한, 위의 두 번째 항을 위하여 극한 P가 어느 분포의 확률생성함수임을 보여도 된다.

예 8.5.9 이항분포 $Bin\left(n, \frac{\lambda}{n}\right)$의 확률생성함수 P_n은

$$P_n(t)=\left(1-\frac{\lambda}{n}+\frac{\lambda}{n}t\right)^n$$

이므로

$$P_n(t)\to e^{\lambda(t-1)}, \quad -\infty<t<\infty$$

이다. 이 때, $P(t)=e^{\lambda(t-1)}$은 포아송분포 $Poi(\lambda)$의 확률생성함수이다. (따라서, P가 $t=1$에서 연속임은 당연하다.) 즉, 이 이항분포열은 포아송분포 $Poi(\lambda)$로 분포수렴한다. ■

8.5.2 적률생성함수

확률변수 X에 대하여 t의 함수

$$M_X(t)=E(e^{tX})$$

를 X의 **적률생성함수**(moment generating function, mgf)라고 부른다. 확률생성함수는 음이 아닌 이산분포에 대하여만 정의되었다. (따라서, 확률생성함수는 $|t|\le 1$에서 항상 유한) 그러나 확률생성함수와는 달리 적률생성함수는 임의의 분포(확률변수)에 대하여 정의하며, $t=0$일 때 그 값이 1로 유한인 것만이 보장되며, 이러한 이유에서 적률생성함수를 다룰 때는 분포에 따라 적률생성함수가 유한하게 존재하는 t의 영역에 주의하여야 한다. 적률생성함수의 성질은 확률생성함수의 성질과 그 본질이 동일하며, 그 증명도 유사한 것이 많으나, 일반적으로 적률생성함수의 성질에 대한 증명은 확률생성함수의 경우보다 좀더 고급수학을 필요로 하는 경우가 많다. 이 책에서는 적률생성함수에 관한 증명은 별다른 언급이 없으면 생략하기로 한다. 다음은 적률생성함수의 정의에 의하여 얻어지는 성질이다.

1. 적률생성함수가 유한으로 존재하는 영역에서 적률생성함수는 연속이다.
2. $M(0)=1$
3. a, b가 상수일 때, $M_{aX+b}(t)=E[e^{t(aX+b)}]=e^{bt}E(e^{atX})=e^{bt}M_X(at)$

예 8.5.10 베르누이분포 $Ber(p)$의 적률생성함수는

$$M(t)=e^tp+q,\ -\infty<t<\infty$$

■

예 8.5.11 음이항분포 Neg(r, p)의 적률생성함수는

$$\begin{aligned}M(t)&=\sum_{j=r}^{\infty}e^{tj}\binom{j-1}{r-1}p^rq^{j-r}=(pe^t)^r\sum_{j=r}^{\infty}\binom{j-1}{r-1}(qe^t)^{j-r}\\&=(pe^t)^r\sum_{k=0}^{\infty}\binom{r+k-1}{r-1}(qe^t)^k=(pe^t)^r\sum_{k=0}^{\infty}\binom{-r}{k}(-qe^t)^k\\&=\left[\frac{pe^t}{1-qe^t}\right]^r,\ -qe^t<1\end{aligned}$$

여기서 마지막 등식은 일반화된 이항정리의 결과로서 $0<qe^t<1$, 즉 $t<-\log q$일 때 성립한다. 따라서, 음이항분포의 적률생성함수는

$$M(t)=\left(\frac{pe^t}{1-qe^t}\right)^r,\ t<\log\frac{1}{1-p}$$

로 주어진다. 특히, 모수가 p인 기하분포는 $r=1$에 해당하므로 그 적률생성함수는

$$M(t)=\frac{pe^t}{1-qe^t},\ t<\log\frac{1}{1-p}$$ ■

예 8.5.12 포아송분포 $Poi(\lambda)$의 적률생성함수는 $-\infty<t<\infty$에서 다음과 같이 구해진다.

$$M(t)=\sum_{j=0}^{\infty}e^{tj}\frac{e^{-\lambda}\lambda^j}{j!}=e^{-\lambda}=\sum_{j=0}^{\infty}\frac{(\lambda e^t)^j}{j!}=\exp\{\lambda(e^t-1)\}$$ ■

예 8.5.13 정규분포 $N(\mu,\ \sigma^2)$의 적률생성함수를 구해 보자. 변수변환 $y=\dfrac{x-\mu}{\sigma}$를 이용하면

$$\begin{aligned}M(t)&=\int_{-\infty}^{\infty}e^{tx}\frac{1}{\sigma\sqrt{2\pi}}e^{-(x-\mu)^2/2\sigma^2}dx\\&=\int_{-\infty}^{\infty}\frac{1}{\sqrt{2\pi}}e^{t(\mu+\sigma y)-y^2/2}dy\\&=e^{t\mu}e^{\sigma^2t^2/2}\int_{\infty}^{\infty}\frac{1}{\sqrt{2\pi}}e^{-(y-\sigma t)^2/2}dy\end{aligned}$$

위에서 마지막 적분의 피적분함수는 정규분포 $N(\sigma t,\ 1)$의 밀도함수이므로 그 적분값은 1이다. 따라서, 정규분포 $N(\mu,\ \sigma^2)$의 적률생성함수는

$$M(t)=e^{\mu t+\sigma^2t^2/2},\ -\infty<t<\infty$$

이고, 특히 표준정규분포의 적률생성함수는

$$M(t)=e^{t^2/2},\ -\infty<t<\infty$$ ■

예 8.5.14 모수가 $\alpha>0,\ \lambda>0$인 감마분포의 적률생성함수는

$$M(t)=\int_0^{\infty}e^{tx}\frac{\lambda^\alpha}{\Gamma(\alpha)}x^{\alpha-1}e^{-\lambda x}dx=\int_0^{\infty}\frac{\lambda^\alpha}{\Gamma(\alpha)}x^{\alpha-1}e^{-(\lambda-t)x}dx$$

이고, 여기서 마지막 적분은 $t<\lambda$일 때만 수렴한다. 따라서, $t<\lambda$일 때 $(\lambda-t)x=y$로 변수변환하면 감마분포의 적률생성함수는 다음과 같이 표현된다.

$$M(t)=\left(\frac{\lambda}{\lambda-t}\right)^{\alpha}\frac{1}{\Gamma(\alpha)}\int_{0}^{\infty}y^{\alpha-1}e^{-y}dy,\ t<\lambda$$

특히, $\alpha=1$인 경우인 지수분포의 적률생성함수는 다음과 같다.

$$M(t)=\frac{\lambda}{\lambda-t},\ t<\lambda$$

■

적률생성함수의 미분

적률생성함수는 수렴반경이 $r>0$, 즉 $M(t)<\infty$, $|t|<r$인 적률생성함수는 그 영역에서 모든 차수의 미분이 가능하고, $|t|<r$일 때,

$$\begin{aligned}M^{(n)}(t)&=\frac{d^n}{dt^n}\int_{-\infty}^{-\infty}e^{tx}dF(x)=\int_{\infty}^{-\infty}\frac{d^n}{dt^n}e^{tx}dF(x)\\&=\int_{\infty}^{\infty}x^k e^{tx}dF(x)\end{aligned}$$

가 된다. 두 번째 등식은 미분과 적분의 순서를 바꾸는 것이 가능하다는 뜻이다. 이는 멱급수의 미분에서 수렴반경 내에서는 미분과 무한합을 바꿀 수 있는 이유와 동일하다. 위 식에 $t=0$을 대입하면

$$M^{(n)}(0)=E(X^n)$$

을 얻는다. 즉, $|t|<r$일 때, 적률생성함수는 멱급수

$$\begin{aligned}M(t)&=1+M'(0)t+M''(0)\frac{t^2}{2!}+\cdots+M^{(n)}(0)\frac{t^2}{n!}+\cdots\\&=1+E(X)t+E(X^2)\frac{t^2}{2!}+\cdots+E(X^n)\frac{t^n}{n!}+\cdots\end{aligned}$$

로 나타낼 수 있다. X의 적률은 적률생성함수 $M(t)$의 $t=0$에서의 미분계수인 것이다. 이러한 이유에서 함수 M을 적률생성함수라고 부르는 것이다.

예 8.5.15 표준정규분포의 적률생성함수는

$$M(t)=e^{\frac{1}{2}t^2},\ -\infty<t<\infty$$

이므로 모든 차수의 미분이 가능하고, 따라서 표준정규분포의 적률은

$$\mu_{2k-1}=0,\ \mu_{2k}=\frac{(2k)!}{k!2^k},\ k=1,\ 2,\ \cdots$$

로 주어진다. ■

적률생성함수의 로그를 취한 함수를 이용하면 평균과 분산을 쉽게 구할 수 있다.

$$C(t)=\log M(t)$$

로 정의된 함수 C를 X 또는 그 분포의 **누적적률생성함수**(cumulant generating function, cgf)라 부른다. 이제 원점을 포함하는 열린구간에서 $t=0$에서의 C의 미분계수를 구하여 보면, $M(0)=1$이므로

$$C'(0)=\frac{M'(0)}{M(0)}=E(X)$$

$$C''(0)=\frac{M''(0)M(0)-M'(0)^2}{M(0)^2}=E(X^2)-[E(X)]^2=Var(X)$$

임을 알 수 있다.

예 8.5.16 음이항분포 Neg $(r,\ p)$의 누적적률생성함수는

$$C(t)=r\log p+rt-r\log(1-qe^t),\ t<\log\frac{1}{1-p}$$

로 주어진다. 따라서,

$$C'(t)=r+\frac{rqe^t}{1-qe^t},\ C''(t)=\frac{rqe^t}{(1-qe^t)^2},\ t<\frac{1}{1-p}$$

임을 알 수 있고, 그 평균과 분산은 각각 다음과 같이 구해진다.

$$\mu=C'(0)=\frac{r}{p},\ \sigma^2=C''(0)=\frac{rq}{p^2}$$ ■

적률생성함수도 분포를 결정하는 성질을 갖고 있다. 이 성질의 증명은 생략한다.

[정리 8.5.6] 분포의 결정

분포함수가 각각 F, G인 두 확률변수 X와 Y의 적률생성함수 $M_X(t)$, $M_Y(t)$가 0을 포함하는 어떤 열린구간에서 일치하면 F와 G는 동일하다.

이 정리의 내용은 두 분포가 0 부근의 어떤 열린구간에서 동일한 적률생성함수를 가지면 실제로 두 분포는 동일한 것임을 뜻한다. 따라서 분포함수, 질량함수 또는 밀도함수가 한 분포를 나타내는 것과 마찬가지로 적률생성함수도 한 분포를 결정하여 주는 것이다.

예 8.5.17 평균이 μ, 분산이 σ^2인 정규분포 $N(\mu, \sigma^2)$을 따르는 확률변수를 X라고 할 때, $Y=aX+b$의 적률생성함수는

$$M_{Y(t)}=e^{bt}M_X(at)=\exp\left\{(a\mu+b)t+\frac{1}{2}a^2\sigma^2t^2\right\},\ -\infty<t<\infty$$

로 주어진다. 또한 이는 평균이 $a\mu+b$, 분산이 $a^2\sigma^2$인 정규분포의 적률생성함수임을 알 수 있다. 따라서, $Y=a+b$의 분포는 평균이 $a\mu+b$, 분산이 $a^2\sigma^2$인 정규분포이다. 즉, 정규분포를 따르는 확률변수의 일차함수로 생기는 확률변수도 정규분포를 따른다. ■

포갬공식과의 관련

확률생성함수의 경우에서와 같이 [정리 8.5.6]은 서로 독립인 확률변수의 합의 분포를 찾는 데에 유용하며, 이러한 경우에 포갬공식과 관련한 다음의 정리가 유용된다.

[정리 8.5.7]

적률생성함수가 M_1, $\cdots$, M_n이고 서로 독립인 확률변수 X_1, $\cdots$, X_n의 합 $S=X_1+\cdots+X_n$의 적률생성함수는

$$M(t)=\prod_{i=1}^{n}M_i(t)$$

이다.

예 8.5.18 X_1, X_2, $\cdots$, X_n이 각각 평균이 μ_i, 분산이 $\sigma_i^2(i=1, \cdots, n)$인 정규분포를 따르는 확률변수라고 하면 각각의 적률생성함수는

$$M_i(t)=\exp\left(\mu_i t+\frac{1}{2}\sigma_i^2 t^2\right),\ -\infty<t<\infty$$

따라서, [정리 8.5.7]에 의해 $X_1+\cdots+X_n$의 적률생성함수는

$$M(t)=\exp\left(\sum_{i=1}^{n}\mu_i t+\frac{1}{2}\sum_{i=1}^{n}\sigma_i^2 t^2\right),\ -\infty<t<\infty$$

이는 평균이 $\mu=\sum_{i=1}^{n}\mu_i$, 분산이 $\sum_{i=1}^{n}\sigma^{2_i}$인 정규분포의 적률생성함수와 일치한다. 따라서, [정리 8.5.6]에 의하여 $X_1+\cdots+X_n$은 평균이 $\mu=\sum_{i=1}^{n}\mu_i$, 분산이 $\sum_{i=1}^{n}\sigma^{2_i}$인 정규분포를 따른다.

특히, $\mu_i=\mu$, $\sigma_i=\sigma$이면 $\overline{X}_n=\frac{1}{n}\sum_{i=1}^{n}X_i$는 평균이 μ, 분산이 $\frac{\sigma^2}{n}$인 정규분포를 따른다. ■

예 8.5.19 $X_1, X_2, \cdots, X_n$이 서로 독립이고 모수가 λ인 지수분포를 따르는 확률변수라면, 각각의 적률생성함수는 $M_i(t)=\frac{\lambda}{\lambda-t}$, $t<\lambda$로 주어진다.
이들의 합 $X_1+\cdots+X_n$의 적률생성함수는

$$M(t)=\prod_{i=1}^{n}M_i t=\left(\frac{\lambda}{\lambda-t}\right)^n,\ t<\lambda$$

이는 모수가 n, λ인 에르랑분포의 적률생성함수임을 알 수 있다. 따라서, $X_1+\cdots+X_n$의 분포는 모수가 n, λ인 감마분포이다. ■

[정리 8.5.8]

$\{X_i\}$가 서로 독립일 때,

1. X_i가 모두 모수가 p인 베르누이분포를 따르면, $X_1+\cdots+X_n$는 모수가 n, p인 이항분포를 따른다. 또한, X_i가 각각 모수가 k_i, p인 이항분포를 따르면, $X_1+\cdots+X_n$은 모수가 $k_1+\cdots+k_n$, p인 이항분포를 따른다.
2. X_i가 모두 모수가 p인 기하분포를 따르면, $X_1+\cdots+X_n$은 모수가 r, p인 음이항분포를 따른다. 또한, X_i가 각각 모수가 r_i, p인 음이항분포를 따르면 $X_1+\cdots+X_n$은 모수가 $r_1+\cdots+r_n$, p인 음이항분포를 따른다.
3. X_i가 각각 모수가 λ_i인 포아송분포를 따르면, $X_1+\cdots+X_n$의 분포는 모수가 $\lambda_1+\cdots+\lambda_n$인 포아송분포이다.
4. X_i가 각각 모수가 α_i, λ인 감마분포를 따르면, $X_1+\cdots+X_n$의 분포는 모수가 $\alpha_1+\cdots+\alpha_n$, λ인 감마분포이다.

합성과의 관계

[정리 8.5.9]

$X_1, X_2, \cdots, X_n$은 $i.i.d.$이고, 각 적률생성함수가 동일한 M_X인 확률변수열이고, N은 자연수를 택하는 확률변수이고, X_n과는 서로 독립이다. N의 생성함수가 G이면 X_n들의 랜덤합 $S_N = X_1 + X_2 + \cdots + X_N$의 적률생성함수 M은

$$M(t) = G(M_X(t))$$

이다.

예 8.5.20 X_i가 모두 베르누이분포 $Ber(p)$를 따르고, N이 포아송분포 $Poi(\lambda)$를 따르면 $S_n = X_1 + X_2 + \cdots + X_N$의 적률생성함수 M은

$$M(t) = G(M_X(t)) = e^{\lambda(M_X(t)-1)} = e^{\lambda(q+pe^t-1)} = e^{\lambda p(e^t-1)}$$

이므로 S_n은 포아송분포 $Poi(\lambda p)$를 따른다. ▣

분포수렴과의 관계

확률생성함수의 경우와 같이 다음 연속성정리가 성립한다.

[정리 8.5.10] 연속성정리

$\{X_n\}$이 적률생성함수가 M_n인 확률변수의 열일 때, 다음 두 조건은 서로 필요충분조건이다.

1. $\{X_n\}$이 어느 확률변수 X로 분포수렴한다.
2. 0을 포함하는 어떤 열린구간에서 $\lim_n M_n(t) = M(t)$인 $M(t)$가 존재하고, M은 $t=0$에서 연속이다.

이 경우, $M(t) = E(e^{tX})$로 주어진다.

따라서, 적률생성함수의 수렴으로 분포수렴을 보이려면 극한 M이 원점에서 연속이거나 또는 M이 어느 분포의 적률생성함수임을 보이면 된다. 이 때, 극한분포는 M을 적률생성함수로 가지는 분포(유일함!)가 되는 것이다.

예 8.5.21 **(중심극한정리)** $X_1, X_2, \cdots$이 기대값이 μ, 분산이 $0<\sigma^2<\infty$인 $i.i.d.$ 확률변수열일 때, $S_n=X_1+\cdots+X_n$이라 하자. 이 경우 중심극한정리는 $(S_n-n\mu)/\sigma\sqrt{n}$가 표준정규분포로 분포수렴한다는 것이다. 이 정리를 X_i의 적률생성함수 M이 원점을 포함하는 열린구간 $(-r, r)$, $r>0$에서 유한이라고 가정하여 적률생성함수의 연속성정리를 이용하여 증명하자. 물론 적률생성함수에 대하여 이러한 가정을 하면 X_i의 분산뿐 아니라 모든 차수의 적률이 유한인 것을 가정하는 것이므로 본래의 중심극한정리에서보다 더 많은 가정을 하는 것임을 유의하여야 한다. $(S_n-n\mu)/\sigma\sqrt{n}$의 적률생성함수를 M_n이라 하면

$$\begin{aligned}M_{n(t)}&=E[\exp\{t(S_n-n\mu)/\sigma\sqrt{n}\}]\\&=\exp(-n\mu t/\sigma\sqrt{n})E[\exp\{t(S_n/\sigma\sqrt{n})\}\\&=\exp(-n\mu t/\sigma\sqrt{n})M^n(t/\sigma\sqrt{n})\\&=[\exp(-\mu t/\sigma\sqrt{n})M(t/\sigma\sqrt{n})]^n,\ |t|<r\end{aligned}$$

이다. 주어진 임의의 t에 대하여 테일러정리를 적용하면, $\lim_{n\to\infty}\frac{t}{\sqrt{n}}=0$이므로

$$\begin{aligned}\exp(-\mu t/\sigma\sqrt{n})&=1-t/\sigma\sqrt{n}+t^2/2\sigma^2n+o(1/n),\ n\to\infty\\M(t/\sigma\sqrt{n})&=1+M'(0)t/\sigma\sqrt{n}+M''(0)t^2/2\sigma^2n+o(1/n),\ n\to\infty\end{aligned}$$

이므로 $n\to\infty$일 때,

$$\begin{aligned}&\exp(-\mu t/\sigma\sqrt{n})M(t/\sigma\sqrt{n})\\&=[1-\mu t/\sigma\sqrt{n}+\mu^2t^2/2\sigma^2n+o(1/n)]\times[1+M'(0)t/\sigma\sqrt{n}+M''(0)t^2/2\sigma^2n+o(1/n)]\\&=[1-\mu t/\sigma\sqrt{n}+\mu^2t^2/2\sigma^2n+o(1/n)]\times[1+\mu t/\sigma\sqrt{n}+\mu_2t^2/2\sigma^2n+o(1/n)]\\&=1+(\mu_2-2\mu^2+\mu^2)(t^2/2\sigma^2n)+o(1/n)\\&=1+t^2/2n+o(1/n)\end{aligned}$$

이 된다. 따라서 $n\to\infty$일 때,

$$M_{n(t)}=(1+t^2/2n+o(1/n))^n\to e^{t^2/2},\ -r<t<r$$

가 성립한다. 그런데 극한에서 나타나는 함수 $M(t)=e^{t^2/2}$은 0에서 연속이고, $|t|<r$에서 표준정규분포의 적률생성함수와 같으므로 $(S_n-np)/\sigma\sqrt{n}$는 표준정규분포로 분포수렴한다. ■

8.5.3 특성함수

특성함수를 다루기 전에 **복소확률변수**(complex-valued random variable)에 대하여 설명하자. X, Y가 확률변수이고 i가 허수(imaginary number)를 나타낼 때, $X+iY$는 복소수값을

취하는 확률변수이다. 복소수값을 택하는 확률변수 $X+iY$에 대하여 그 기대값을

$$E(X+iY)=E(X)+iE(Y)$$

로 정의하면 확률변수의 기대값에 관한 모든 성질이 성립한다.

확률변수 X에 대하여 실수 t의 함수

$$\psi_X(t)=E(e^{X})=E(\cos tX)+iE(\sin tX)$$

를 X의 **특성함수**(characteristic function, cf)라고 부른다. 임의의 t와 x에 대하여 $|e^{x}|=1$이므로

$$|E(e^{itX})|=E|e^{itX}|=1$$

이며, 특성함수는 확률생성함수, 적률생성함수와는 달리 임의의 분포(확률변수)에 대하여 모든 t에서 그 절대값이 1 이하로 얻어진다. 즉, 특성함수는 어떠한 분포에 대하여도 수직선 위에 유한으로 구해진다.

다음은 특성함수의 성질이다.

1. $\psi(0)=1$.
2. $|\psi(t)|\leq 1$.
3. a, b가 상수일 때, $\psi_{aX+b}(t)=E[e^{t(aX+b)}]=e^{bt}\psi_X(at)$.
4. 분포가 원점에 대하여 대칭(symmetric about the origin), 즉 모든 x에 대하여 $P(X\leq x)=P(X\geq -x)$이면, $\psi(-t)=\psi(t)$.
5. 특성함수는 고르게 연속(uniformly continuous)이다.

위의 마지막 성질을 증명해 보자. 임의의 t에서

$$\begin{aligned}|\psi(t+h)-\psi(t)| &= E|e^{i(t+h)X}-e^{itX}|\\ &\leq E|e^{i(t+h)X}-e^{itX}|\\ &= E|e^{X}||e^{itX}-1|\\ &= E|e^{ihX}-1| \to 0,\ h\to 0\end{aligned}$$

예 8.5.22 베르누이분포 $Ber(p)$의 특성함수는 $\psi(t)=e^{it}p+q$

예 8.5.23 기하분포 $Geo(p)$의 특성함수는 다음과 같다.

$$\begin{aligned}\phi(t) &= \sum_{j=1}^{\infty} e^{itj} pq^{j-1} = pe^{it} \sum_{j=1}^{\infty} (qe^{it})^{j-1} = pe^{it} \sum_{k=0}^{\infty} = (qe^{it})^k \\ &= pe^{it} \sum_{k=0}^{\infty} \binom{-1}{k} (-qe^{it})^k \\ &= \frac{pe^{it}}{1-qe^{it}}\end{aligned}$$

■

예 8.5.24 포아송분포 $Poi(\lambda)$의 특성함수는

$$\phi(t) = \sum_{j=0}^{\infty} e^{itj} \frac{e^{-\lambda}\lambda^j}{j!} = e^{-\lambda} \sum_{j=0}^{\infty} \frac{(\lambda e^{it})^j}{j!} = \exp \lambda (e^{it} - 1)$$

■

예 8.5.25 구간 $(-1, 1)$에서의 균일분포의 cf를 구하여 보자. 이 분포의 밀도함수는

$$f(x) = \frac{1}{2} I_{(-1,1)}(x)$$

이고, 이 분포는 원점에 대하여 대칭이므로,

$$\begin{aligned}\phi(t) &= \int_{-1}^{1} \cos tx f(x) dx = 2 \int_0^1 \cos tx \frac{1}{2} dx = \int_0^1 \cos tx dx \\ &= \frac{\sin t}{t}\end{aligned}$$

이다. $\phi(0)=1$이므로, $t=0$일 때는 $\lim_{t \to 0} \phi(t)$로 이해하면 된다. ■

예 8.5.26 표준정규분포 $N(0, 1)$의 특성함수를 구해 보자. 특성함수를 구하는 데에는 여러 방법이 있지만, 여기서는 가장 전통적 방법인 복소함수의 **경로적분**(contour integral)을 이용한다. $t>0$일 때, 복소평면에서 꼭지점이 $\pm K+i0$, $\pm K+$, $K>0$인 직사각형의 경로를 생각하자. **복소함수**(complex-valued function of complex variable) $e^{-z^2/2}$, $z=x+iy$는 **전해석함수**(entire function)이므로, 임의의 K에 대하여

$$\begin{aligned}0 &= \int_R e^{-z^2/2} dz \\ &= \int_{-K}^{K} e^{-x^2/2} dx + \int_0^t e^{-(k+iy)^2/2} dy + \int_t^0 e^{-(-K+iy)^2/2} dy + \int_K^{-K} e^{-(x+it)^2/2} dx\end{aligned}$$

그런데,

$$\left|\int_0^t e^{-(K+iy)^2/2}dy\right| \le \int_0^t |e^{-(K+iy)^2/2}|dy$$
$$\le e^{-K^2/2}\left|\int_0^t e^{-y^2/2}\right|dy \to 0,\ K\to\infty$$

이고, 마찬가지로

$$\int_t^0 e^{-(-(K+iy)^2/2}dy \to 0,\ K\to\infty$$

이다. 따라서 $K\to\infty$일 때, $\int_{-K}^{K} e^{-x^2/2}dx \to \sqrt{2}\pi$이므로

$$0=\sqrt{2}\pi+0+0+\int_{-\infty}^{\infty} e^{-(x^2+2itx-t^2)/2}dx$$
$$=\sqrt{2}\pi+e^{t^2/2}\int_{-\infty}^{\infty} e^{itx}e^{-x^2/2}dx$$

즉, $t>0$일 때,

$$\phi(t)=\int_{-\infty}^{\infty}\frac{1}{\sqrt{2\pi}}e^{itx}e^{-x^2/2}dx=e^{-t^2/2}$$

$t>0$일 때도 마찬가지로 구하면 $\phi(t)=e^{-t^2/2}$이 된다. 정규분포 $N(\mu,\ \sigma^2)$의 cf는 변환 $\mu+\sigma X$를 이용하면

$$\phi(t)=e^{i\mu t-(\sigma t)/2}$$

이 된다. ■

예 8.5.27 모수가 1인 지수분포의 특성함수를 구하여 보자.

$$\phi(t)=\int_0^{\infty} e^{itx}e^{-x}dx=\int_0^{\infty}\cos txe^{-x}dx+i\int_0^{\infty}\sin txe^{-x}dx$$

이므로, 두 적분

$$\int_0^{\infty}\cos txe^{-x}dx,\ \int_0^{\infty}\sin txe^{-x}dx$$

를 구하면 된다. 이 두 적분을 구하는 방법도 여러 가지가 있겠지만, 가장 간단한 방법은 부분적분법을 사용하는 것이다.

$$\int_0^{\infty}\cos txe^{-x}dx=\cos txe^{-x}|_{x=0}^{\infty}-t\int_0^{\infty}\sin txe^{-x}dx$$

$$=1-t(-\sin txe^{-x}|_{x=0}^{\infty}+t\int_0^{\infty}\sin txe^{-x}dx)$$
$$=1-t^2\int_0^{\infty}\cos txe^{-x}dx$$

이므로

$$\int_0^{\infty}\cos txe^{-x}dx=\frac{1}{1+t^2},\ \int_0^{\infty}\sin txe^{-x}dx=\frac{1}{1+t^2}$$

이 된다. 따라서,

$$\phi(t)=\frac{1+it}{1+it^2}=\frac{1}{1-it}$$ ■

예 8.5.28 모수가 1인 양측지수분포의 특성함수를 구하여 보자. 이 분포의 밀도함수는

$$f(x)=\frac{1}{2}e^{-|x|},\ -\infty<x<\infty$$

이므로 이 분포는 원점에 대하여 대칭이고, 따라서

$$\phi(t)=\int_{-\infty}^{\infty}\cos txf(x)dx=2\int_0^{\infty}\cos txf(x)dx=\int_0^{\infty}\cos tx^{e^{-x}}dx$$
$$=\frac{1}{1+t^2}$$ ■

예 8.5.29 밀도함수가 다음과 같은 코쉬분포의 특성함수들 구하여 보자.

$$f(x)=\frac{1}{\pi}\frac{1}{1+x^2},\ -\infty<x<\infty$$

이를 구하는 방법도 여러 가지가 있겠으나, 여기서는 다시 경로적분을 사용하기로 한다. 먼저 $t>0$일 때, $\phi(t)$를 구하자. $|x|\le R$, $R>1$, $0\le\theta\le\pi$로 이루어진 복소수 $z=xe^{i\theta}$의 경로를 C라 하면 함수 $\frac{e^z}{\pi(1+z^2)}$은 경로 C의 내부에서 **특이점**(singularity) $z_0=i$를 가지므로 **유수정리**(residue theorem)에 의하여

$$\int_C\frac{e^{iz}}{\pi(1+z^2)}dz=\int_C\frac{e^{itz}}{\pi(z+i)}\frac{1}{z-1}dz=2\pi i\frac{e^{itz}}{\pi(z+I)}\bigg|_{z=i}$$
$$=e^{-t}$$

그런데,

$$\int_C \frac{e^{itz}}{\pi(1+z^2)}dz = \int_{-R}^{R} \frac{e^{itz}}{\pi(i+x^2)}dx + \int_0^{\pi} \frac{e^{itRe^{i\theta}}}{\pi(1+R^{2e^{i2\theta}})} iRe^{i\theta}d\theta$$
$$= I_1 + I_2$$

이고, $\lim_{R\to\infty} I_1 = \phi(t)$이므로 $\lim_{R\to\infty} I_2 = 0$을 보이면 된다. 그런데, $t>0$이므로 $0 \le \theta \le \pi$일 때,

$$|e^{itRe^{i\theta}}| \le 1$$

이고, 또한

$$\left| \frac{iRe^{i\theta}}{\pi(1+R^2e^{i2\theta})} \right| \le \frac{1}{\pi} \left| \frac{R}{e^{-i2\theta}+R^2} \right|$$
$$\le \frac{1}{\pi} \frac{R}{R^2-1} \to 0, \ R \to \infty$$

$t<0$인 경우에는 $R \ge x \ge -R$, $-x \le \theta \le 0$인 경로 C'을 따라 적분하면 $\phi(t) = e^t$를 얻는다. 따라서

$$\phi(t) = e^{-|t|}$$

코시분포의 경우 평균은 존재하지 않으며, 따라서 적률생성함수도 $t=0$ 이외에는 존재하지 않는다. 이에 반하여 앞에서 살펴보았듯이 특성함수는 모든 t에 대하여 유한이다. ■

특성함수의 미분

적률생성함수는 유한으로 존재하는 영역에서는 모든 차수의 미분이 가능하고, 그 미분은 적분과의 순서를 바꿔

$$M^{(n)}(t) = \int_{-\infty}^{\infty} x^k e^{tx} dF(x)$$

로 구할 수 있다. 한편, 특성함수는 모든 t에 대하여 유한으로 존재하는 데 반하여, 미분가능성은 보장되지 않는다. 특성함수의 미분가능성에 대한 충분 또는 필요조건은 분포의 적률의 존재성, 즉 분포의 **꼬리확률**(tail probability)의 성질에 따라 주어진다. 이에 관한 전형적인 정리가 다음에 기술되어 있다.

[정리 8.5.11]

ϕ를 확률변수 X의 특성함수라 할 때 자연수 k에 대하여 다음이 성립한다.

1. $E|X|^k<\infty$이면 ϕ는 k번 미분가능이고, $\phi^{(k)}(t)=E[(iX)^k e^{itX}]$로 주어진다. 이 경우 ϕ는 $t=0$에서 다음과 같은 테일러전개를 가진다.

   (1) $\phi(t)=\sum_{j=0}^{k}\frac{i^j}{j!}E(X^j)t^j+o(|t|^k)$

   (2) $\phi(t)=\sum_{j=0}^{k-1}\frac{i^j}{j!}E(X^j)t^j+\frac{\theta}{k!}E|X|^k|t|^k,\ |\theta|\le 1$

2. ϕ가 $t=0$에서 k번 미분가능이고, k가 짝수이면 $E|X|^k<\infty$이다.

이 정리로부터, ϕ가 k번 미분가능이면 j차 적률은

$$E(X^j)=i^j\phi^{(j)}(0),\ j=1,2,\cdots,k-1$$

로 구할 수 있으며, 특히 k가 짝수이면 $E(X^k)=i^j\phi^{(k)}(0)$도 성립한다.

예 8.5.30 표준정규분포의 특성함수는 $\phi(t)=e^{-t^2/2}$이므로 모든 차수의 미분이 가능하고, 따라서 표준정규분포의 평균과 분산은

$$\mu_1=i(-te^{-t^2/2})|_{t=0}=0$$
$$\sigma^2=\mu_2=i^2(-e^{-t^2/2}+t^2e^{-t^2/2})|_{t=0}=1$$

로 주어진다. ■

분포의 결정

다음 정리는 특성함수와 분포 사이에 일대일대응이 됨을 말해 준다.

[정리 8.5.12]

두 확률변수 X와 Y의 특성함수 $\phi_{X(t)}$, $\phi_{Y(t)}$가 모든 t에서 일치하면 X, Y의 분포는 동일하다.

적률생성함수의 경우에는 0 부근의 어떤 열린구간에서 유한인 적률생성함수는 유일하게 분포를 결정짓는다는 정리였다. 그러나 특성함수의 경우에는 모든 t에서의 특성함수를 알아야 분

포가 결정된다. 이와 관련하여 다음의 **역변환공식**(inversion formula)은 특성함수로부터 분포를 구하는 방법을 제시한다.

[정리 8.5.13] 푸리에 역변환공식 I

X의 특성함수를 ϕ라 하면 임의의 $a<b$에 대하여 다음 등식이 성립한다.

$$P(a<X<b)+\frac{1}{2}[P(X=a)+P(X=b)]$$
$$=\lim_{T\to\infty}\frac{1}{2\pi}\int_{-T}^{T}\frac{e^{-ita}-e^{-itb}}{it}\phi(t)dt$$

특히, 특성함수가 절대 리만적분가능(즉, $\int_{-\infty}^{\infty}|\phi(t)|dt<\infty$)이면 다음 정리에 의하여 특성함수로부터 밀도함수를 구할 수 있다. 이를 **푸리에 역변환공식** I(Fourier inversion formula I)이라고 한다.

[정리 8.5.14] 푸리에 역변환공식 II

ϕ가 절대 리만적분가능인 특성함수이면

$$f(x)=\frac{1}{2\pi}\int_{-\infty}^{\infty}e^{-ixt}\phi(t)dt$$

로 정의되는 함수 f는 밀도함수이고,

$$\phi(t)=\int_{-\infty}^{\infty}e^{-itx}f(x)dx$$

가 성립한다. 이를 **푸리에 역변환공식** Ⅱ (Fourier inversion formula II)라고 한다.

예 8.5.31 표준정규분포의 특성함수는 $\phi(t)=e^{-t^2/2}$이므로 절대 리만적분가능이다. 따라서, 표준정규분포의 밀도함수는

$$\phi(x)=\frac{1}{2\pi}\int_{-\infty}^{\infty}e^{-ixt}e^{-t^2/2}dt=\frac{1}{\sqrt{2\pi}}\phi(-x)=\frac{1}{\sqrt{2\pi}}e^{-x^2/2}$$ ■

예 8.5.32 코시분포의 특성함수는 $\phi(t)=e^{-|t|}$이므로 절대 리만적분가능이다. 따라서, 코시분포의 밀도함수는 이중지수분포의 특성함수를 이용하면

$$f(x)=\frac{1}{2\pi}\int_{-\infty}^{\infty}e^{-ixt}e^{-|t|}dt=\frac{1}{\pi}\int_{-\infty}^{\infty}e^{-ixt}\frac{1}{2}e^{-|t|}dt$$
$$=\frac{1}{\pi}\frac{1}{(-x)^2}=\frac{1}{\pi}\frac{1}{x^2}$$

로 구할 수 있다. ■

포갬공식과의 관련

[정리 8.5.15] 특성함수의 포갬공식

특성함수가 $\phi_1, \cdots, \phi_n$이고 서로 독립인 확률변수 $X_1, \cdots, X_n$의 합 $S=X_1+\cdots+X_n$의 특성함수는

$$\phi(t)=\prod_{i=1}^{n}\phi_{i(t)}$$

이다.

적률생성함수가 존재하지 않는 경우 특성함수의 포갬공식을 이용하면 긴요하게 쓰일 수 있다.

예 8.5.33 $X_1, X_2, \cdots, X_n$이 서로 독립이고, 모두 특성함수의 포갬공식이 $e^{-|t|}$인 코시분포를 따를 때, 이들의 합 $S_n=X_1+\cdots+X_n$의 특성함수의 포갬공식는 $e^{-n|t|}$이다. 즉, S_n의 밀도함수 f_{S_n}은

$$f_{S_n}(x)=\frac{1}{2\pi}\int_{-\infty}^{\infty}e^{-ixt}e^{-|nt|}dt=\frac{1}{npi}\int_{-\infty}^{\infty}e^{-ixs/n}\frac{1}{2}e^{-|s|}ds$$
$$=\frac{1}{npi}\frac{1}{(-x/n)^2}=\frac{1}{npi}\frac{1}{(x/n)^2}$$

또한, 코시분포로부터의 표본평균 S_n/n은 특성함수가

$$\phi_{S_n/n}(t)=e^{-n|t/n|}=e^{-|t|}$$

이므로 S_n/n과 X_1은 동일한 코시분포를 따른다. ■

합성과의 관계

[정리 8.5.16]

$X_1, X_2, \cdots$은 $i.i.d.$이고, 각 특성함수가 동일한 ϕ_X인 확률변수열이고, N은 자연수를 택하는 확률변수이고, $\{X_n\}$과는 서로 독립이다. N의 확률생성함수가 G이면 X_n들의 랜덤합 $S_N = X_1 + \cdots + X_N$의 특성함수 ϕ는

$$\phi(t) = G(\phi_{X(t)})$$

이다.

예 8.5.34 X_i가 모두 베르누이분포 $Ber(p)$를 따르고, N이 포아송분포 $Poi(\lambda)$를 따르면 $S_N = X_1 + X_2 + \cdots + X_N$의 적률생성함수 ϕ는

$$\phi(t) = G(\phi_{X(t)}) = e^{\lambda(\phi_X(t)-1)} = e^{\lambda(q+pe^{it}-1)} = e^{\lambda p(e^{it}-1)}$$

이므로 S_N은 포아송분포 $Poi(\lambda p)$를 따른다. ■

분포수렴과의 관계

특성함수의 가장 큰 용도는 다음 연속성정리의 이용이다.

[정리 8.5.17] 연속성정리

$\{X_n\}$이 cf가 ϕ_n인 확률변수의 열일 때, 다음 두 조건은 서로 필요충분조건이다.

1. $\{X_n\}$이 어느 확률변수 X로 분포수렴한다.
2. $\lim_n \phi_n(t) = \phi(t)$인 $\phi(t)$가 존재하고, ϕ는 $t=0$에서 연속이다.

이 경우, $\phi(t) = E(e^{itx})$로 주어진다.

따라서, 특성함수의 수렴으로 분포수렴을 보이려면 극한 ϕ가 원점에서 연속이거나 또는 ϕ가 어느 분포의 특성함수임을 보이면 된다. 이 때, 극한분포는 ϕ를 특성함수로 가지는 분포가 되는 것이다.

[정리 8.5.18] 중심극한정리

X_1, X_2, $\cdots$이 기대값이 μ, 분산이 $0<\sigma^2<\infty$인 $i.i.d.$ 확률변수열이며, $S_n=X_1+\cdots+X_n$일 때, $(S_n-n\mu)/\sigma\sqrt{n}$가 표준정규분포로 분포수렴한다는 것을 다시 살펴보자. 이 정리를 X_i의 적률생성함수를 이용하여 증명하는 것은 앞에서 언급하였듯이 X_i의 모든 차수의 적률이 유한인 것을 가정하고 증명하는 것이다. 그러나 그 증명에서 적률생성함수의 사용 내용을 보면 적률생성함수를 이차항까지 테일러전개하는 것만이 필요하다. 그러나 특성함수를 이용하면 적률생성함수와 동일한 공식을 사용하면서도 모든 적률의 존재성은 필요하지 않게 되며, 따라서 가정을 최소화시킬 수 있게 된다. 이제, 특성함수를 이용하여 증명하여 보자. 이 증명에서는 오직 분산이 유한이라는 가정만을 이용한다. $(S_n-n\mu)/\sigma\sqrt{n}$의 특성함수는 항상 존재하므로 이를 ϕ_n이라 하면

$$\begin{aligned}\phi_n(t)&=\exp(-in\mu t/\sigma\sqrt{n})E\left[\exp\{it(S_n/\sigma\sqrt{n})\}\right]\\&=\exp(-in\mu t/\sigma\sqrt{n})\left[\phi(t/\sigma\sqrt{n})\right]^n\\&=\left[\exp(-i\mu t/\sigma\sqrt{n})\phi(t/\sigma\sqrt{n})\right]^n\end{aligned}$$

이다. $t=0$에서의 테일러전개를 적용하면 $\lim_{n\to\infty}\dfrac{t}{\sqrt{n}}=0$이므로 임의의 t에 대하여

$$\begin{aligned}\exp(-i\mu t/\sigma\sqrt{n})&=1-i\mu t/\sigma\sqrt{n}-\mu^2t^2/2\sigma^2n+o(1/n),\ n\to\infty\\ \phi(t/\sigma\sqrt{n})&=1+i\mu t/\sigma\sqrt{n}-\mu_2t^2/2\sigma^2n+o(1/n),\ n\to\infty\end{aligned}$$

이므로 $n\to\infty$일 때,

$$\begin{aligned}&\exp(-i\mu t/\sigma\sqrt{n})\phi(t/\sigma\sqrt{n})\\&\quad=[1-i\mu t/\sigma\sqrt{n}-\mu^2t^2/2\sigma^2n+o(1/n)]\times[1+i\mu t/\sigma\sqrt{n}-\mu_2t^2/2\sigma^2n+o(1/n)]\\&\quad=1-(\mu_2-2\mu^2+\mu^2)(t^2/2\sigma^2n)+o(1/n)\\&\quad=1-t^2/2n+o(1/n)\end{aligned}$$

따라서 $n\to\infty$ 일 때, $\phi_{n(t)}=(1-t^2/2n+o(1/n))^n\to e^{-t^2/2}$이 성립하고, 이 때 극한에서 나타나는 함수 $\phi(t)=e^{-t^2/2}$은 0에서 연속이고, 표준정규분포의 특성함수와 같으므로 $(S_n-np)/\sigma\sqrt{n}$는 표준정규분포로 분포수렴한다. ■

8.6 드모아브르-라플라스의 정리

이 절에서는 드모아브르-라플라스의 정리를 확률을 직접 계산하여 극한을 구하는 방법으로 증명한다. 성공률이 p인 이항분포에서 시행횟수 n이 큰 경우에 성공이 k번 나올 확률

$$\binom{n}{k}p^k q^{n-k}$$

를 n과 p의 함수임을 분명히 하기 위하여 $b(k;\ n,\ p)$라 나타내자.

[정리 8.6.1]

$0<p<1$이고 $\phi(x)=\frac{1}{\sqrt{2\pi}}\exp\left(-\frac{1}{2}x^2\right)$이라 하자. $0\le k_n\le n$이고

$$a<\frac{k_n-np}{\sqrt{npq}}<b,\ -\infty<a<b<\infty$$

를 만족하는 자연수 k_n에 대하여

$$b(k_n;\ n,\ p)\ \sim\ \frac{1}{\sqrt{npq}}\phi\left(\frac{k_n-np}{\sqrt{npq}}\right),\ n\to\infty$$

가 성립하고, 여기에서의 수렴은 가정을 만족시키는 k_n에 관하여 고르다.

증명▶▶ $x_n=(k_n-np)/\sqrt{npq}$라 하고, 편의상 k_n, x_n을 각각 k, x로 나타내자. 첫째로, 가정으로부터

$$k=np+x\sqrt{npq},\quad n-k=nq-x\sqrt{npq}$$

이므로, $n\to\infty$, $n-k\to\infty$임을 알 수 있다. 따라서, 스털링의 공식으로부터

$$k!=\sqrt{2\pi k}k^k e^{-k}e^{\theta_k},\ |\theta_k|\le\frac{1}{12k}$$

$$(n-k)!=\sqrt{2\pi(n-k)}(n-k)^{(n-k)}e^{-(n-k)}e^{\theta_{n-k}},\ |\theta_{n-k}|\frac{1}{12(n-k)}$$

$$n!=\sqrt{2\pi n}n^n e^{-n}e^{\theta_n},\ |\theta_n|\le\frac{1}{12n}$$

이 성립하고, $\theta=\theta_k+\theta_{n-k}+\theta_n$이라 놓으면

$$b(k;\ n,\ p)=\frac{n!}{k!(n-k)!}p^k q^{n-k}$$

$$=\frac{1}{\sqrt{2\pi}}\sqrt{\frac{n}{k(n-k)}}\left(\frac{np}{k}\right)^k\left(\frac{nq}{n-k}\right)^{n-k}e^{\theta}$$

위 식에서 $|\theta|\le\frac{1}{12}\left(\frac{1}{n}+\frac{1}{k}+\frac{1}{n-k}\right)$이 성립하고, 가정으로부터

$$k>np+a\sqrt{npq},\ n-k>nq-n\sqrt{npq}$$

이므로, n이 충분히 크면

$$|\theta|\le\frac{1}{12n}\left(1+\frac{1}{p+a\sqrt{npq}}+\frac{1}{q-b\sqrt{npq}}\right)$$

따라서 $e^{\theta}\sim1,\ n\to\infty$이고, 이와 같은 수렴은 k_n에 관하여 고르다.
또한,

$$\sqrt{\frac{n}{k(n-k)}}\Big/\frac{1}{\sqrt{npq}}=\frac{pq}{(p+x\sqrt{pq/n})(p-x\sqrt{pq/n})}$$

이고, 가정을 만족시키는 k에 대하여 $a<x<b$이므로

$$\sqrt{\frac{n}{k(n-k)}}\sim\frac{1}{\sqrt{npq}},\ n\to\infty$$

이고, 이 때의 수렴 또한 k에 관하여 고름을 알 수 있다.

마지막으로,

$$A_n=\left(\frac{np}{k}\right)^k\left(\frac{nq}{n-k}\right)^{n-k}$$

의 극한값에 대하여 생각해 보자. A_n의 로그를 취하면

$$\begin{aligned}\log A_n&=-k\log\frac{k}{np}-(n-k)\log\frac{n-k}{nq}\\&=-(np+x\sqrt{npq})\log\left(1+x\sqrt{\frac{q}{np}}\right)\\&\quad-(np-x\sqrt{npq})\log\left(1-x\sqrt{\frac{p}{nq}}\right)\end{aligned}$$

이고, 충분히 큰 n에 대하여 $x\sqrt{\frac{q}{np}}$와 $x\sqrt{\frac{p}{nq}}$는 충분히 작으므로 $\log(1-t)$의 테일러 급수전개를 이용할 수 있다. 즉,

$$\log\left(1+x\sqrt{\frac{q}{np}}\right)=x\sqrt{\frac{q}{np}}-\frac{1}{2}x^2\frac{q}{np}+O(n^{-3/2})$$

$$\log\left(1-x\sqrt{\frac{p}{nq}}\right)=-x\sqrt{\frac{p}{np}}-\frac{1}{2}x^2\frac{p}{nq}+O(n^{-3/2})$$

이고, 여기에서의 잉여항 $O(n^{-3/2})$는 식 (8.6.1)에 의해 k에 관해 고르다. 따라서,

$$(np+x\sqrt{npq})\log\left(1+x\sqrt{\frac{q}{np}}\right)=x\sqrt{npq}+x^{2q}-\frac{1}{2}x^2q+O(n^{-1/2})$$

$$(np-x\sqrt{npq})\log\left(1+x\sqrt{\frac{q}{np}}\right)=-x\sqrt{npq}+x^{2q}-\frac{1}{2}x^2p+O(n^{-1/2})$$

임을 알 수 있고, 잉여항 $O(n^{-1/2})$은 k에 관해 고르다. 이를 식 (8.6.7)에 대입하여 정리하면,

$$\log A_n=-\frac{1}{2}x^2+O(n^{-1/2})$$

이므로

$$A_n\sim\exp\left(-\frac{1}{2}x^2\right),\ n\to\infty$$

이고, 이 때의 수렴은 k에 관하여 고름을 알 수 있다. 위의 결과를 종합하면

$$b(k;n,p)\sim\frac{1}{\sqrt{npq}}\frac{1}{\sqrt{2\pi}}\exp\left(-\frac{1}{2}x^2\right),\ n\to\infty$$

이고, 이러한 수렴은 k에 관하여 고름을 알 수 있다. ■

〔정리 8.6.1〕의 근사공식을 **드모아브르-라플라스의 국소극한정리**(local limit theorem)라 부른다. 〔정리 8.6.1〕에서는 k가 n에 의존하고, $k_n=O(n)$일 것을 가정으로 요구하고 있으나, 이와는 조금 다른 형태로서 다음과 같은 국소극한정리가 성립하는 것도 알려져 있다.

[정리 8.6.2]

$o<p<1$일 때,

$$\lim_{n\to\infty}\max_{0\le k\le n}\left|\sqrt{npq}\,b(k;n,p)-\phi\left(\frac{k-np}{\sqrt{npq}}\right)\right|=0$$

이 국소극한정리를 이용하면 **드모아브르-라플라스의 적분극한정리**(integral limit theorem)라고 불리는 다음의 정리를 증명할 수 있다.

[정리 8.6.3]

$$\lim_{n\to\infty} P\left(a<\frac{S_n-np}{\sqrt{npq}}<b\right)=\int_a^b \phi(x)dx,\ -\infty\leq a<b\leq\infty$$

증명▶▶ 이 정리는 $a=-\infty$ 또는 $b=\infty$인 경우에도 성립하나, 여기서는 $-\infty<a<b<\infty$일 때에만 증명하기로 한다. 이제,

$$P_n(a,\ b)=P\left(a<\frac{S_n-np}{\sqrt{npq}}<b\right)$$

라 하고, $np+a\sqrt{npq}<k$인 최소의 음이 아닌 정수를 $\underline{k}$라 하고, $k<np+b\sqrt{npq}$인 최대의 음이 아닌 정수를 $\overline{k}$라고 하자. 따라서,

$$P_n(a,\ b)=\sum_{k=\underline{k}}^{\overline{k}-1} b(k;\ n,\ p)$$

이고, $x_k=(k-np)/\sqrt{npq}$, $k=0,\ 1,\ 2,\ \cdots,\ n$이라 놓으면

$$a<x_{\underline{k}}<a\frac{1}{\sqrt{npq}},\ b-\frac{1}{\sqrt{npq}}<x_{\overline{k}}<b$$

이다. 또한 $P_n(a,\ b)$를 밑변의 길이가 $x_{k+1}-x_k=\dfrac{1}{\sqrt{npq}}$이고, 높이가 $\sqrt{npq}\,b(k;\ n,\ p)$, $k=\underline{k},\ \cdots,\ \overline{k}-1$인 사각형들의 면적의 합으로 나타내기 위하여 다음과 같이 정의된 함수 G_n을 생각하자.

$$G_n(x)=\begin{cases}\sqrt{npq}\,b(k;\ n,\ p), & x_k\leq x\leq x_{k+1}(k=0,\ 1,\ \cdots,\ n-1)\\ 0, & x<x_0 \text{ 또는 } x\geq x_n\end{cases}$$

이와 같이 정의된 함수 G_n에 대하여 다음이 된다.

$$P_n(a,\ b)=\int_{x_{\underline{k}}}^{x_{\overline{k}}} G_n(x)dx=\left(\int_a^b-\int_a^{x_{\underline{k}}}-\int_{x_{\overline{k}}}^b\right)G_n(x)dx$$

한편, $b(k;\ n,\ p)$는 $(n+1)p$ 이하의 최대 정수인 $k_0=[(n+1)p]$에서 최대가 되므로,

$$\max{}_x G_n(x)\leq\sqrt{npq}\,b(k_0;\ n,\ p)$$

이고, k_0는 〔정리 8.6.1〕의 조건을 만족시키므로

$$\sqrt{npq}\,b(k_0;\, n,\, p) \sim \phi\left(\frac{k_0 - np}{\sqrt{npq}}\right),\ n \to \infty$$

이 성립함을 알 수 있다. 또한, $0 \le (k_0 - np)/\sqrt{npq} < 2 < \sqrt{npq}$이므로 충분히 큰 n에 대하여

$$\max{}_x G_n(x) < 2\max{}_x \phi(x) = \sqrt{\frac{2}{\pi}}$$

임을 알 수 있다. 충분히 큰 n에 대하여

$$\begin{aligned} P_n(a,\, b) - \int_a^b G_n(a,\, b)\,dx &\le \int_b^{x_{\bar{k}}} G_n(x)\,dx + \int_a^{x_{\underline{x}}} G_n(x)\,dx \\ &\le \sqrt{\frac{2}{\pi}}\{(x_{\bar{k}} - b + (x_{\underline{k}} - a)\} \\ &\le \sqrt{\frac{2}{\pi}}\frac{2}{\sqrt{npq}} \end{aligned}$$

임을 알 수 있다. 따라서,

$$\lim_{n \to \infty}\left\{P_n(a,\, b) - \int_a^b G_n(x)\,dx\right\} = 0$$

이 성립한다. 이제

$$\alpha_n(x) = \frac{G_n(x)}{\phi(x)} - 1,\ \text{즉}\ G_n(x) = \phi(x)(1 + \alpha_n(x))$$

라 놓으면, 국소극한정리에 의하여 $a \le x_k \le b$인 x_k에 관하여

$$\lim_{n \to \infty} \alpha_n(x_k) = 0$$

이고, 이 때의 수렴은 x_k에 관하여 고르다. 또한, $x_k \le x < x_{k+1}$인 임의의 x에 대하여 $G_n(x) = G_n(x_k)$이므로

$$\alpha_n(x) + 1 = \frac{G_n(x_k)}{\phi(x)} = \frac{\phi(x_k)}{\phi(x)}\frac{G_n(x)}{\phi(x_k)} = \frac{\phi(x_k)}{\phi(x)}(\alpha_n(x_k) + 1)$$

로 나타낼 수 있다. 또한, $a \le x_k \le x < x_{k+1} \le b$이므로

$$\begin{aligned} \frac{\phi(x_k)}{\phi(x)} &= \exp\left(\frac{x^2 - x_k^2}{2}\right) \\ &\le \exp\left\{\frac{|x| + |x_k|}{2}(x - x_k)\right\} \end{aligned}$$

$$\le \exp\left\{\frac{\max(|a|,\ |b|)}{\sqrt{npq}}\right\}$$

임을 알 수 있다. 따라서, $\lim_{n\to\infty}\max_{a\le x\le b}\alpha_n(x)=0$이 성립한다.

$G_n(x)=\phi(x)(1=\alpha_n(x))$로부터

$$\int_a^b G_n(x)dx=\int_a^b \phi(x)dx+\int_a^b \phi(x)\alpha_n(x)dx$$

이므로, $n\to\infty$이면

$$\left|\int_a^b G_n(x)dx-\int_a^b \phi(x)dx\right|\le \max_{a\le x\le b}|\alpha_n(x)|\int_a^b \phi(x)dx\to 0$$

따라서, $-\infty<a<\infty$일 때 정리가 증명된다. ■

8.7 순서통계량

확률변수들 $X_1,\ X_2,\ \cdots,\ X_n$이 서로 독립이고, 동일한 연속분포 F를 따르는 확률변수라 하자. 이 때, $X_1,\ X_2,\ \cdots,\ X_n$을 크기 순서대로 나열한 $X_{n,1}\le X_{n,2}\le\cdots\le X_{n,n}$을 $X_1,\ X_2,\ \cdots,\ X_n$의 **순서통계량**(order statistics) 또는 F로부터의 크기가 n인 순서통계량이라 한다. 또한, $X_{n,j}$를 j번째 순서통계량(jth-order statistics)이라 부른다.

X_i의 밀도함수를 f라 하고 순서통계량의 결합밀도함수는 다음과 같은 방법으로 생각할 수 있다. X_{nj}가 택하는 값을 x_j라 놓으면 $x_j,\ j=1,\ \cdots,\ n$들 사이에는 $x_1<x_2<\cdots<x_n$이 성립한다. 이제, $\Delta x_j<x_{j+1}-x_j$인 충분히 작은 Δx_j를 생각하고, 구간 $(x_j,\ x_j+\Delta x_j)$를 I_j라 나타내면

$$P(X_{n,1}\in I_1,\ \cdots,\ X_{n,n}\in I_n)=\sum_{(i_1,\ i_2,\ \cdots,\ i_n)}P(X_{i_1}\in I_1,\ \cdots,\ X_{i_n}\in I_n)$$

이다. 위 등식의 오른쪽 항에서의 합은 $(1,\ 2,\ \cdots,\ n)$의 모든 순열 $(i_1,\ i_2,\ \cdots,\ i_n)$에 대하여 합한 것이다. 그런데

$$\begin{aligned}P(X_{i_1}\in I_1,\ \cdots,\ X_{i_n}\in I_n)&=P(X_{i_1}\in I_1)\cdots P(X_{i_n}\in I_n)\\&=P(X_1\in I_1)\cdots P(X_n\in I_n)\\&\approx f(x_1)\Delta x_1\cdots f(x_n)\Delta x_n\\&=f(x_1)\cdots f(x_n)\Delta x_1\cdots\Delta x_n\end{aligned}$$

이므로 순열에 관계없이 동일하다. 따라서, $X_{n,1},\ X_{n,2},\ \cdots,\ X_{n,n}$의 결합밀도함수를 $f_{n;1,2,\cdots,n}$

이라 놓으면

$$f_{n:1,2,\cdots,n}(X_1, X_2, \cdots, x_n)=n!f(x_1)f(x_2)\cdots f(x_n),\ x_1<x_2<\cdots<x_n$$

j번째 순서통계량 $X_{n,j}$의 밀도함수는 위 식을 x_j를 제외한 나머지 변수들을 적분하여 얻을 수 있다. 한편, 직관적으로는 $X_{n,j}\in(x, x+\Delta x)$가 되려면 $j-1$개의 확률변수가 x보다 작아야 되고, $n-j$개의 확률변수는 x보다 커야 한다. 이런 경우의 수는

$$\binom{n}{j-1,\ n-j,\ 1}=\frac{n!}{(n-j)!(j-1)!}$$

이다. 따라서, X_{nj}의 밀도함수 $f_{n:j}$는

$$f_{n:j}(x)=\frac{n!}{(n-j)!(j-1)!}[F(x)]^{j-1}[1-F(x)]^{n-j}f(x)$$

마찬가지 방법으로 $j<k$일 때 $X_{n,j}$, $X_{n,k}$의 결합밀도함수도 구할 수 있다. $X_{n,j}=x$, $X_{n,k}=y$인 것은 $j-1$개는 x보다 작고 $k-j-1$은 x과 y 사이에 있으며, $n-k$개는 y보다 큰 것을 뜻하며, 이러한 경우의 수는

$$\binom{n}{j-1,\ 1,\ k-j-1,\ 1,\ n-k}=\frac{n!}{(j-1)!1!(k-j-1)!1!(n-k)!}$$

이 된다. X_{nj}, X_{nk}의 결합밀도함수 $f_{n:j,k}$는 다음과 같이 주어진다. $x<y$에 대하여

$$f_{n:j,k}(x, y)=\binom{n}{j-1,\ 1,\ k-j-1,\ 1,\ n-k}$$
$$\times[F(x)]^{j-1}f(x)[F(y)-F(x)]^{k-j-1}f(y)[1-F(y)]^{n-k}$$

예 8.7.1 n사람이 12시와 1시 사이에 랜덤하게 약속장소에 도착하고 20분만을 기다리는 경우, 모두 만나게 되는 확률을 구하여 보자. 각 사람의 도착하는 시간을 X_i, $i=1, 2, \cdots, n$이라 하면 X_i는 $i.i.d.$ 균일분포 $U(0, 1)$을 따르고, 구하는 확률은

$$P\left(X_{n,n}-X_{n,1}\le\frac{1}{3}\right)$$

이다. 따라서,

$$P\left(X_{n,n}-X_{n,1}\le\frac{1}{3}\right)$$
$$=\int_{(x<y,\ y-x<1/3)}f_{n:1,n}(x, y)\,dxdy$$

$$=\int_{(x<y,\, y-x<1/3)}\binom{n}{1,\, n-2,\, 1}f(x)[F(y)-F(x)]^{n-2}f(y)dxdy$$

$$=\int_{(x<y<x+1/3)}n(n-1)(y-x)^{n-2}dxdy$$

$$=n(n-1)\left(\int_{(x<y)}(y-x)^{n-2}dxdy-\int_{(y>x+1/3)}(y-x)^{n-2}dxdy\right)$$

$$=n(n-1)\left(\int_0^1\int_0^y(y-x)^{n-2}dxdy-\int_{1/3}^1\int_0^{y-1/3}(y-x)^{n-2}dxdy\right)$$

$$=n(n-1)\frac{1}{n-1}\left(\int_0^1 y^{n-1}dy-\int_{1/3}^1(y^{n-1}-(1/3)^{n-1})dy\right)$$

$$=n\left(\frac{1}{n}-(-1/3^n)/n+(1/3^{n-1})(1-1/3)\right)$$

$$=1/3^n+\frac{2n}{3}(1/3^{n-1})$$ ■

$X_{n,j}$의 누적분포함수 $F_{n:j}$는

$$F_{n:j}(y)=\int_{-\infty}^{y}f_{n:j}(x)dx$$

$$=\frac{n!}{(n-j)!(j-1)!}\int_{-\infty}^{y}[F(x)]^{j-1}[1-F(x)]^{n-j}f(x)$$

로 구할 수 있다. 그러나 j번째 순서통계량이 y 이하라는 것은 y 이하인 확률변수가 j개 이상이라는 뜻이므로

$$F_{n:j}(y)=P(X_{n:j}\le y)=P(X_i\le y\text{인 것의 개수가 } j\text{개 이상})$$

$$=\sum_{k=j}^{n}\binom{n}{k}[F(y)]^k[1-F(y)]^{n-k}$$

로 구하는 것이 더 편리하다.

8.8 여러 가지 분포 사이의 관계

8.8.1 순서통계량에서 나오는 분포와 그들 사이의 관계

균일분포와 순서통계량

F가 순증가(strictly increasing)인 연속분포함수일 때,

1. X의 분포함수가 F일 때, $Y=F(X)$, $Z=1-F(X)$인 확률변수 Y와 Z는 모두 구간 $(0, 1)$에서의 균일분포를 따른다.
2. U가 $(0, 1)$에서의 균일분포를 따르는 확률변수이면 $V=F^{-1}(U)$인 확률변수 V의 분포함수는 F이다.

이와 같은 성질은 F가 일대일 함수임을 이용하면 쉽게 보일 수 있다. 그러나 첫 번째 성질이 성립하기 위하여 F가 순증가일 필요는 없으며, 또한 두 번째 성질도 $F^{-1}(u)=inf\{v;\ F(v)\geq u\}$로 역함수를 정의하면 F가 순증가함수가 아니라도 성립한다.

이제, X_1, X_2, $\cdots$, X_n이 서로 독립이고, 모두 분포함수가 F인 연속확률변수라 하자. X의 분포함수가 F일 때, $Y=F(X)$인 확률변수 Y는 구간 $(0, 1)$에서의 균일분포를 따른다. 따라서, $Y_{n;j}=F(X_{n,j})$로 얻어지는 $Y_{n,j}$, $\cdots$, $Y_{n,n}$은 균일분포 $U(0, 1)$에서 얻어지는 크기 n인 순서통계량과 그 분포가 같다. 또한, U가 균일분포 $U(0, 1)$을 따를 때, $V=F^{-1}(U)$로 주어지는 확률변수 V는 그 분포함수가 F이므로 $V_{n,j}=F^{-1}(U_{n,j})$는 분포가 F인 크기 n의 $i.i.d.$ 확률변수로부터 얻어지는 순서통계량과 분포가 같다. 따라서, 순서통계량의 많은 성질이 균일분포에서 나오는 순서통계량의 성질로부터 모두 얻어질 수 있다. 이러한 이유에서 균일분포로부터의 순서통계량은 특별한 의미를 갖고 있다.

균일분포에서의 순서통계량과 베타분포

$\alpha>0$, $\beta>0$일 때, 구간 $(0, 1)$에서의 밀도함수가

$$\frac{1}{B(\alpha, \beta)}x^{\alpha-1}(1-x)^{\beta-1},\ 0<x<1$$

인 분포를 모수가 α, β인 베타분포라 부르고, 기호로는 $Be(\alpha, \beta)$로 나타낸다. 균일분포 $U(0, 1)$에서 크기 n인 순서통계량 가운데 j번째 순서통계량의 밀도함수는

$$f_{n:j}(x)=\frac{n!}{(n-j)!(j-1)!}x^{j-1}(1-x)^{n-j}$$
$$=\frac{1}{B(n-j+1, j)}x^{j-1}(1-x)^{n-j},\ 0<x<1$$

이므로 그 분포는 베타분포 $Be(j, n-j+1)$이다.

이항분포와 베타분포와의 관계

균일분포에서 j번째 순서통계량의 분포함수는 다음과 같다.

$$F_{n:j}(p)=\int_0^p \frac{1}{B(n-j+1, j)}x^{j-1}(1-x)^{n-j}dx$$
$$=\sum_{k=j}^{n}\binom{n}{k}p^k(1-p)^{n-k}$$

8.8.2 베르누이합과정에서 생기는 분포와 그들 사이의 관계

$X_1, X_2, \cdots$을 성공률이 p인 $i.i.d.$ 베르누이확률변수일 때, 부분합, $S_0=0$, $S_n=X_1+\cdots+X_n$인 과정 $\{S_n, n\geq 0\}$를 **베르누이합과정**(Bernoulli sum process)이라 부른다. 베르누이합과정에서의 정지시간열(a sequence of stopping times)인 $R_j=\min\{n; S_n=j\}$, $j=1, 2, \cdots$를 생각하고, 이들에 관한 성질을 정리하면 다음과 같다.

1. S_n은 이항분포 $Bin(n, p)$를 따른다.
2. $S_{n=k}$일 때, S_m의 조건부분포는 초기하분포 $H(k; n, m)$을 따른다.
3. R_r은 음이항분포 $Neg(r, p)$를 따른다.
4. $R_1, R_2-R_1, R_3-R_1, \cdots$은 $i.i.d.$이고, 모두 기하분포 $Geo(p)$를 따른다.
5. $R_{r+1}=n$일 때, $R_1, R_2, \cdots, R_r$은 $\{1, 2, n-1\}$에서 r개를 비복원추출하여 크기순으로 나열한 값들과 분포가 같다.

음이항분포와 이항분포와의 관계

베르누이합과정에서 $\{R_j\leq n\}=\{S_n\leq j\}$이므로

$$\sum_{k=j}^{n}\binom{n}{k}p^k(1-p)^{n-k}=P(S_n\geq j)=(R_j\leq n)$$

$$=\sum_{k=j}^{n}\binom{k-1}{j-1}p^j(1-p)^{k-j}$$

$$=\sum_{k=0}^{n-j}\binom{j+k-1}{k}p^j(1-p)^k$$

8.8.3 포아송과정에서 생기는 분포와 그들 사이의 관계

$N(t)$가 모수가 λt인 포아송분포를 따를 때, 정지시간의 열 $S_n=inf\{t;\ N(t)\geq n\}$를 생각하면 S_n은 n번째 사건이 발생할 때까지의 대기시간이고, $T_n=S_n-S_{n-1}$은 $n-1$번째와 n번째 사건이 일어나는 시간 사이의 간격인 도착간격시간이다. 포아송과정을 통하여 생기는 성질을 요약하면 다음과 같다.

1. $N(t)$는 포아송분포 $Poi(\lambda)$를 따른다.
2. $N(t)=n$일 때, $N(s)$, $s<t$의 조건부분포는 이항분포 $Bin\left(n,\ \frac{s}{t}\right)$를 따른다.
3. S_n은 감마분포 $Gam(n,\ \lambda)$를 따른다.
4. $T_1,\ T_2,\ T_3,\ \cdots$은 $i.i.d.$이고, 모두 지수분포 $\text{Exp}(\lambda)$를 따른다.
5. $S_{n+1}=t$일 때, $S_1,\ S_2,\ \cdots,\ S_n$의 조건부분포는 균일분포 $U(0,\ t)$에서의 크기 n인 순서통계량과 분포가 같다.
6. $N(t)=n$일 때, $S_1,\ S_2,\ \cdots,\ S_n$의 조건부분포는 균일분포 $U(0,\ t)$에서의 크기 n인 순서통계량과 분포가 같다.

포아송분포와 감마분포와의 관계

포아송과정에서 $\{N(t)\geq n\}=\{S_n\leq t\}$이므로 다음 등식이 성립한다.

$$\sum_{k=2}^{\infty}\frac{e^{-\lambda t}(\lambda t)^k}{k!}=P(N(t)\geq n)=P(S_n\leq t)$$

$$=\int_0^t\frac{1}{\Gamma(n)}\lambda^n x^{n-1}e^{-\lambda x}dx$$

j번째 순서통계량과 지수분포와의 관계

포아송과정에서 대기시간 S_n들 간의 성질을 더 살펴보자. $S_{n+1}=t$일 때, $S_1,\ S_2,\ \cdots,\ S_n$의 조건부분포는 균일분포 $U(0,\ t)$에서의 크기 n인 순서통계량과 분포가 같다. 이 성질에 의하

면 $S_{n+1}=t$일 때,

$$\frac{S_1}{S_{n+1}},\ \frac{S_2}{S_{n+1}},\ \cdots,\ \frac{S_n}{S_{n+1}}$$

의 조건부결합분포는 균일분포 $U(0,\ t)$에서의 크기 n인 순서통계량의 분포와 같으며, 또한 이 조건부분포는 t와 무관하므로 $\frac{S_k}{S_{n+1}}$, $k=1,\ 2,\ \cdots,\ n$은 S_{n+1}과 서로 독립이다. 따라서, 다음 정리를 얻는다.

[정리 8.8.1]

$T_1,\ T_2,\ \cdots,\ T_{n+1}$이 $i.i.d.$이고, 모두 지수분포 $\text{Exp}(\lambda)$를 따를 때,

$$\frac{T_1}{T_1+\cdots+T_{n+1}},\ \frac{T_1+T_2}{T_1+\cdots+T_{n+1}},\ \cdots,\ \frac{T_1+\cdots+T_n}{T_1+\cdots+T_{n+1}}$$

의 결합분포는 $U(0,\ t)$에서의 크기 n인 순서통계량의 분포와 같다.

[따름정리 8.8.2] 베타분포와 감마분포의 관계

$Y_1,\ Y_2$가 서로 독립이고, 각각

$Gam(n_1,\ \lambda),\ Gam(n_2,\ \lambda)$를 따르면 $\frac{Y_1}{Y_1+Y_2}$은 $Be(n_1,\ n_2)$를 따른다.

이는 $n_1,\ n_2$가 임의의 양수일 때에도 성립한다.

8.8.4 간 격

지수분포의 경우

$T_{n,1},\ \cdots,\ T_{n,n}$이 모수가 λ인 지수분포에서의 크기 n인 순서통계량일 때,

$$D_{n,1}=T_{n,1},\ D_{n,2}=T_{n,2}-T_{n,1},\ \cdots,\ D_{n,n}=T_{n,n}-T_{n,n-1}$$

을 지수분포로부터의 크기 n인 **간격**(spacing)이라 부르고,

$$nD_{n,1},\ (n-1)D_{n,2},\ \cdots,\ D_{n,n}$$

을 정규화된 간격(normalized spacing)이라 부른다. 지수분포에서의 간격의 결합분포는 지수

분포의 비기억성에 의하여 매우 간결한 꼴로 나타난다.

[정리 8.8.3]

(지수분포에서의 간격에 대하여 다음 성질이 성립한다.

1. $D_{n,1}, \cdots, D_{n,n}$은 서로 독립이다.
2. $D_{n,k}$는 모수가 $(n-k+1)\lambda$인 지수분포를 따른다.
3. 따라서, 정규화된 간격은 $i.i.d.$ 이고, 모두 모수가 λ인 지수분포를 따른다.

증명▶▶ 이 정리는 다차원 변수변환에 의하여 증명할 수도 있으나, 여기서는 포아송과정을 이용하여 증명한다. 먼저, $\{N_{j(t)}\}, j=1, 2, 3, \cdots, n$을 서로 독립이고, 모두 강도가 λ인 포아송과정이라 하자. 이제, 각 과정 N_j에서 $T_j=Inf\{t; N_j(t)\geq 1\}$로 정의되는 확률변수 T_j는 j번째 과정에서의 첫 대기시간(waiting time)이므로 이들은 $i.i.d.$ 이고, 모수가 λ인 지수분포를 따른다. 한편, T_j들의 첫 번째 순서통계량 $T_{n,1}$은 N_j들을 포개어 생긴 포갬과정 $N=N_1+\cdots+N_n$의 첫 번째 대기시간(kth waiting time)이 된다. 즉,

$$\begin{aligned} T_{n,1} &= \min(T_1, \cdots, T_n) \\ &= \min(inf\{t: N_1(t)\geq 1\}, \cdots, inf\{t: N_n(t)\geq 1\}) \\ &= inf\{t: N_1(t)\geq 1\} \end{aligned}$$

그런데, $\{N(t), t\geq 0\}$는 모수가 $n\lambda$인 포아송과정이므로 $D_{n,1}=T_{n,1}$은 모수가 $n\lambda$인 지수분포를 따른다.

과정 N에서 살펴볼 때, 두 번째 간격 $D_{n,2}$는 지수분포의 비기억성에 의하여 $D_{n,1}$으로부터 첫 번째 순서통계량이 일어난 과정을 제외한 $n-1$개를 포갠 과정의 첫 대기시간과 그 분포가 같으므로 모수가 $(n-1)\lambda$인 지수분포를 따르고, N_j의 독립성에 의하여 $D_{n,1}$과 $D_{n,2}$는 서로 독립이다. 마찬가지로 하면 위의 정리를 얻는다. ■

$T_{n,k}=D_{n,1}+\cdots+D_{n,k}$이므로 다음을 알 수 있다.

[따름정리 8.8.2]

k번째 순서통계량 $T_{n,k}$의 기대값과 분산은 다음과 같다.

1. $E(Y_{n,k})=\dfrac{1}{\lambda}\left(\dfrac{1}{n}+\cdots+\dfrac{1}{n-k+1}\right)$

2. $Var(Y_{n,k})=\frac{1}{\lambda^2}\left(\frac{1}{n^2}+\cdots+\frac{1}{(n-k+1)^2}\right)$

n개의 제품을 시험하여 어떤 제품의 수명을 알아보는 시험에서 만일 이 시험을 k개의 제품이 고장날 때 중단한다고 하자. 이 때,

$$TTT_k=nD_{n,1}=(n-1)D_{n,2}+\cdots+(n-k+1)D_{n,k}$$

를 k번째 고장까지의 **총시험시간**(total time on test)이라 부른다. 따라서, 제품의 수명이 지수분포를 따를 때 다음 성질을 얻는다.

[따름정리 8.8.5]

모수가 λ인 지수분포에서의 총시험시간 TTT_k는 모수가 (k, λ)인 감마분포를 따른다.

균일분포의 경우

균일분포에서의 크기 n인 순서통계량 $U_{n,1}, \cdots, U_{n,n}$으로부터 정의되는

$$D_{n,1}=U_{n,1},\ D_{n,2}=U_{n,2}-U_{n,1},\ \cdots,\ D_{n,n}=U_{n,n}-U_{n,n-1},\ D_{n+1,n}=1-U_{n,n}$$

을 균일분포의 크기 n인 간격(spacing)이라 부른다. 균일분포의 순서통계량과 지수분포와의 관계로부터 다음을 알 수 있다.

[정리 8.8.6]

$T_1, T_2, \cdots, T_{n+1}$이 $i.i.d.$이고, 모두 모수가 λ인 지수분포를 따르고, $S_j=T_1+\cdots+T_n$라 하자. $\frac{T_1}{S_{n+1}}, \cdots, \frac{T_n}{S_{n+1}}$은 크기 n인 균일분포 $U(0, 1)$에서의 간격과 동일한 분포를 갖는다.

[따름정리 8.8.7]

$k<n$일 때, $\frac{U_{n,k}}{U_{n,n}}$의 분포는 $U_{n-1,k}$와 분포가 같다.

[따름정리 8.8.8]

$D_{n,1}, \cdots, D_{n,n}$의 결합밀도함수는 다음과 같이 주어진다.

$$f(d_1, \cdots, d_n) = n!, \; d_i \geq 0, \; \sum_{i=1}^{\infty} d_i \leq 1$$

제 9 장 부록 Ⅲ

9.1 몽떼까를로 적분의 소개

도형의 넓이를 근사적으로 구하기 위하여 사용되는 방법 중에 유계의 적분구간에서 등확률을 이용하여 구하는 방법 중에 하나인 **몽떼까를로 적분법**(Monte Carlo integration method)을 소개하고자 한다. 이 방법에는 여러 방법이 있으며, 통계 패키지인 R을 이용하여 우선 가장 간단한 방법을 소개하고자 한다.

9.1.1 도형의 넓이를 구하기 위한 Hit or Miss방법

직사각형 안에 어떤 도형을 그려 놓고 직사각형 안의 임의의 점을 랜덤하게 뽑을 때(등확률 모형), 뽑힌 점이 도형 안에 들어가면 성공(Hit)으로, 아니면 실패(Miss)로 하는 베르누이시행을 독립반복시행한다. 대수의 법칙에 의하면 이와 같은 시행을 한없이 행하면

$$\lim_{n\to\infty}\frac{N_H}{N}=p$$

가 성립하게 된다. 여기서 p는 뽑힌 점이 그 도형 안에 들어갈 확률(성공률), N은 시행횟수, N_H는 N번 시행에서 뽑힌 점이 도형 안에 들어간, 즉 성공한 횟수를 나타낸다. 따라서, 시행횟수 N을 충분히 크게 하면 확률 p의 근사값을 $\hat{p}=\dfrac{N_H}{N}$로 구할 수 있다. 이 때, 확률 p는

$$p=\frac{\text{도형의 넓이}}{\text{직사각형의 넓이}}$$

이므로 도형의 넓이를 다음과 같이 근사적으로 구할 수 있다.

$$(\text{도형넓이의 근사값})=\frac{N_H}{N}\times(\text{직사각형의 넓이})$$

예를 들어, 구간 $[a, b]$에서 정의되고 $0\le g(x)\le c$를 만족하는 함수 g에 대하여 정적분

$$I=\int_a^b g(x)dx$$

의 값을 Hit or Miss 방법을 이용한 몽떼까를로 적분법으로 구하여 보자. 〔그림 9.1〕에서 보듯이 $y=g(x)$의 그래프를 내부에 포함하는 직사각형

$$\Omega=\{(x, y)\,|\,a\le x\le b,\ 0\le y\le c\}$$

를 생각하고 (x, y) 좌표값을 직사각형 Ω 내에서 랜덤하게 생성하고 $y<g(x)$이면 성공으로

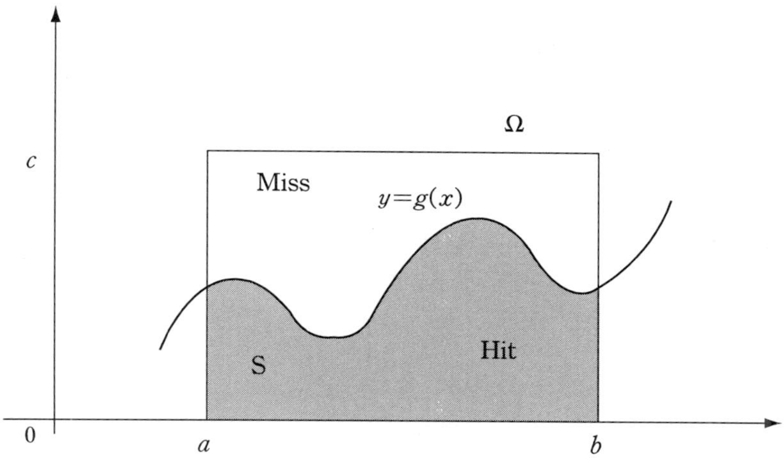

❙ 그림 9.1 ❙ Hit or Miss 방법

(hit한 것으로) 생각하는 베르누이독립시행을 N회 반복 실시한다. 이 때, 좌표값의 생성은 **난수생성자**(random number generator)를 이용한다. 독립반복시행을 N회 실시하고, 이로부터 정적분 I의 값을 구하는 알고리즘은 다음과 같이 이루어진다.

[단계 1] 초기화 단계 :

- $N_H=0$
- c값을 결정한다.
- 구간 $(0, 1)$에서의 난수 $u_1, \cdots, u_N, v_1, \cdots, v_N$을 생성한다.

[단계 2] 반복 단계 : $i=1, 2, \cdots, N$

- $x_i=a+u_i(b-a)$를 계산한다.
- $y_i=cv_i$를 계산한다.
- $g(x_i)>y_i$이면 N_H에 1을 증가시킨다.

[단계 3] 종료 단계 :

$\hat{I}=\frac{N_H}{N}\times c(b-a)$를 I의 근사값으로 사용한다.

예 9.1.1 다음의 정적분을 Hit or Miss방법으로 구하여 보자.

$$\int_0^1 4\sqrt{1-x^2}dx$$

주어진 정적분 $\int_0^1 4\sqrt{1-x^2}dx$의 값은 반지름이 1인 원의 면적과 같으므로 원주율인 3.1415926…이 된다. 변수 x의 구간이 [0, 1]이고, 피적분함수의 최대값이 4이므로 $\Omega=[0,1]\times[0,4]$의 영역에서 $N=10,000$개의 난수쌍을 생성하여 Hit or Miss방법으로 정적분의 근사값을 구하여 보자. 한 번의 반복으로 구하는 것을 좀 더 세분하여 10,000개의 난수쌍에 의한 근사값을 1,000번 반복 구한 후 다시 그 들의 평균을 내어 근사값을 사용하기로 한다. 이를 위한 알고리즘을 다음과 같다.

[단계 1] 다음의 과정을 1,000번 반복한다.

- x축에서 10,000개의 난수를 생성하고, 각각의 난수에 대하여 y축에서 10,000개의 난수를 생성하며 생성된 난수쌍 (u, v)에 대하여 다음을 계산한다.
  가. 독립변수의 구간이 [0, 1]이므로 $x=u$로 놓고,
  나. 피적분함수의 최대값이 4이므로 $y=4.0\times v$로 놓는다.
  다. $g(x)=4.0*\sqrt{1-x^2}>y$이면 hit에 1을 더한다.
- 추정치를 계산한다. $est=4.0\times hit/10000.0$
- 추정치를 누적한다. $\Sigma est=\Sigma est+est$
- hit=0으로 다시 초기화한다.

[단계 2] 평균을 구하여 정적분의 추정치로 사용한다.

Ⅰ 표 9.1 Ⅰ 몽테까를로 정적분 추정치를 구하기 위한 R 프로그램

```
x<-matrix(runif(10000000,0,1),10000,1000)
y<-matrix(4*runif(10000000,0,1),10000,1000)
g<-4*(4*sqrt(1-x^2)>y)
hatI<-apply(g,1,mean)
mean(g)
```

위의 알고리즘에 기초하여 R로 프로그래밍한 후 수행한 결과 10,000,000개의 난수를 생성하여 얻은 정적분은 근사적으로 3.141422로 얻어졌다. ■

9.1.2 Hit or Miss방법을 통한 오차 추정

$\Omega=[a,b]\times[0,c]$에서 한 점을 랜덤하게 뽑는 실험의 독립반복시행을 생각한다. i번째 시

행에서 뽑힌 점이 Hit$(g(x_i)>y)$하게 되는 사건에 대한 지표함수를 X_i라 놓으면 $X_1, X_2, \cdots$은 $i.i.d.$ 베르누이열이다. 여기서 성공률을 p라고 하면 p는 매 시행에서 Hit할 확률이고 대수의 법칙에 의하여 표본평균 $\frac{X_1+\cdots+X_n}{N}$은 p로 확률수렴하므로 성공률 p는 표본평균으로부터 근사적으로 구하여지는 것이다. 여기서 N_H를 N회 시행까지의 성공횟수라 놓으면, $\frac{N_H}{N}=\frac{X_1+\cdots+X_N}{N}$이다. 이 때,

$$\hat{p}_N=\frac{N_H}{N}, \hat{I}_N=c(b-a)\times\hat{p}_N$$

이라 놓으면 $\hat{p}_N$과 $\hat{I}_N$은 표본공간

$$\Omega\times\Omega\times\cdots=\{s=((x_1, y_1), \cdots, (x_n, y_n), \cdots):(x_i, y_i)\in\Omega\}$$

에서 정의된 확률변수로서, 위에서 얻어진 근사값은 N회 반복시행하는 모의실험을 1회 행하여 얻어진 $\hat{p}_N$의 근사값을 이용하여 $\hat{I}_N$을 구하고, 이를 정적분 I의 근사값으로 얻은 것이다.

9.1.1절에서의 알고리즘의 2단계에서 (x_1, y_1)은 $\Omega=[a, b]\times[0, c]$에서 처음으로 랜덤하게 뽑은 한 점이고, 이후 같은 방법으로 반복하여 뽑은 점들이 (x_i, y_i), $i=2, 3, \cdots, N$이다. 따라서, Hit or Miss방법으로 얻어진 근사값은 N회의 Hit or Miss시행을 수행한 모의실험 1회의 결과로서 얻어진 한 실현치(realization)이며, 이로부터 얻어진 $\hat{p}_N$과 $\hat{I}_N$을 각각 p와 I의 한 **추정값**(estimate)이라 부른다. 그러나 모의실험을 다시 수행하면 추정값은 달라지게 된다. 통계학에서는 확률변수로서의 $\hat{I}_N$을 **추정량**(estimator)이라고 부른다. N_H가 시행횟수가 N이고 성공률이 p인 이항분포를 따르는 확률변수이므로 I의 추정량 $\hat{I}_N=c(b-a)\times\frac{N_H}{N}$의 기대값과 분산은

$$E(\hat{I}_N)=c(b-a)\times\frac{Np}{N}=I, Var(\hat{I}_N)=c^2(b-a)^2\frac{p(1-p)}{N}$$

로 주어지고, 따라서 중심극한정리에 의하여 $\hat{I}_N$은 근사적으로 정규분포

$$N\left(I, c^2(b-a)^2\frac{p(1-p)}{N}\right)$$

를 따른다. 이와 같이 구하여지는 추정량 $\hat{I}_N$의 분포는 모의실험을 수행하기 전에 반복시행횟수 N을 결정하는 데 사용될 수 있다. 통상적으로 추정량 $\hat{I}_N$이 참값 I로부터 $\varepsilon>0$만큼의 오차범위 이내로 들어가는 것을 원하고, 이와 같은 오차범위 내에 있게 될 확률이 최소 $1-\alpha$가 되도록 원한다면 반복횟수 N은 부등식

$$P(|\hat{I}_N - I| < \varepsilon) \geq 1-\alpha$$

를 만족하는 최소의 자연수로 정하면 된다. 예를 들어, 9.1.1절의 [예 9.1.1]의 적분문제에서 $\varepsilon=0.1$, $\alpha=0.05$라 놓고 필요한 시행횟수 N을 구하여 보자. $a=0$, $b=1$, $c=4$, $p(1-p) \leq 1/4$이므로 $c^2(b-a)^2p(1-p)N \leq 4^2\cdot(1/4)\cdot(1/N)=4/N$가 된다. 따라서, Φ를 표준정규분포의 분포함수라 하면, 다음의 부등식

$$\begin{aligned} P(|\hat{I}_N - I| < 10^{-1}) &= P\left(\frac{|\hat{I}_N - I|}{\sqrt{Var(\hat{I}_N)}}\right) \\ &\geq P\left(\frac{|\hat{I}_N - I|}{\sqrt{Var(\hat{I}_N)}}\right) \\ &\approx \Phi(10^{-1}\sqrt{N}/2) - \Phi(10^{-1}\sqrt{N}/2) \\ &\geq 0.95 \end{aligned}$$

를 얻는다. 따라서, $\Phi(10^{-1}\sqrt{N}/2) \geq 0.975$, 즉, $10^{-1}\sqrt{N}/2 \geq 1.96$을 얻게 되며, 이를 $10^{-1}\sqrt{N}/2 \geq 2$로 놓아 풀면 $N \geq 1,600$을 얻는다. 즉, 반복시행횟수를 적어도 1,600번 행하면 추정값 $\hat{I}_N$는 참값 I로부터 오차한계 0.1 이내에서 관측될 확률은 최소 0.95로 보장된다.

이상의 논의에서 살펴본 바와 같이 대수의 법칙은 정적분을 몽떼까를로 방법에 의하여 근사적으로 얻을 수 있다는 이론적 토대를 제공하고 있으며, 이에 더불어 중심극한정리를 이용하면 반복횟수에 따른 정적분추정값의 오차한계에 대하여 확률적인 평가를 가능하게 하고 있는 것이다. 고급확률론에서는 대수의 법칙이나 중심극한정리보다 더 수준 높은 극한정리를 다루게 되며, 이를 이용하면 추정량에 관한 보다 상세한 분석이 가능하게 된다.

예 9.1.2 [예 9.1.1]에서 얻어진 10,000,000개의 데이터를 $N=10,000$일 때의 $\hat{I}_N$를 1,000번 구하여 얻어진 결과는 다음과 같다.

표 9.2 프로그램 수행결과

MEAN	MED	SD	MIN	MAX	Q1	Q3
3.141422	3.140	0.0514	2.956	3.348	3.108	3.1760

1,000개의 반복된 추정값들의 평균은 3.141422로, 이를 정적분의 추정값으로 사용한다. 참값과의 오차는 0.00223%가 되며, 오차율은 0.00036%로 나타났다. $p=\frac{\pi}{4}$이므로 $N=100$일 때의 $\hat{I}_N$의 분산은 다음과 같이 구하여진다.

$$c^2(b-a)^2\frac{p(1-p)}{N}=4^2\frac{p(1-p)}{100}=\frac{\pi(4-\pi)}{100}$$ ■

❙ 표 9.3 ❙ 몽테까를로 적분 및 정규성 확인을 위한 R프로그램

```
x<-matrix(runif(10000000,0,1),10000,1000)
y<-matrix(4*runif(10000000,0,1),10000,1000)
g<-4*(4*sqrt(1-X2̂)>y)
hatI<-apply(g,1,mean)
summary(hatI,digits=7)
sd(hatI)
hist(hatI,main="Checking Normality",xlab='I',ylab='density',
    probability=T)
```

또한 위의 결과를 가지고 중심극한정리에 의하여는 근사적으로 정규분포

$$N\left(I,\, c^2(b-a)^2\right)\frac{p(1-p)}{N}$$

를 따른다는 것을 다음 그림을 통해 확인해 볼 수 있다.

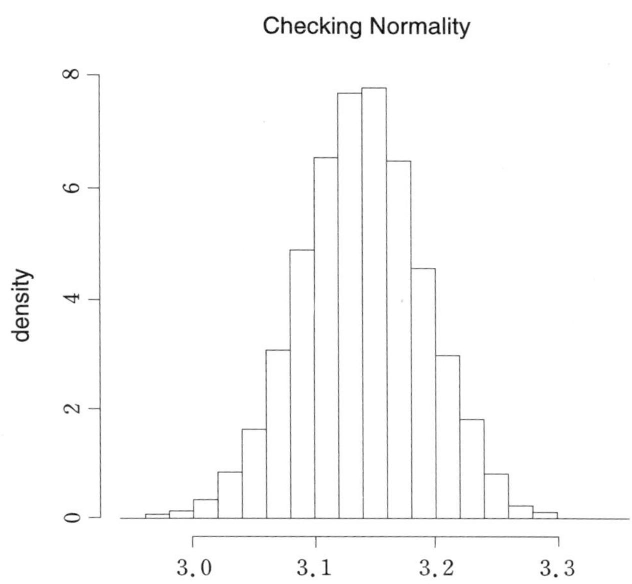

❙ 그림 9.2 ❙ Hit or Miss 방법을 통한 정규성 확인

9.1.3 표본평균법과 주표본기법

피적분함수 $g(x)$가 양의 값만 갖는 경우 $I=\int_0^b g(x)dx$를 구하는 몽테까를로 적분 방법 중 표본 **평균법**(sample mean method)과 **주표본기법**(importance sampling method)에 대하여 알아보자. f가 $[a, b]$에서 정의된 임의의 밀도함수이고, $f(x)>0$, $a \le x \le b$이면

$$I=\int_0^b g(x)dx=\int_0^b \frac{g(x)}{f(x)}f(x)dx=E\left[\frac{g(X)}{f(X)}\right]$$

로 나타낼 수 있고, 이 때 X는 f를 밀도함수로 갖는 확률변수이다. 대수의 법칙에 의해 f로부터 생성된 표본 $\{X_1, X_2, \cdots, X_N\}$을 이용하여 얻어지는 $\frac{g(X_i)}{f(X_i)}$의 표본평균

$$\hat{I}_N=\frac{1}{N}\sum_{i=1}^{N}\frac{g(X_i)}{f(X_i)}$$

는 $\frac{g(x)}{f(x)}$의 기대값인 정적분I로 확률 1수렴하며, $\hat{I}_N$로 정적분 I를 추정할 수 있다.

여기서, $\hat{I}_N$은 $Y=\frac{g(X)}{f(X)}$의 표본평균이며,

$$E(Y)=\int_a^b \frac{g(x)}{f(x)}f(x)dx=I$$

$$Var(Y)=\int_a^b \frac{g(x)^2}{f(x)^2}f(x)dx-I^2=\int_a^b \frac{g(x)^2}{f(x)}dx-I^2$$

이므로 다음 성질을 얻는다.

$$E(\hat{I}_N)=I,\ Var(\hat{I}_N)=\frac{1}{N}\left[\int_a^b \frac{g(x)^2}{f(x)}dx-I^2\right]$$

모수(parameter) 추정에 있어 추정량의 기대값이 모수와 일치할 때 추정량을 **불편추정량**(unbiased estimator)이라 부른다. 정적분의 넓이 I를 구하는 문제에서 I는 모수가 되며, 따라서 Hit or Miss방법이나 위에서 제시되는 방법에 의한 추정량 $\hat{I}_N$은 모두 I의 불편추정량인 것이다.

표본평균법이란 밀도함수 f를 균일분포로 사용하는 방법을 말한다. 한편 모수 추정에 있어 불편추정량들 중에서는 분산이 작은 추정량이 선호되므로 주표본기법에서는 밀도함수의 선택에서 추정량 $\hat{I}_N$의 분산이 작게 되도록 정한다. 즉, 밀도함수의 선택을 잘하여 중요(important)한 표본을 뽑는다는 의미에서 주표본기법이란 이름이 붙여진 것이다.

Hit or Miss, 표본평균법, 주표본기법에 의한 정적분 I의 추정량을 구별하기 위하여 이들을 각각 $\hat{I}_{HM}$, $\hat{I}_{SM}$, $\hat{I}_{IS}$로 나타내고, 이들의 성능을 비교하여 보자. 먼저 표본평균법의 알고리즘은 다음과 같다.

[단계 1] 초기화 단계 : 난수생성자로부터 난수 $u_1, \cdots, u_N$을 생성한다.
[단계 2] 반복 단계 : $i=1, 2, \cdots, N$

- $x_i = a + u_i(b-a)$
- $g(x_i)$를 계산하여 누적한다.

[단계 3] 종료 단계 : 반복이 종료되면 다음 값을 계산한다.

$$\hat{I}_{SM} = (b-a)\frac{1}{N}\sum_{i=1}^{N} g(x_i)$$

표본평균법 추정량 $\hat{I}_{SM}$의 분산은

$$Var(\hat{I}_{SM}) = \frac{1}{N}\left\{(b-a)\int_a^b g(x)^2 dx - I^2\right\}$$

이며, 따라서 $g(x) \le c$일 때,

$$Var(\hat{I}_{HM}) - Var(\hat{I}_{SM}) = \frac{b-a}{N}\left\{cI - \int_a^b g(x)^2 dx\right\} \ge 0$$

즉, 표본평균법이 Hit or Miss방법보다 분산이 작다.

예 9.1.3 Hit or Miss 방법에서 고려한 정적분 $\int_0^1 4\sqrt{1-x^2}dx$를 위의 알고리즘으로 구현된 표본평균법으로 100번 반복 추정하여 다음의 결과를 얻었다.

표 9.4 프로그램 수행결과

	MEAN	MEDIAN	STDEV	MIN	MAX
표본평균법	3.141547	3.142	0.0279	3.043	3.257
Hit or Mis	3.141422	3.140	0.0514	2.956	3.348

위의 결과를 보면 표본평균법이 Hit or Miss방법보다 표준편차가 40% 정도 작음을 알 수 있다. 1,000개의 반복된 추정치들의 평균은 3.141547로, 이 값을 정적분의 추정치로 사용한다. 이 때, 참값과의 오차는 0.000045가 되며, 오차율은 0.00143%로 나타났다. ■

다음으로 주표본기법을 살펴보자. 주표본기법을 이용한 추정 알고리즘은 다음과 같다.

[단계 1] 초기작업단계 :

- 알맞은 확률분포 f를 선정한다.
- 선택된 확률분포에 따르는 확률변수값 $(x_1, x_2, \cdots, x_N)$을 생성한다.

[단계 2] 반복 단계 : $i=1, 2, \cdots, N$을 변화시키며 $\frac{g(x_i)}{f(x_i)}$를 계산하고, 누적을 한다.

[단계 3] 종료 단계 : $\hat{I}_{IS}=\frac{1}{N}\sum_{i=1}^{N}\frac{g(x_i)}{f(x_i)}$

- 주표본기법에 의한 추정량 $\hat{I}_{IS}=\frac{1}{N}\sum_{i=1}^{N}\frac{g(x_i)}{f(x_i)}$의 분산은

$$Var(\hat{I}_{IS})=\frac{1}{N}\left[\int_a^b\frac{g(x)^2}{f(x)}dx-I^2\right]$$

이므로, $Var(\hat{I}_{IS})$가 작게 되도록 밀도함수 f를 선택하는 것이 무엇보다 중요하다. 이와 같이 선택된 f를 **주요함수**(importance function)라고 부른다. 한편 분산이 최소가 되는 f를 선택하는 것이 가장 좋으나, 다음에서 보듯이 이는 현실적이지 못하다. 코시-슈바르츠부등식을 이용하면

$$\begin{aligned}\left[\int_a^b g(x)dx\right]^2&=\left[\int_a^b\frac{g(x)}{\sqrt{f(x)}}\sqrt{f(x)}dx\right]^2\\&\le\int_a^b\frac{g(x)^2}{f(x)}dx\int_a^b f(x)dx=\int_a^b\frac{g(x)^2}{f(x)}dx\end{aligned}$$

가 성립하므로, 추정량이 가질 수 있는 분산의 최소값은

$$Var(\hat{I}_{IS})=\frac{1}{N}\left[\left\{\int_a^b g(x)dx\right\}^2-I^2\right]$$

이 되며, 이 값은 밀도함수가

$$f(x)=\frac{g(x)}{\int_a^b g(x)dx}=\frac{g(x)}{I}$$

일 때에 0이 됨을 쉽게 알 수 있다. 그러나 이와 같이 f를 선택한다는 것은 현실적으로 무의미하다. 왜냐하면 I의 추정 문제에서 I가 포함된 추정량은 그 값을 실현할 수 없기 때문이다. 그러나 최선의 밀도함수 f가 $f(x)\propto g(x)$인 형태이므로 g는 아니지만 g에 가까운 밀도함수 f를

선택하면 분산을 작게 할 수 있다. 일반적으로는 g의 형태는 잘 알려진 밀도함수의 형태와는 다를 것이므로 적당한 밀도함수를 선택하는 문제는 여전히 남게 된다.

예 9.1.4 정적분 $I=\int_0^1\sqrt{1-x^2}dx=\frac{\pi}{4}$에 대하여 표본평균법과 주표본기법을 비교해 보자. 먼저 이 문제를 표본평균법에 의하여 구하여 보자. [0, 1] 에서의 균일분포로부터 하나의 난수 x_0를 생성하여 추정값을 구하였다면, 추정값은 $\hat{I}_{SM}=\sqrt{1-x_0^2}$이 되고, 이 경우 $\hat{I}_{SM}$의 분산을 구하면 아래와 같다.

$$\int_0^1(1-x^2)dx-\left(\frac{\pi}{4}\right)^2=0.0498$$

이번에는 주표본기법을 적용해 보자.

$g(x)=\sqrt{1-x^2}$이므로 이 함수와 유사한 형태를 지닌 밀도함수를 찾는다. $g(x)=\sqrt{1-x^2}$을 0을 중심으로 하는 테일러급수전개를 해 보면,

$g(x)=1-x^2=g(0)+g'(0)x+\frac{1}{2}g''(0)x^2+\cdots=1-\frac{1}{2}x^2+\cdots$이 되므로 이 형태와 비슷한 밀도함수를 다음과 같이 선택하는 것은 합리적이다. 그러므로 주요함수를

$f(x)=\frac{6}{5}\left(1-\frac{x^2}{2}\right)$으로 잡을 수 있다. 여기서 $\frac{6}{5}$은 $\int_0^1 f(x)dx=1$이 되도록 잡아 준 상수이다.

이 밀도함수를 사용하여 정적분을 추정할 때의 분산은 0.011이 되어 표본평균법에 비하여 분산이 감소되었다. 좀더 일반적으로 생각하여

$$f(x)=\frac{1-ax^2}{1-a/3}$$

으로 두면 하나의 생성값(즉, $N=1$)에 의한 추정량은

$$\hat{I}_{IS}=\frac{g(X)}{f(X)}=(1-a/3)\frac{\sqrt{1-X^2}}{1-aX^2}$$

이고, 분산은

$$Var(\hat{I}_{IS})=(1-a/3)\left(\frac{1}{a}-\frac{(1-a)}{a\sqrt{a}}\tanh^{-1}\sqrt{a}\right)-\left(\frac{\pi}{4}\right)^2$$

이 된다. $a=0.74$일 때, 분산이 0.0029가 되어 표본평균법에 비하면 6%밖에 안되므로, 중요함수 f를 잘 선택하여 주표본기법을 사용하면 추정량의 효율이 매우 높아짐을 알 수 있다. ■

9.2 포아송과정과 관련된 모의실험

9.2.1 대기시간 모의실험

시간의 흐름에 따라 사건이 발생하고, 발생된 사건에 대한 처리가 이루어지는 것은 서비스 시스템의 대표적인 형태로서 매우 많은 분야에서 중요시되는 시스템 분석의 대상이 된다. 통계학에서는 확률과정의 **대기이론**(queueing theory)이 이에 대한 이론을 제시해 준다. 서비스 시스템으로서의 **대기시스템**(queueing system)은 다음의 요소로 표현되어진다.

1. 구성요소 : 고객, 대기행렬, 작업자
2. 속성 : 고객 집단의 속성, 고객의 도착간격시간의 분포, 작업자의 수, 작업자별 서비스 시간의 분포, 서비스를 받는 순서, 대기행열의 크기
3. 상태 : 도착된 고객수, 대기중인 고객수, 고객의 대기시간, 서비스받는 고객의 수, 쉬고 있는 작업자수, 고객의 평균 시스템 체재시간, 평균 대기시간, 평균 대기자수 등
4. 사건 : 고객의 도착, 서비스의 시작, 서비스의 종료

대기 시스템 모의실험은 실제 시스템의 구성요소와 속성을 기초로 하여 컴퓨터로 가상적으로 시스템을 운용하여 현 시스템의 운용과정과 결과를 알아보는 것뿐만 아니라, 구성요소와 속성을 변화시켜 가며 모의실험을 하여 시스템의 효율적(순수익, 인사관리를 포함한) 운영을 위한 최적 조건을 찾고자 하는 데 목적을 두고 있다. 사원을 임용하고 해직하는 것처럼 실제로 구성요소와 속성을 변화시켜 보는 것은 많은 문제가 생기므로, 실제 시스템과의 차이가 크게 없다면 가상적으로 모의실험하는 것은 매우 편리하고 효율적인 방법이 된다.

이 절에서는 포아송과정과 관련된 한 정류장에서의 좌석버스 대기시스템 모의실험을 수행해 보기로 한다.

예 9.2.1 어느 한 좌석버스 정류소에서 버스 승객이 정류소에 도착 후 승차까지 기다리는 시간의 분포를 알아보고자 한다. 승객이 정류소에 도착하는 도착간격시간의 분포는 평균이 3분인 지수분포이고, 버스의 도착간격시간은 평균이 15분이고 표준편차가 5분인 0과 30에서 정의되는 절단정규분포에 따르며, 이 때 도착하는 좌석버스의 빈 자리는 평균이 5석인 포아송 분포에 따른다. 입석은 허용되지 않는다고 가정하고, 100시간 동안의 모의실험을 하여 승객의 대기시간의 평균을 추정하라.

(1) 실험 목적: 승객 한 사람 당 대기시간의 평균의 추정

(2) 시스템의 구성

1. 구성요소 : 버스, 승객, 빈 좌석
2. 속성 : 버스의 도착간격시간, 승객의 도착간격시간, 빈 좌석의 수
3. 내생변수 : 승객 대기시간의 총합, 승객 한사람 당 대기시간 평균
   외생변수 : 버스 도착간격시간 분포, 승객의 도착간격시간 분포, 빈 좌석수의 분포
4. 사건: 승객의 도착, 버스의 도착

(3) 실험 조건

1. 정해진 한 버스 정류소에서의 대기행렬이다.
2. 좌석버스의 도착시간간격의 분포 : 평균이 15분이며, 표준편차가 5분인 정규분포에서 0과 30에서 정의되는 절단정규분포 사용
3. 승객의 정류소 도착간격시간 분포 : 평균이 3분인 지수분포
4. 도착 전의 좌석버스 빈 좌석수 분포 : 평균이 5인 포아송분포
5. 입석은 허용되지 않는다.
6. 100시간의 모의실험을 수행한다.

(4) 사건진행방식에 위한 처리행로

[행로 1] 변수의 초기화 단계 : 누적변수들에 초기값으로 0 또는 1을 부여한다.

[행로 2] 시스템 수행 단계 : 다음의 과정을 버스도착시간이 6000분보다 커질 때까지 수행한다.

2.1 버스의 도착
  2.1.1 도착한 버스 총수의 누적 계산
  2.1.2 버스 도착간격시간의 생성(절단정규분포)
  2.1.3 버스 도착시간의 계산
2.2 도착한 버스의 빈 좌석수의 생성 (포아송분포)
2.3 승객의 도착과 승차 및 대기 : 다음의 과정을 빈 좌석수만큼 반복한다.
  2.3.1 승객 도착간격시간의 생성과 도착시간 계산(지수분포)
  2.3.2 도착 승객 총수의 누적 계산
  2.3.3 버스도착시간보다 승객도착시간이 크면 2.4로 분기
  2.3.4 승차한 승객의 수 계산
  2.3.5 대기시간 누적 계산
2.4 빈 자리 총수 누적 계산
2.5 승차한 승객 총수 누적 계산

[행로 3] 결과 출력 단계:

3.1 평균대기시간과 평균 빈 좌석수 계산

3.2 결과 출력

(5) 구조도

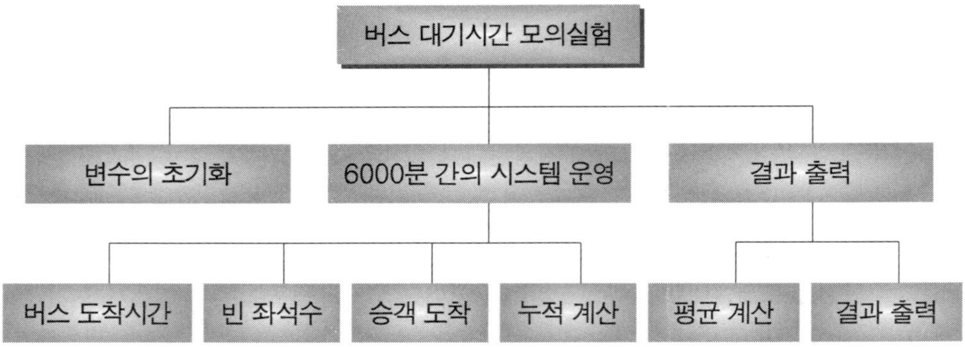

(6) 모의실험 결과 분석

도착한 버스의 총수	402 대
도착한 승객의 총수	1986 명
승차한 승객의 총수	1986 명
승차 후 버스당 빈 자리의 평균	1.01 자리
한 승객당 대기시간의 평균	13.571 분

1. 모의실험시간 6000분 동안 버스가 평균 15분 간격으로 도착하므로 402대가 도착한 것은 정상적인 결과이다.
2. 모의실험시간 6000분 동안 승객이 평균 3분 간격으로 도착하므로 1986명이 도착한 것은 정상적인 결과이다.
3. 평균으로만 계산한다면 15분 동안 승객이 5명 도착하고 빈 좌석수가 5이므로 빈 좌석수는 0이고, 평균대기시간은 7.5분으로 생각이 되지만, 평균대기시간이 13.571분으로 나타난 것은 선대칭인 정규분포와는 달리 지수분포의 형태가 꼬리가 오른쪽으로 길게 치우쳐 있기 때문에 중앙값보다 평균이 크므로, 도착간격시간은 평균보다 작은 값이 많이 나오므로 대기시간이 자연히 길어지게 된다. 또한 가끔 큰 값이 생성되기 때문에 승차 후 빈 자리가 생기게 되기도 한다. 그러므로 평균으로만 생각하는 것은 현실과 다른 결과를 초래할 수 있음을 유의하여야 한다.

9.2.2 재고관리 모의실험

모의실험은 현 상태의 시스템 분석뿐만 아니라 최적의 시스템 구성요소 및 속성을 결정하고자 할 때 사용된다. **재고관리시스템**(inventory control system) 분석에서도 통계적 모의실험은 유용하게 사용이 된다. 재고관리에서의 주요 관심대상은 **물품재고량의 최대 한계**, **주문시기**(발주점), **주문량**과 **조달기간**(delivery time)을 어떻게 결정할 때 최대 이익을 얻을 수 있는가를 알고자 하는 데 있다.

재고량의 최대 한계 결정에서는 주문량을 일정하게 하는 방법과 최대재고량을 미리 결정하여 발주시기의 재고량과의 차이만큼의 주문량을 정하는 방법이 있다. 재고량이 어느 일정한 수준(발주점) 밑으로 떨어지면 주문을 하는 경우에 발주점을 너무 낮게 잡으면 주문한 물품이 도착하기 전(조달시기 전)에 품절이 될 가능성이 높아지고, 너무 크게 잡으면 평균재고량이 커지게 되고 주문횟수가 증가한다. 마찬가지로 일회의 주문량이 너무 작으면 품절이 될 가능성이 높아지고, 너무 많으면 평균재고량과 주문횟수가 커지게 될 것이다. 재고량이 커지면 재고유지비용이 많이 들고, 품절이 발생하면 판매에 따른 이익의 손실, **상점 명성손실**(그 상점에 가면 물품이 없다는 소문으로 그 상점을 기피하게 되는 결과에 따른 손실)이 발생하게 되며, 주문횟수에 따라 주문비용이 증가한다. 그러므로 재고관리비용을 포함한 판매순이익은 다음의 식으로 표현된다.

$$(\text{순이익}) = (\text{판매이익}) - (\text{재고유지비용}) - (\text{주문비용}) - (\text{명성손실비용})$$

위의 식은 발주점과 주문량에 의하여 결정이 되므로 최적 발주점과 주문량을 결정하는 것이 중요하게 된다.

일일단위로 재고관리를 할 때 재고량과 판매량, 발주점과 조달기간의 관계를 그림으로 나타내면 다음과 같은 형태가 되며, 번호와 관련된 사건에 따른 재고량의 변화를 살펴보면 이해가 쉽게 될 것이다.

여기서는 주문량을 일정하게 하는 경우에 대하여 주어진 조달기간에 따른 최적 발주점과 최적 주문량의 결정 문제를 모의실험한다.

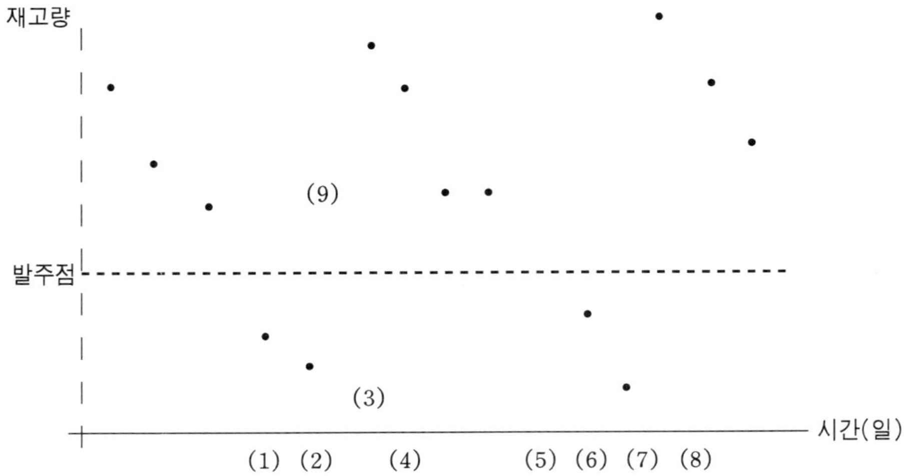

▌그림 9.3 ▌ 재고관리 그림

(1) 발주점 밑으로 재고량이 떨어졌으므로 주문 발생
(2) 조달기간
(3) 재고량이 부족하여 품절이 발생
(4) 주문한 물품이 도착하여 재고량이 늘어남
(5) 이날은 판매가 없어 재고량의 변동이 없음
(6) 발주점 밑으로 재고량이 떨어졌으므로 주문 발생
(7) 조달기간
(8) 주문한 물품이 도착하여 재고량이 늘어남
(9) 주문량

예 9.2.2 단일 품목을 판매하는 어느 상점에서 상품을 500원에 사와서 7000원에 판매한다. 재고유지비용은 1일 1개당 5원씩이며, 재고보충비(주문비용)는 1회 발주에 70원이다. 상품 품절에 따른 손실비용은 1개당 1000원으로 계산한다. 일정기간 실제 조사한 결과 매일의 상품판매수요는 평균이 5인 포아송분포를 따르고, 물품조달기간은 평균이 2인 포아송분포에 따른다. 초기 재고량을 30개로 할 때, 200일간의 모의실험으로 최적 발주점과 최적 주문량을 추정하라.

(1) 실험 목적 : 최적 발주점과 최적 주문량의 결정

(2) 실험 조건

1. 상품을 500원에 사와서 700원에 판매한다.
2. 매일의 상품 판매 수요는 평균이 5인 포아송 분포를 따른다.
3. 도매상에서의 상품조달기간은 평균이 2인 포아송분포를 따른다.
4. 재고유지비용은 1일 1개당 5 원씩
5. 재고보충비는 1회 발주당 70원
6. 상품품절시에 명성손실비는 1개당 1000원
7. 초기 재고량은 30개
8. 발주점(11개~50개)과 발주량(21개~60개)을 변화하여 200일 간 모의실험한다.

(3) 구조도

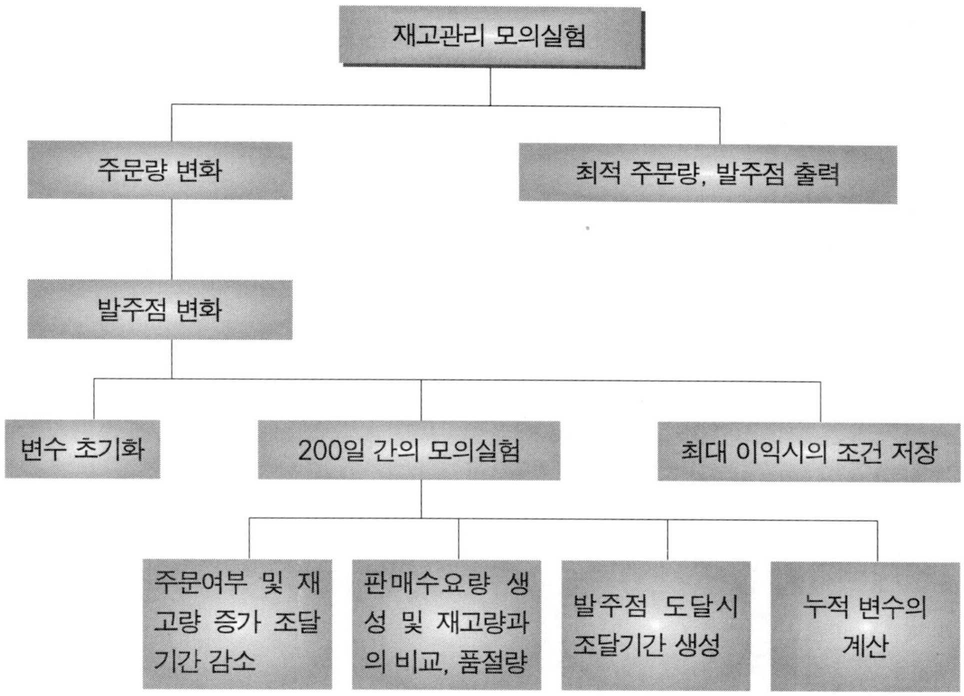

(4) 모의실험 결과 분석

주문	발주점	이익	주문	발주점	이익	주문	발주점	이익	주문	발주점	이익
21	36	164360	31	33	165920	41	24	162005	51	18	162670
22	29	167695	32	20	167185	42	26	161040	52	20	162640
23	27	168315	33	29	169115	43	18	160680	53	18	158325
24	23	163770	34	28	164210	44	26	161670	54	20	160050
25	33	165635	35	24	166195	45	25	161155	55	26	157980
26	35	162660	36	21	166475	46	24	160915	56	23	158680
27	34	163955	37	23	169665	47	23	159015	57	26	156985
28	32	168150	38	24	167135	48	24	157625	58	26	154255
29	31	168455	39	27	164575	49	19	162885	59	26	156865
30	**24**	**175425**	40	23	167125	50	19	167850	60	20	159100

결과표에서 보듯이 발주량이 30개이고, 발주점이 24일 때 최대순이익 175,425원을 얻는다.

주문량(21~60)별 최대이익을 주는 발주점과 최대순이익을 조사하여 이용하여 그림을 그려 보았다. 주문량이 커질수록 최적이 되는 발주점은 낮아지는 경향을 보이고 있다.

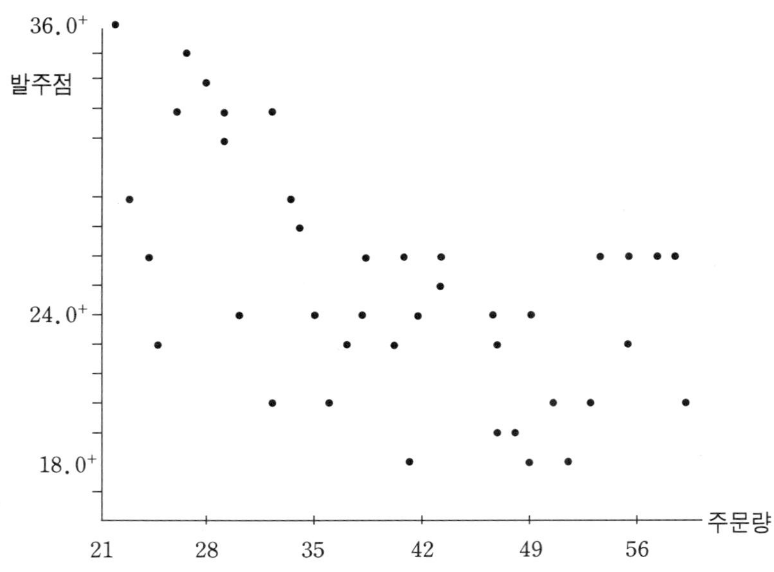

▌그림 9.4▐ 발주점과 주문량과의 관계

제 10 장 연습문제 풀이

제 1 장

1 (1) $\Omega=\{(w_1, \cdots, w_n) : w_i=H$ 또는 $T, i=1, 2, \cdots, n\}, |\Omega|=2^n$

(2) $\Omega=\{0, 1, \cdots, n\}, |\Omega|=n+1$

(3) $\Omega=\{(w_H, w_T) : w_H+w_T=n; w_T, w_F=0, 1, \cdots, n\}, |\Omega|=n+1$

2 (1) $\Omega=\{(X_1, X_3, \cdots, x_n) : x_i\in\{1, 2, \cdots, 6\}, 1\le i\le 6\}, |\Omega|=6^n$

(2) $\Omega=\{k : k=x_1+x_1+\cdots+x_n, x_i\in\{1, 2, \cdots, 6\}, 1\le i\le 6\}, |\Omega|=5n+1$

(3) $\Omega=\{k : 0\le k\le n\}, |\Omega|=n+1$

(4) $\Omega=\{(r_1, r_2, \cdots, r_6) : r_1+r_2+\cdots+r_6=n, r_i=0, 1, \cdots, n\}, |\Omega|=\binom{6+n-1}{n}$

6 (6) 힌트 : $(1+x)^{n+m}=(1+x)^n(1+x)^m$에서 x^r의 계수

(8) 힌트 : $\binom{k+r-1}{k}=\binom{k+r-1}{r-1}$: $(1+x)^{k+r-1}$에서 x^{r-1}의 계수

7 (1) $(n)_k/n^k$ (2) $\binom{n-1}{k}\Big/\binom{n}{k}$ (3) $\binom{n-1+k-r-1}{k-r}\Big/\binom{n+k-1}{k}$

10 $(n)_k/n^k$

11 $\dfrac{(n)_{k-1}\cdot n\cdot(2n-k)!}{(2n)!}$

12 $\dfrac{\binom{n-1}{n-t}}{\binom{n+t-1}{n}}$

14 (2) $\dfrac{9}{64}$

16 (1) k번의 번호가 쓰인 카드가 k번째 뽑히는 사건을 A_k라 하면 구하는 확률은

$$P(\cup_{k=1}^{n} A_k)=1-\sum_{k=0}^{n}(-1)^k\frac{1}{k!}$$

(2) $p_{n(j)}=\frac{1}{j!}\sum_{i=0}^{n-j}(-1)^i\frac{1}{i!}$

17 $2n+1$번 던지는 경우의 확률은 $\frac{1}{2}[1+(q-p)^{2n+1}]$

18 $\cup_{i=1}^{n}A_i$에 속하는 모든 결과는 이들 n개의 사건 중 정확히 특정한 m개의 사건에만 들어가게 되는 $m(1\le n)$이 존재한다. 예를 들어, $A_1\cap A_2\cap A_3$에 들어가고 A_4, $\cdots$, A_n에는 들어가지 않는 결과는 S_1에서 3번, S_2에서 $\binom{3}{2}$번 S_3에서 $\binom{3}{3}$번 셈하게 되고, S_4, $\cdots$, S_n에서는 셈이 되지 않으므로 결국 inclusion-exclusion 공식에서 오직 한 번만 셈하게 된다. 이를 일반적인 m에 대하여 논하라.

23 $\frac{12}{37}$

24 (1) $\frac{(0.7)^3(0.7)+(0.2)^3(0.3)}{(0.7)^2(0.7)+(0.2)^2(0.3)}=\frac{97}{142}$ (2) $\frac{15}{26}$ (3) $\frac{33}{102}$

25 (1) $\frac{1}{3}$ (2) $\frac{1}{5}$ (3) $\frac{1}{1+2^n}$ (4) 1

26 (3) $\frac{n-1}{n}\times\frac{1}{n-2}$

27 (1) 참 (2) 거짓 (3) 참

29 (1) 참 (2) 거짓 (3) 거짓

30 동전 3개를 동시에 던졌을 때, 첫 번째에 앞면이 나오는 사건 A, 두 번째에 앞면이 나오는 사건 B, 세 번째에 앞면이 나오는 사건 C, 앞면의 개수가 홀수인 사건 D를 생각하라.

32 (1) 거짓 (2) 참 (3) 거짓

38 n번째 시행에서 을이 이기는 사건을 A_n이라 놓으면

$P(A_1)=0$, $P(A_2)=\frac{2}{3}\cdot\frac{1}{6}$

$P(A_n)=\frac{2}{3}\cdot\left(\frac{1}{2}\right)^{n-2}\cdot\frac{1}{6}$, $n\geq 3$

구하는 확률은 $P(\cup_{i=1}^{\infty}A_i)=\frac{2}{9}$

39 $2\times\binom{2n-r}{n}\left(\frac{1}{2}\right)^{2n+1-r}$

40 (1) $\frac{1}{10}$ (2) $\frac{1}{2}$

43 (1) $\frac{1}{2}$

44 (2) $\frac{1}{27}$

45 (1) $\frac{2n}{3}\frac{1}{3^{n-1}}+\frac{1}{3^n}$ (2) 0

제 2 장

4 $P(\cap_{n=1}^{\infty}\cup_{k=n}^{\infty}A_k)=\lim_{n\to\infty}P(\cup_{k=n}^{\infty}A_k)=\lim_{n\to\infty}\sum_{k=n}^{\infty}P(A_k)=0$

6 힌트 : n번째 동전의 결과를 X_n이라 할 때, $A_n=\{(X_n, X_{n+1})=(H, H)\}$는 서로 독립이 아니므로 예 2.2.3($c$)의 방법을 그대로 적용할 수 없다. $B_n=\{(X_{2n-1}, X_{2n})=(H, H)\}$일 때, $\cap_{n=1}^{\infty}\cup_{k=n}^{\infty}B_k\subset\cap_{n=1}^{\infty}\cup_{k=n}^{\infty}A_k$임을 이용한다.

8 (3) 힌트 : $\log(1+x)=x-x^2/2+x^3/3-x^4/4+\cdots$, $-1<x\leq 1$

9 (1) 힌트 : $n=k-r$이라 놓면 $\binom{k-1}{r-1}=(-1)^n\binom{-r}{n}$

10 힌트 : $I=\int f(x)dx$일 때, $I^2=\int f(x)d(x)\int f(y)d(y)$의 값을 극좌표 변환을 써서 구한다.

12 $\frac{m+1-n}{m+1}$

15 힌트 : $\binom{2k}{k}=\binom{-1/2}{k}(-4)^k$을 이용

17 (1) $\frac{(2k-2)!}{(k-1)!k!}p^k(1-p)^{k-1}$ (2) 힌트 : $\binom{0.5}{k}=\frac{(2k-2)!(-1)^{k-1}}{(k-1)!k!2^{2k-1}}$

18 힌트 : 부분적분을 이용.

19 $C=\frac{\Gamma(\alpha+\beta)}{\Gamma(\alpha)\Gamma(\beta)}$

제 3 장

2 (2) 힌트 : $\int_{x\le n} x dF_X(x)+nP(X>n)\le E(X)$

4 (2) $B=\sum_{i=1}^{N} I_i A_i$

(3) $E(B/n)=\frac{1}{n}\sum_{i=1}^{N}E(I_iA_i)=\frac{1}{n}\sum_{i=1}^{N}A_iP(E_i)=\frac{1}{n}\sum_{i=1}^{N}A_i\frac{n}{N}=\frac{A}{N}$

7
$$\begin{aligned}\int|x|dF(x)&=\int_{|x|<1}|x|dF(x)+\int_{|x|\ge 1}|x|dF(x)\\&\le 1+\int_{|x|\ge 1}|x|^2dF(x)\le 1+EX^2\end{aligned}$$

18 (1) 서로 독립이다.

19 (1) 서로 독립이 아니다.

22 $EX=EY=0$, $EX^2=EY^2=1/2$, $E(X+Y)^2=1$

$$P\left(X<\frac{1}{2}, Y<\frac{1}{2}\right)=\frac{5}{12}, P\left(X<\frac{1}{2}\right)P\left(Y<\frac{1}{2}\right)=\frac{4}{9}$$

26 $EX=\frac{\alpha}{\alpha+\beta+\gamma}$, $EY=\frac{\beta}{(\alpha+\beta+\gamma)}$

$$EX^2=\frac{\alpha(\alpha+1)}{(\alpha+\beta+\gamma)(\alpha+\beta+\gamma+1)}, EY^2=\frac{\beta(\beta+1)}{(\alpha+\beta+\gamma)(\alpha+\beta+\gamma+1)}$$

$$EXY=\frac{\alpha\beta}{(\alpha+\beta+\gamma)(\alpha+\beta+\gamma+1)}$$

28 (1) $\frac{p_1(1-p_2)}{1-(1-p_1)(1-p_2)}$

(2) $\frac{N_1}{N_1+N_2}$이 취할 수 있는 값은 서로소인 자연수 m, $n(m<n)$에 대하여 $\frac{m}{n}$의 꼴로 나타낼 수 있다.

$$P\left(\frac{N_1}{N_1+N_2}=\frac{m}{n}\right)=\frac{p_1}{1-p_1}\frac{p_2}{1-p_2}\frac{(1-p_1)^m(1-p_2)^{(n-m)}}{1-(1-p_1)^m(1-p_2)^{(n-m)}}$$

특히, $p_1=p_2=p$인 경우에는 $P\left(\frac{N_1}{N_1+N_2}=\frac{m}{n}\right)=\left(\frac{p}{1-p}\right)^2\frac{(1-p)^n}{1-(1-p)^n}$

(3) $k=1, 2, \cdots$일 때,

$$P(\min(N_1, N_2)=k)=p_2(1-p_2)^{k-1}(1-p_1)^k$$
$$+p_1(1-p_1)^{k-1}p_2(1-p_2)^{k-1}+p_1(1-p_1)^{k-1}(1-p_2)^k$$

$p_1=p_2=p$, $q=1-p$이면,

$$P(\min(N_1, N_2)=k)=2pq^{k-1}q^k+pq^{k-1}pq^{k-1}=p(1+q)q^{2k-2}$$

29 (1) $P(X_1<X_2)=\frac{\lambda_1}{\lambda_1}+\lambda_2$, 특히 $\lambda_1=\lambda_2=\lambda$이면, $P(X_1<X_2)=1/2$

(2) $f_{\frac{X_1}{X_1+X_2}}(z)=\frac{\lambda_1\lambda_2}{[(\lambda_1-\lambda_2)z+\lambda_2]^2}$, $0<z<1$

특히, $\lambda_1=\lambda_2=\lambda$이면, $\frac{X_1}{X_1+X_2}\sim U(0, 1)$

(3) 모수가 $\lambda_1+\lambda_2$인 지수분포를 따른다.

36 $EY=\frac{\alpha}{\lambda}$ $VarY=\frac{\alpha}{\lambda}+\frac{\alpha}{\lambda^2}$

42 $f_{Z|Y}(z|y)=(n-1)\left(\frac{f(z)}{1-F(y)}\right)\left(\frac{F(z)-F(y)}{1-F(y)}\right)^{n-2}$, $z\geq y$

제 4 장

2 (1) 힌트 : 반사의 법칙을 이용한다.

(2) 힌트 : (a)에서

$$P(S_1>0, \cdots, S_{2n-1}>0, S_{2n}=2r)=\sum_{r=1}^{n}\left(\frac{1}{2}\right)^{2n}\left(\binom{2n-1}{n+r-1}-\binom{2n-1}{n+r}\right)$$
$$=\binom{2n-1}{n}\left(\frac{1}{2}\right)^{2n}$$

5 $E(S_N|N=n)=E(S_n)=nE(X_1)$

$Var(S_N|N=n)=Var(S_n)=nVar(X_1)$

$$\begin{aligned}Var(S_N)&=E[Var(S_N|N)]+Var[E(S_N|N)]\\&=E(NVar(X_1)+Var(NE(X_1))\\&=Var(X_1)E(N)+E(X_1)^2Var(N)\end{aligned}$$

7 (1) $q\geq p$이면 $\lim_{b\to\infty}u_{a,b}=1$, $q<p$이면 $\lim_{b\to\infty}u_{a,b}=\left(\frac{q}{p}\right)^a$

(2) $q=p \Rightarrow u_{2a,2b}=u_{a,b}$, $p<q \Rightarrow u_{2a,2b}>u_{a,b}$, $p<q \Rightarrow u_{2a,2b}<u_{a,b}$

(3) 갑이 게임에 지는 사건은 $\cup_{k=0}^{\infty}(M=a+2k)$. (1)을 이용하면 $q\geq p$ 일 때,

$\sum_{k=0}^{\infty}P(M=a+k)=1$

8 $P(X\geq\varepsilon)=\int_{x\geq\varepsilon}1dP_X(x)\leq\int_{x\geq\varepsilon}\frac{x}{\varepsilon}dP_{X(x)}=\frac{1}{\varepsilon}\int_{x\geq\varepsilon}xdP_{X(x)}\leq\frac{1}{\varepsilon}\int_0^{\infty}xdP_{X(x)}$

18 (1) $A=\left(\lim_{n\to\infty}\frac{S_n}{n}=\mu\right)$, $A_{nr}=\left(\left|\frac{S_n}{n}-\mu\right|\leq\frac{1}{r}\right)$, $A=\cap_{r=1}^{\infty}\cup_{m=1}^{\infty}\cap_{n=m}^{\infty}A_{nr}$

$$\begin{aligned}P(A)&=P(\cap_{r=1}^{\infty}\cup_{m=1}^{\infty}\cap_{n=m}^{\infty}A_{nr})\leq P(\cup_{m=1}^{\infty}\cap_{n=m}^{\infty}A_{nr})=\lim_{n\to\infty}P(\cap_{n=m}^{\infty}A_{nr})\\&\leq\lim_{n\to\infty}P(A_{nr})\end{aligned}$$

20 힌트 : $E[(S_n-np)^4]=\sum_{r_1+\cdots+r_n=4,\ r\geq0}\binom{4}{r_1, \cdots, r_n}E[(X_1-p)^{r_1}\cdots(X_n-p)^{r_n}]$

22 힌트 : 문제 **19** 에서 $k=2$ 일 때의 결과를 이용한다.

제 5 장

4 참 : 1, 3, 4, 6, 7, 9, 거짓 : 2, 5, 8, 10, 11

7 (1) $1=(1, 1, \cdots, 1)'$이면 $P1'=1'$

(2) λ가 P의 고유값이면, 영벡터가 아닌 벡터 x에 대하여 $Px'=\lambda x'$, 즉 $\sum_{j=1}^{n} p_{ij}x_j=\lambda x_i$, $i=1, 2, \cdots, n$이 성립한다. $|x_k|=\max_i|x_i|$인 k에 대하여 $|x_k|\neq 0$이고 $|\lambda||x_k| \leq \sum_{j=1}^{n} p_{kj}|x_j|$이므로, $|\lambda| \leq \sum_{j=1}^{n} p_{kj}|x_j|/|x_k| \leq \sum_{j=1}^{n} p_{kj}$

8 (3) 힌트 : (2)를 이용한다.

11 (2) $A=\cup_{k=1}^{\infty}(M=k)$이므로 (1)을 이용한다.

(3) $\sum_{k=0}^{\infty} P(S_k=0)=\infty$이면 〔예 5.3.2〕에서 알 수 있듯이 성공률 p는 $\frac{1}{2}$이다.
$B_k=(|S_n|>0), n=1, 2, \cdots, k)$, $B=(|S_n|>0, n=1, 2, \cdots)$라 하면, $B_{k+1}\subset B_k$, $B=\cap_{k=1}^{\infty}B_k$. $P(B)=\lim_{n\to\infty}P(B_k)$로부터 $P(B)=0$를 보이고, (2)를 이용한다.

22 힌트 : Y_n을 13으로 나눈 나머지 0, 1, ⋯, 12를 상태공간으로 하자.

24 (1) 힌트 : $f_{00}^{(k)}=p_0p_1\cdots p_{k-2}q_{k-1}=p_0p_1\cdots p_{k-2}-p_0p_1\cdots p_{k-1}$

(2) 힌트 : $E(N_0|X_0=0)=\sum_{k=1}^{\infty}P(N_0\geq k|X_0=0)$

25 (2) 모든 상태의 주기는 1 (3) 2 (4) $\frac{2}{9}$

(5) 상태 0, 1, 2, 3은 양의 재귀적이고, 상태 4, 5는 일시상태이다.

(6) $\frac{2}{19}$ (7) $\frac{1}{2}\times\frac{2}{3}\times 10^4$

제 6 장

1 (2) 힌트 : $F(t)=P(T\leq t)=\int_{-\infty}^{t}f(u)du$

$$f(t)=\frac{d}{dt}F(t)=\lim_{s\to 0}F(t+s)-\frac{F(t)}{s}=\lim_{s\to 0}P(T>t)-P(T>t+s)$$

$$=P(T>t)\lim_{s\to 0}\frac{1-P(T>s)}{s}=1-F(t)f(0)$$

3 (1) $e^{-10}\frac{(10)^8}{8!}$ (2) 10 (3) 10 (4) $10+10\times 15$

4 힌트 : 포아송과정은 지수분포를 따르는 $i.i.d.$ 도착간격시간으로 규정되어지므로, T_1과 T_2가 각각 모수가 λ_1, λ_2를 따르는 서로 독립인 지수분포를 따르는 문제로 바꾸었을 때, $P(T_1<T_2)$를 구하는 문제와 같다.

참고문헌

〔1〕 Apostol, T.(1957), Mathematical Analysis, Addison-Wesley, Reading, Massachussets

〔2〕 Durrett, T.(1996), Probability, Addison-Wesley, Reading,

〔3〕 Feller, W.(1967), An Introduction to Probability Theory and Its Applications, Vol. 1, 2nd Ed., Wiley, New York, New York

〔4〕 Gnedenko, B.(1967), The Theory of Probability, Chelsea, New York

〔5〕 Karlin, S., Taylor, H.(1975), A First Course in Stochastic Processes, 2nd Ed. Academic Press, New York, New York

〔6〕 Ross, S. (1996), Introduction to Probability Models, 5th Ed. McMillan, New York

〔7〕 Ross, S.(1984), A First Course in probability, McMillan, New York

〔8〕 Woodroof, M. (1975), Probability with Applications, McGraw-Hill, New York

〔9〕 Guttorp, P.(1995), Stochastic Modeling of Scientific Data, Chapman and Hall, London, UK

〔9〕 전종우, 김우철(1990), 확률론입문, 영지문화사

〔10〕 손건태(1996), 전산통계개론, 자유아카데미

찾아보기

국 문

ㄱ

ㄴ

ㄷ

찾아보기

찾아보기

ㅈ

찾아보기

ㅎ

영 문

A

B

C

찾아보기

저자 약력

전종우
서울대학교 수학과 졸업
美플로리다 주립대 박사
현 서울대학교 통계학과 교수

손건태
서울대학교 수학과 졸업
서울대학교 이학석사
서울대학교 이학박사
현 부산대학교 통계학과 교수

확률의 개념 및 응용(개정판) www.freeaca.com

저 자 | 전종우 · 손건태
발행인 | 김지영
발행처 | 자유아카데미
주 소 | 경기도 파주시 회동길 37-42
파주출판도시
전 화 | 031-955-1321
F A X | 031-955-1322
홈페이지 | www.freeaca.com
전자우편 | main@freeaca.com(대표)
editor@freeaca.com(편집)
crm@freeaca.com(영업)
등 록 | 제406-2003-017호, 1980. 7. 12
제2판1쇄 | 2005년 8월 30일 발행
제2판8쇄 | 2021년 7월 10일 발행
정 가 18,000원

저자와의
협의하에
인지생략

ISBN 89-7338-542-9 93310